Robert L. Wolke
Woher weiß die Seife, was der Schmutz ist?

Robert L. Wolke

Woher weiß die Seife, was der Schmutz ist?

Kluge Antworten auf alltägliche Fragen

Aus dem Amerikanischen
von Markus P. Schupfner

Piper
München Zürich

Die Originalausgabe erschien unter dem Titel
»What Einstein Didn't Know« 1997 bei
Birch Lane Press (Carol Publishing Group),
Secaucus, N.J.

Wissenschaftliche Beratung bei der deutschen Ausgabe:
Susanne Schumann, München

ISBN 3-492-04014-4
© 1997 by Robert L. Wolke
Deutsche Ausgabe:
© Piper Verlag GmbH, München 1998
Gesetzt aus der Sabon-Antiqua
und der leichten Frutiger
Gesamtherstellung: Clausen & Bosse, Leck
Printed in Germany

Meinen beiden persönlichen Energiespendern: Tochter Leslie, die mir auf meiner Suche nach Erklärungsbedürftigem durch ihr unablässiges »Warum, Daddy?« stets neuen Brennstoff liefert, und Ehefrau Marlene, der ich einen nicht unbeträchtlichen Teil meiner Lebensenergie verdanke.

Inhalt

Erklärungen zu geheimnisvollen Alltagsbegebenheiten im Haushalt: Woher weiß die Seife, was der Schmutz ist? Wie unterscheidet das Bleichmittel weiße Wäsche von farbiger? Wie verhindert man, daß Sprudel schal wird? Weshalb hält ein Thermosbehälter Kaltes kalt und Heißes heiß? Wieso braucht ein Wasserbett eine Heizvorrichtung? Warum behält das Wasser beim Duschen nicht die eingestellte Temperatur? Wie erzeugen Batterien Strom?

Antworten auf Fragen zu Nahrungsmitteln und zum Thema Kochen: Warum läßt sich kochendes Wasser auch bei gesteigerter Hitzezufuhr nicht weiter erwärmen? Worin unterscheidet sich Kochen von Köcheln? Warum wird ein gekochtes Ei hart, eine gekochte Kartoffel aber weich? Wieso kann man Zucker auf dem Herd schmelzen, Salz hingegen nicht? Wie werden Nahrungsmittel in der Mikrowelle »gekocht«? Lassen sich zwei Tassen Zucker in einer Tasse Wasser auflösen? Ist es möglich, Spinat mit einem Magneten hochzuziehen?

Tips zum Thema Auto: Warum funktioniert eine Batterie bei kalten Temperaturen nicht so gut? Warum rostet Eisen? Wieso gefriert unverdünntes Frostschutzmittel schneller, als wenn es zu gleichen Teilen mit Wasser vermischt wird? Warum verschafft Sand den Reifen auf gefrorenem Untergrund nicht immer die gewünschte Bodenhaftung? Warum ist es falsch zu sagen, daß Salz Eis zum Schmelzen bringt? Warum lassen sich Öl und Wasser nicht mischen? Wieso ist Öl ein so gutes Schmiermittel? Warum fühlt sich komprimierte Luft so kalt an? Wieso wirkt Kohlenmonoxid tödlich?

Einleitung

Vergessen Sie das Wort *Wissenschaft*. Dieses Buch soll Ihnen ganz einfach zeigen, was unter der Oberfläche alltäglicher Dinge vor sich geht. Es richtet sich an Leute, die wissen wollen, was da um sie herum passiert, die jedoch nicht die Zeit haben, den Dingen selber auf den Grund zu gehen, und die vielleicht auch ein bißchen Scheu vor *wissenschaftlichen* Erklärungen haben.

Freilich braucht man zur Beantwortung dieser »Alltagsfragen« die Wissenschaft, das heißt, Logik und Genauigkeit. Und doch werden Sie hier nicht auf die üblichen populärwissenschaftlichen Scheinantworten stoßen, die nur allzu selten zur Erhellung beitragen. Statt einfacher *Antworten* werden Ihnen *Erläuterungen* geboten, und das in einer leicht verständlichen Sprache, so daß Sie – wie ich hoffe – wirklich verstehen werden.

Bislang begegnete man der Wissenschaft nur in Hörsälen, Fachbüchern, Kinder-»Erklär-mir«-Büchern und seriösen Wälzern, verfaßt von honorigen Wissenschaftlern. Bedauerlicherweise wirken Hörsäle und Fachbücher gleicherweise abschreckend wie anziehend. Die »Lernen-macht-Spaß«-Bücher für Kinder sind großartig, doch sie fördern das verbreitete Vorurteil, nur Kinder seien wißbegierig. Und die seriösen wissenschaftlichen Fachbücher dienen lediglich dazu, das allgemeine Vorurteil, Wissenschaft sei für den Normalsterblichen von Natur aus unverständlich, zu verfestigen.

Dies ist weder ein Fachbuch noch ein ehrfurchtgebieten-

der wissenschaftlicher Wälzer – und ebensowenig ist es
ein »Lernen-macht-Spaß«-Buch für Kinder. (Seien Sie jedoch nicht überrascht, wenn Ihre Kinder es Ihnen stiebit-
zen.) Es ist sozusagen ein »Lernen-macht-Spaß«-Buch für
Erwachsene. Und doch soll es keine Sammlung von Phänomenen sein, die zunächst verblüffen, aber sofort wieder
vergessen sind. Statt dessen beantwortet es reale Fragen,
die reale Personen in realen Situationen stellen könnten –
zu Hause, in der Küche, in der Werkstatt, beim Einkaufen
oder auch in freier Natur.

Es ist nicht nötig, dieses Buch am Stück von vorne bis
hinten durchzulesen. Blättern Sie getrost hin und her, und
gehen Sie den Fragen nach, die Ihnen dabei ins Auge springen. Jedes Kapitel steht für sich. Sollten andere Kapitel
jedoch relevante Informationen enthalten, werde ich auf
die entsprechenden Stellen verweisen, an denen die jeweiligen Erläuterungen zu finden sind.

Beim Durchblättern werden Ihnen eine Reihe von Ver-
suchsbeispielen und Demonstrationen auffallen, die Sie
selbst ausprobieren können, ganz gleich ob Sie an Ihrem
Küchentisch sitzen oder sich gerade auf einer Flugreise befinden. Außerdem werden Sie einigen Überraschungen begegnen, die sich prima für eine Wette verwerten lassen und
die Ihnen das eine oder andere Freibier einbringen könnten. Und wenn auch kein Freibier herausspringt, so werden sich doch zumindest hitzige Diskussionen daran
entzünden.

Für die ganz Wissensdurstigen habe ich an den Stellen,
an denen eine Erläuterung sich allzusehr im Detail zu verlieren droht, ein Sonderkästchen »Wenn Sie's genauer
wissen wollen« eingerichtet, das man auch jederzeit über-
blättern kann. Gelegentliche Fachbegriffe werden dort erklärt, wo sie zuerst auftauchen. Sollten Sie dennoch mal

über einen solchen stolpern und vergessen haben, was er bedeutet, dann werden Sie ihn in den allermeisten Fällen hinten im Anhang (S. 335) erklärt finden.

Möglicherweise haben Sie bereits ein wenig herumgeblättert und sind fast überall auf den Begriff Molekül gestoßen. Vielleicht haben Sie jetzt die Befürchtung, die Erklärungen in diesem Buch könnten für Ihren Geschmack doch zu fachspezifisch sein. Machen Sie sich keine Gedanken! Der Begriff *Molekül* dürfte der einzige Fachbegriff sein, der bei der Erklärung Ihrer alltäglichen Umgebung absolut unvermeidbar ist. Vielleicht haben Sie ja bereits eine ziemlich genaue Vorstellung davon, was ein Molekül ist, für die Zwecke dieses Buches jedoch reichen die beiden folgenden Definitionen vollkommen aus:

• Ein Molekül ist einer dieser unsichtbaren kleinen Bausteine, aus denen alles, was es gibt, zusammengesetzt ist. Alle Dinge, die Sie sehen oder berühren, sind unterschiedlich, da ihre Moleküle von unterschiedlicher Art, Größe, Form oder Zusammenstellung sind.

• Ein Molekül besteht seinerseits aus noch kleineren Teilchen, auch Atome genannt. Es gibt etwa hundert verschiedene Arten von Atomen, und diese können sich auf vielfältigste Weise miteinander verbinden, so daß sich hieraus eine unermeßliche große Zahl von Molekülarten ergibt.

Frei nach dem großen Dichter John Keats: Das ist alles, was man auf Erden weiß, und gleichzeitig alles, was man auf dieser Erde zu wissen braucht. Ich wünsche Ihnen viel Spaß beim Begreifen!

Als Professor habe ich so manches Seminar mit der Frage »Gibt es sonst noch Fragen?« beschlossen. Diesmal aber bitte ich Sie, liebe Leser: Sollten Sie noch Fragen haben, die ich in künftigen Ausgaben dieses Buches beantworten könnte, zu welchem Alltagsphänomen auch immer, schicken Sie diese an Scientific Answers, 610 Olympia Road, Pittsburgh, PA 15211, USA. Oder schreiben Sie mir via e-mail unter wolke+@pitt. edu. Wenn Ihre Frage in einer nächsten Ausgabe erscheint, werden selbstverständlich Ihr Name ebenso wie Ihr Wohnort angegeben. Vergessen Sie also nicht, uns diese Informationen mitzuschicken.

Kapitel 1

Im Haus

Machen wir doch einen kleinen Spaziergang durchs Haus. Wenn wir unsere Antennen ausfahren, werden wir auf eine Menge faszinierender Dinge stoßen, die wir gerne besser verstehen würden. Vielleicht brennen gerade Kerzen auf dem Eßtisch, und vielleicht perlt Sekt in unserem Glas, während wir durch das Aussichtsfenster einen Sonnenuntergang bewundern. Oder vielleicht haben wir gerade die Waschmaschine in Gang gesetzt, und Seife und Bleichmittel bearbeiten mittels ihrer chemischen Zauberkraft dieses eklige Etwas, das wir gemeinhin als »Schmutz« bezeichnen.

In diesem Abschnitt werden wir sehen, welch verblüffende Phänomene sich hinter den brennenden Kerzen, im Sektglas, im Sonnenuntergang, in der Seife, dem Bleichmittel, und erst recht im Wasserbett und in der Dusche abspielen.

Die schmutzige Herkunft der Seife

Es gibt drei Dinge – so ein alter Spruch –, über deren Herstellung man nicht gerne nachdenkt: Wurst, Gesetze und Seife. Wie Gesetze gemacht werden, weiß ich nur zu gut, und über die Wurstherstellung will ich lieber nichts wissen. Doch wie wird eigentlich Seife hergestellt?

Wenn man erfährt, welch eklige Prozedur das Seifenko-
chen ist, muß man sich fragen, wie Seife im Laufe der letzten mindestens zweitausend Jahre zum erfolgreichsten
Reinigungsmittel für buchstäblich alles avancieren
konnte. Sie war immer schon leicht herzustellen, nämlich
aus billigen, jederzeit verfügbaren Materialien: Fett und
Holzasche. Manchmal wurde auch Kalk verwendet.

Schon die Römer kannten das Rezept: Man erhitze
Kalkstein, um so gebrannten Kalk zu erhalten. Dann ver-
teile man den gelöschten Kalk auf heißer Holzasche und
vermische beides miteinander. Die sich hieraus ergebende
graue Masse fülle man in einen Kessel mit heißem Wasser
und lasse sie zusammen mit großen Klumpen Ziegentalg
stundenlang kochen. Es bildet sich so eine dicke braune
Schicht an der Oberfläche, die, nachdem sie sich abgekühlt hat, hart wird. Wenn Sie diese Substanz dann in kleinere Stücke schneiden, haben Sie Ihre Seife.

Sie können natürlich genauso gut in ein Geschäft gehen
und dort eines jener vielfach gereinigten Seifenprodukte
kaufen, wie sie heutzutage auf dem Markt sind. Neben der
eigentlichen Seife, die eine bestimmte chemische Verbindung ist, enthalten diese wahrscheinlich zusätzliche Füll-
und Farbstoffe, Parfüme, Deodorantien, antibakterielle
Wirkstoffe, verschiedene Cremes und Lotionen und vor
allem viel Werbung – manchmal mehr Werbung als Seife.

Jede Art Seife ist das Produkt der Reaktion einer Fettsäure mit einer Alkalie – einer starken Lauge. (Eine Lauge
ist das Gegenteil von einer Säure.) Heutzutage werden Sei-
fen, anstatt aus Ziegentalg, aus einer Vielzahl von Fetten
wie Rinder- und Lammtalg, aber auch aus Ölen wie dem
der Palme, des Baumwollsamens oder der Olive, hergestellt. (Kastilianische Seife zum Beispiel wird aus Olivenöl
hergestellt.) Bei den Alkalien, die man heute zur Seifenpro-

duktion verwendet, handelt es sich üblicherweise um ätzendes Natriumcarbonat oder Natriumhydroxid. Auch Kalk ist eine gut geeignete Alkalie. Ebenso kann man in kleinen Mengen Holzasche verwenden, weil sie die Alkalie Kaliumcarbonat (Pottasche) enthält.

Da es durch die Hinzufügung einer organischen Verbindung (einer Fettsäure) zu einer anorganischen Verbindung (einer Lauge) entstanden ist, behält das Seifenmolekül Merkmale beider »Elternteile« (S. 91). Es besitzt ein organisches Ende, das sich gerne mit ölig-fettigen organischen Substanzen verbrüdert, und ein anorganisches Ende, das sich zu Wasser hingezogen fühlt (S. 137). Somit besteht seine einzigartige Fähigkeit darin, fettigen Schmutz in das Waschwasser zu locken.

Sollten Sie beim Kauf von Shampoo, Zahnpasta, Rasiercreme oder Kosmetikprodukten auf eine der folgenden chemikalischen Bezeichnungen stoßen, besteht weder Anlaß zur Verblüffung noch zur Sorge: Natriumstearat, Natriumoleat, Natriumpalmitat, Natriummyristat, Natriumlaurat, Natriumtallowat oder Natriumcocoat – das alles sind chemische Bezeichnungen für Seife. Sollten Sie auf den Begriff »Kalium« anstelle von »Natrium« stoßen, wurde die Seife aus ätzender Pottasche (Ätzkali = Kaliumhydroxid) anstatt aus Ätznatron (= Natriumhydroxid) hergestellt. Kaliumseifen sind weicher und können sogar flüssig sein.

Absolute Reinheit ist so gut wie unmöglich

Immer dann, wenn etwas auf unserem Körper, unserem Auto oder unserer Kleidung haftet, das uns nicht paßt, sagen wir, es sei »Schmutz«, und versuchen es abzuwaschen. Was wir »Schmutz« nennen, kann alles mögliche sein. Und doch scheint die Seife dasjenige Etwas genau zu erkennen, das es zu beseitigen gilt. Wie macht sie das?

Man könnte denken, Seife sei eine magische Substanz, die einerseits unsere Haut und unsere wertvollen Besitztümer verschont, sich andererseits jedoch wie ein Geier auf alles übrige stürzt, um es restlos zu verschlingen. Doch so eine Substanz gibt es nicht. Das Phänomen hat vielmehr mit der Natur von Wasser und öligen Substanzen zu tun. So banal es auch klingen mag – was wir als Schmutz bezeichnen, oder höflicher ausgedrückt, als »Fremdstoffe« –, ist entweder selbst ölig oder haftet an uns aufgrund von Öl und Fett. Und Seife ist ein hervorragender Ölentferner. Bevor wir uns darüber Gedanken machen, wie der Schmutz zu beseitigen ist, müssen wir erst einmal sehen, wie wir überhaupt schmutzig werden.

Ein mikroskopisch kleines Körnchen Schmutz – mit anderen Worten: all das, was wir nicht an uns »kleben« haben wollen – kann auf zweierlei Art haften: Entweder es klemmt, wie zum Beispiel Straßenstaub, mechanisch in einem mikroskopisch kleinen Spalt fest, oder es klebt, wie schlammartiger Dreck, aufgrund von Feuchtigkeit an uns. In beiden Fällen reicht ein kräftiges Abbrausen mit Leitungswasser, gegebenenfalls unterstützt durch kurzes Rubbeln, um den »Fremdstoff« zu entfernen. Seife ist hierzu nicht unbedingt erforderlich.

Was aber ist in solchen Fällen zu tun, in denen die Schmutzpartikel anstatt von einer wässrigen von einer dünnen Ölschicht umgeben sind? Sie werden an Ihrer Haut kleben wie der feuchte Schlamm. Tatsächlich brauchen die Schmutzpartikel selbst nicht einmal von einer Ölschicht umgeben zu sein. Oft hat die Haut ihren eigenen Ölfilm, an dem sie hängen bleiben. Anders jedoch als der Schlamm wird dieser Schmutz haften, da Öl nicht verdunstet wie Wasser. Auch ein Wasserstrahl wird nichts ausrichten können, da Wasser und Öl nicht mischbar sind (S. 137); das Wasser wird schlicht an dem Öl abgleiten, so wie es am Gefieder einer Ente abgleitet, das bekanntlich von einem Ölfilm bedeckt ist.

Die Beseitigung von Schmutz auf öligem Untergrund scheint also nur möglich zu sein, wenn wir das klebrige Öl selbst entfernen. Nur so kann der Schmutz von uns abfallen oder weggespült werden. Also dann wollen wir die Badewanne mal mit Alkohol, Kerosin oder Benzin füllen! Sind das nicht alles gute Fettlösemittel? Genauso macht es die Reinigung nebenan: Die Kleidung wird in eine mit einem Lösungsmittel wie Tetrachlorethen gefüllte Trommel gelegt. Das ist ein organisches Lösungsmittel und somit für die Beseitigung von Öl vorzüglich geeignet. Diesen Vorgang nennt man chemische oder auch »trockene« Reinigung, obwohl eine Flüssigkeit verwendet wird. Anscheinend ist man der Ansicht, was nicht Wasser ist, ist nicht naß – was natürlich falsch ist (S. 261).

Leider ist es so, daß Tetrachlorethen in der Badewanne Sie noch schneller ins Jenseits befördern würde als Alkohol, Kerosin oder Benzin. So sollten wir die Idee, in Lösungsmitteln zu baden, lieber schleunigst begraben. Aber es gibt eine Substanz, die genauso wirkt, jedoch kaum giftig ist (selbst Münder sollen damit ausgewaschen worden sein): Seife. Seife ist kein Lösungsmittel im eigentlichen Sinne. Sie vollbringt vielmehr das verblüffende Kunststück, das Öl in das Wasser hineinzulocken, so daß das Öl und die mit ihm verbundenen Schmutzpartikel nur abgespült zu werden brauchen.

Seifenmoleküle sind lang und dünn. Bis auf ihr Vorderende sehen sie genau so aus wie Ölmoleküle und neigen deshalb dazu, sich mit Ölmolekülen zu verbinden. Ihr Kopfteil jedoch ist mit einem Paar elektrisch geladener Atome ausgestattet, die nichts lieber wollen, als sich mit Wassermolekülen zusammenzutun. Dieses Vorderende zieht also das ganze Seifenmolekül in das Wasser hinein, wo es sich dann auflöst. Man stelle sich eine Horde aufgelöster Seifenmoleküle vor, die beim Umherschwimmen im Wasser einem öligen Schmutzpartikel begegnen. Die ölliebenden »Schwänze« werden sich an das Öl binden, während die wasserliebenden »Köpfe« weiterhin fest im Wasser »verankert« sind. Ergebnis: Das Öl wird ins Wasser gezogen. Sein Gefangener, der ihm anhaftende Schmutzpartikel, wird auf diese Art vom Körper oder Gegenstand abgelöst, an dem er bis dahin festklebte, und verschwindet im Abfluß.

Wenn Sie's genauer wissen wollen

Aber die Seife tut noch etwas: Sie macht das Wasser »nasser«. Das heißt, sie hilft dem Wasser, bis in die letzte Falte oder Ritze der zu waschenden Textilie vorzudringen.

Wassermoleküle haften sehr fest aneinander (s. S. 137). Deshalb besteht zwischen einem Wassermolekül an der Oberfläche eines »Stücks« Wasser und seinen »Geschwistern« weiter unten im Wasser eine sehr starke Anziehung, die das Oberflächenmolekül nach innen lenkt. Am dichtesten und engsten formiert sich eine Gruppe von Partikeln in Form einer Kugel. Die Oberfläche einer Kugel besitzt die geringste Berührung mit der Außenwelt. Deshalb wird Wasser zu kugelförmigen Tropfen, wann immer es dazu Gelegenheit hat, zum Beispiel als Regentropfen.

(Um es vielleicht noch klarer zu machen: Die ersten Siedler in Amerika bildeten zum Schutz vor den Indianern mit ihren Planwagen einen Kreis. Hätten sie sich im Rechteck formiert, wären sie gegenüber möglichen Angreifern verwundbarer gewesen.)

Diese Tendenz der an der Oberfläche einer Flüssigkeit befindlichen Moleküle, nach innen gezogen zu werden, führt zu einer Oberflächenspannung. Sie entsteht, weil die Moleküle dort sich in gewisser Weise von den Molekülen im Innern der Flüssigkeit unterscheiden.

Im Innern einer Flüssigkeit ist ein Molekül einer Vielzahl von Anziehungskräften ausgesetzt, die von allen Seiten her wirken und sich gegenseitig ausgleichen. Ein direkt an der Oberfläche gelegenes Molekül dagegen wird nur von unten und von den Seiten her angezogen, nicht jedoch von oben. Hieraus ergibt sich insgesamt ein Zug nach unten, der nicht durch einen Zug nach oben ausgeglichen wird. Dadurch haften die Oberflächenmoleküle fester am Wasser als die anderen Moleküle, und das Wasser verhält sich so, als hätte es eine stramme Haut an seiner Oberfläche. Leichte Gegenstände können sogar auf dieser »Haut« liegen, ohne sie zu durchdringen. Und Wasserinsekten flitzen sogar munter auf ihr hin und her.

Fügen Sie nun Seife hinzu, setzen die Seifenmoleküle die Oberflächenspannung des Wassers herab, indem sie sich in der Gegend der Oberfläche versammeln – die was-

serliebenden Köpfe im Wasser, die ölliebenden Schwänze
nach draußen in die Höhe gerichtet. Dies führt zu einer
Oberflächen*ent*spannung, und ermöglicht es den Wassermolekülen, sich anderen Dingen zuzuwenden, das heißt,
sie naß zu machen. Dies gilt auch für eine dahintreibende
Nadel.

Probieren Sie's selbst

Gießen Sie Wasser in eine Schüssel. Aufgrund der Oberflä-
chenspannung können Sie eine Nähnadel aus Stahl auf die
Oberfläche legen. Tun sie dies langsam und vorsichtig mit
Hilfe von ein paar Zahnstochern oder Zündhölzern.

Nachdem Sie die Nadel dazu gebracht haben, auf der
Wasseroberfläche liegen zu bleiben, streuen Sie etwas
Waschpulver um sie herum auf das Wasser, allerdings ohne
sie zu bombardieren. Waschpulver ist noch besser als Seife
geeignet, die Oberflächenspannung zu zerstören. Sobald das
Waschmittel sich im Wasser aufgelöst hat, wird die Nadel abrupt versinken.

Die Logik der Werbung

Ein Spot im Fernsehen, der für eine Schiffsreise in der Karibik
warb, lautete: »Für unsere Gäste, die vielleicht zu lange in der
Sonne gelegen haben, waschen wir unsere Bettwäsche sogar
in weichem Wasser.« Soll man so etwas glauben?

Lieber nicht. Der Verfasser dieses Werbetextes scheint
selbst zu lange in der Sonne gelegen zu haben. Da fragt
man sich, ob ein Kreuzfahrtunternehmen, das für diesen

Unsinn bestimmt viel Geld ausgegeben hat, überhaupt in der Lage ist, die richtigen Inseln zu finden.

Ich will meine Leser nicht beleidigen, indem ich ihnen zu erklären versuche, warum die Bettwäsche keinesfalls weicher sein wird als sonst. Statt dessen möchte ich jeden künftigen Schiffsreisenden unter Ihnen daran erinnern, daß die Bezeichnung »hartes« beziehungsweise »weiches« Wasser nicht bedeutet, daß es unterschiedlich festes oder starres Wasser gäbe. Es bedeutet ebensowenig, daß man mit dem einen harte Eier kocht und weiche mit dem anderen. Mit den Begriffen »hart« und »weich« scheint man in diesem Fall in der Tat eine unglückliche Wahl getroffen zu haben. Angemessener wäre es gewesen, in bezug auf Seife zwischen »schwierigem« und »kooperativem« Wasser zu unterscheiden.

Beim sogenannten harten Wasser handelt es sich um Wasser, das schon einiges hinter sich hat. Zuerst ist es als Regen vom Himmel gefallen. Sodann bahnte es sich seinen Weg durch das Gestein, bis es schließlich vom Menschen ergriffen, gefangengenommen und für dessen Zwecke mißbraucht wurde. Es war nicht zu vermeiden, daß es aus der Luft Kohlendioxid aufnahm, wodurch es zu einer Säure wurde: zu Kohlensäure.

Diese Säure ist in der Lage, kleine Mengen Calcium und Magnesium enthaltender Steine wie Kalkstein (Calciumcarbonat) oder Dolomit (eine Mischung aus Calcium- und Magnesiumcarbonat) aufzulösen. Auch geringe Mengen bestimmter eisenhaltiger Mineralien kann es allmählich zersetzen. So enthält das Wasser schließlich aufgelöste Mineralstoffe wie Calcium, Magnesium und Eisen.

Man bezeichnet solches Wasser als »hart«, weil es für die Seife schwer ist, in mineralhaltigem Wasser ihre Arbeit

zu tun. Seife besteht, wie gesagt, aus Molekülen, die ein
ölfreudiges und ein wasserliebendes Ende haben (s. S. 20).
Ihre Reinigungsfunktion erfüllt sie vor allem dadurch, daß
sie Öl und Wasser verbindet.

Das Problem besteht nun darin, daß Calcium, Magnesium und Eisen mit den wasserliebenden Enden der Moleküle reagieren und so unlösliche wachsartige weiße Klumpen hervorbringen, die die Seife sehr effektiv aus dem
Wasser entfernen und sie damit von ihrer Arbeit abhalten.
Diese Klumpen sind als Seifenrückstände oder aber in ihrer höchst unbeliebten Form als »Badewannenring« sichtbar. (Entgegen dem Volksglauben ist letzterer eher ein
Hinweis auf die Härte des Wassers als auf die hygieni-
schen Gewohnheiten des Badenden.)

Hier ein kleiner Schocker für Sie: *Möglicherweise haben Sie schon einmal Seifenrückstände in bestimmten Süßigkeiten mitgegessen.* Eine geläufige Variante kennt man
unter der chemischen Bezeichnung »Magnesiumstearat«,
wobei der erste Wortteil sich auf das harte Wasser, der
zweite auf die Seife bezieht. Magnesiumstearat ist eine
weiche wachsartige Substanz. Deshalb haftet es zwar
einerseits so gerne an Badewannenrändern, sorgt aber andererseits für die cremige Beschaffenheit von weichen
Bonbons und anderen Süßigkeiten zum Lutschen – für
ihre »seifige« Beschaffenheit sozusagen. Falls Magnesiumstearat Bestandteil Ihres Bonbons sein sollte, können
Sie sicher sein, daß es sich um die reine chemische Verbindung handelt und nicht etwa vom Badewannenrand abge-
kratzt wurde.

Aber nun zurück zum harten Wasser: Wir können zweierlei tun, um der Seife bei ihrer Arbeit zu helfen: Wir können das Wasser weich machen oder statt der Seife ein syn-
thetisches Waschmittel verwenden.

Wasser läßt sich weich machen, indem man entweder die störenden Mineralien entfernt oder ihre Wirkung beseitigt. Oft werden die Mineralien durch Ionenaustausch entfernt. Ionenaustauscher ersetzen das Calcium und andere Mineralien durch Natrium, das bereits ein Bestandteil des Seifenmoleküls ist.

Noch vor fünfzig Jahren bekämpfte man hartes Wasser dadurch, daß man Waschsoda (Natriumcarbonat) in den Waschbottich streute. Diese Chemikalie wandelt das ursprüngliche unlösliche Calcium- wie auch das Magnesiumcarbonat – mit anderen Worten, den ursprünglichen Stein – um und beseitigt ihn auf diese Weise, bevor die Seife verklumpt.

Doch heutzutage wird kaum noch Seife für die Wäsche benutzt. Im Supermarkt findet man nur noch synthetische Waschmittel (die – bis auf den jeweiligen Werbespruch – letztlich alle identisch sind). Wie bei der Seife haben ihre Moleküle ölliebende und wasserliebende Enden, aber sie weigern sich schlicht, mit Calcium und Magnesium zu reagieren. Zusätzlich enthalten sie Chemikalien wie Phosphate oder (man glaube es kaum) Waschsoda, um das Wasser weicher zu machen.

Hartes Wasser richtet aber immer noch so manchen Schaden an, da es mit Vorliebe Wasserrohren und Boilern zusetzt. Wenn hartes Wasser gekocht wird, setzen sich Calcium und Magnesium in Form von Kalkstein oder Dolomit ab. Dieser wieder auferstandene Stein verursacht eine hartnäckige Schicht auf der Innenseite von Wasserrohren, Boilern und ähnlichen Geräten, so daß sie verkalken und verstopfen wie die Arterien eines Wiener Konditors.

Sollte das Wasser aus Ihrer Leitung hart sein, leuchten sie mal in das Innere Ihres trockenen Wasserkessels, und

Sie werden die weiße Schicht sofort bemerken. Wenn diese Schicht Sie stört, dann erhitzen Sie im Kessel etwas Essig – eine Säure –, und die Kalkschicht wird sich zersetzen.

Probieren Sie's selbst

Geben Sie etwas abgeschabte Seife in einen mit destilliertem Wasser gefüllten Behälter und schütteln Sie das Ganze. Sie werden eine wunderschöne Seifenlauge erhalten, was ein Beweis dafür ist, daß die Seife ihre Arbeit gut macht. (Destilliertes Wasser ist rein und frei von Mineralstoffen; man kann es in vielen Supermärkten und Drogerien finden.)

Sollten Sie in einer Gegend mit hartem Wasser wohnen, fügen Sie nun etwas Leitungswasser hinzu, und schütteln Sie noch einmal. (Falls das Wasser in Ihrer Gegend weich sein sollte, können Sie die Wirkung von hartem Wasser erzielen, indem Sie statt Wasser ein wenig Milch hinzufügen.) Das Calcium im harten Wasser (beziehungsweise die Milch) wird den Seifenschaum im Nu vernichten. Vielleicht sehen Sie sogar einige weiße Flocken, die von der Seife stammen.

Das Geheimnis der Kerze

Was passiert mit dem Wachs einer Kerze, wenn sie brennt?

Mal abgesehen von den Wachsflecken auf Ihrer Tischdecke hat Wachs dasselbe Schicksal wie brennendes Benzin oder Öl: Es landet in der Luft – allerdings in einer chemisch veränderten Form.

Kerzen werden gewöhnlich aus Paraffin hergestellt. Das ist eine Mischung aus Kohlenwasserstoffen – Substanzen, die auch im Petroleum enthalten sind. Wie der Name schon sagt, enthalten Kohlenwasserstoff-Moleküle nichts anderes als Wasserstoff-Atome und Kohlenstoff-Atome. Wenn sie brennen, reagieren sie mit dem Sauerstoff in der Luft. Kohlenstoff und Sauerstoff werden zu Kohlendioxid, Wasserstoff und Sauerstoff dagegen zu Wasser (jedoch nicht unbedingt vollständig, s. S. 29). Beide Produkte gehen bei der Temperatur der Flamme als Gase einfach in die Luft.

Wir verbrennen täglich viele Kohlenwasserstoffe: Methan in natürlichem Gas, Propangas in Gasgrillgeräten oder im Gasherd, Butan in Feuerzeugen, Kerosin in Lampen und Benzin beim Auto. Im Verbrennungsprozeß produzieren sie alle Kohlendioxid und Wasserdampf und scheinen sich dabei in Luft aufzulösen. Papier, Holz und Kohle enthalten bestimmte mineralische und pflanzliche Stoffe, die nicht brennen. So hinterlassen sie neben Kohlendioxid und Wasser auch Asche.

Wenn Sie's genauer wissen wollen

In Fällen, in denen nicht genug Sauerstoff für eine vollständige Verbrennung zu Kohlen*di*oxid zur Verfügung steht, wie zum Beispiel beim Automotor, entsteht zusätzlich Kohlen*mon*oxid (s. S. 144).

Für den Fall, daß Sie mir nicht glauben, daß aus Flammen bisweilen Wasser entsteht, machen Sie den folgenden Versuch:

Probieren Sie's selbst

Geben Sie ein paar Eiswürfel in einen kleinen leichten Alumi-
niumtopf. Lassen Sie ihn zunächst abkühlen, und halten Sie
ihn dann über die Flamme einer Kerze oder eines Butan-
Feuerzeuges. Wenn Sie nach einiger Zeit die Unterseite des
Topfbodens betrachten, werden Sie sehen, daß von der
Flamme erzeugter Wasserdampf zu Wasser kondensiert ist.

Apropos ...

Warum kann eine Kerze ohne Docht nicht brennen?

Durch Zugspannung leitet der Docht geschmolzenes
Wachs nach oben, wo es zu Dampf verdunsten und sich
mit dem Sauerstoff der Luft vermischen kann. Weder ein
Klumpen harten Wachses noch eine Pfütze geschmolzenen Wachses wird brennen, da die Wachsmoleküle nicht
mit genügend Sauerstoffmolekülen in Berührung kommen können. Nur als Dampf können sie sich – Molekül
für Molekül – verbinden und reagieren. Verbrennung ist
eine Reaktion, die Wärmeenergie freisetzt. Wenn der Vorgang einmal in Gang gesetzt ist, wird mehr als genug
Wärme freigesetzt, um das Schmelzen und Verdunsten des
Wachses kontinuierlich fortzuführen.

Feuer!

Die Flammen in meinem Gasgrill sind blau, aber die Kerzen auf
dem Eßtisch haben gelbe Flammen. Wie lassen sich diese unterschiedlichen Farben erklären?

Es hängt davon ab, wieviel Sauerstoff dem Brennstoff zur Verfügung steht. Viel Sauerstoff produziert blaue Flammen, während wenig Sauerstoff gelbe Flammen hervorbringt. Lassen Sie uns zunächst die gelbe Flamme betrachten.

Eine Kerze ist in der Tat ein äußerst komplexes flammenproduzierendes Gebilde. Zunächst muß, wie gesagt, ein Teil des Wachses schmelzen, dann muß das flüssige Wachs zum oberen Ende des Dochtes emporgezogen werden, um dort zu Dampf zu verdunsten. Dann erst kann es brennen, das heißt, mit dem Sauerstoff der Luft reagieren und Kohlendioxid sowie Wasserdampf produzieren (s. S. 27) – kein besonders effizienter Vorgang.

Gelänge die Verbrennung zu 100 Prozent, würde sich das Wachs vollständig in unsichtbares Kohlendioxid und Wasser verwandeln. Aber die Flamme hat in ihrer unmittelbaren Nachbarschaft nicht die Menge an Sauerstoff zur Verfügung, die sie hierzu benötigen würde. Obgleich die Luft reichlich mit Sauerstoffvorrat ausgestattet ist, ist sie nicht schnell genug zur Stelle, um sich des auf Verbrennung wartenden geschmolzenen und verdunsteten Paraffins anzunehmen.

Infolgedessen zersetzt sich unter dem Einfluß der Hitze ein Teil des unverbrannten Paraffins unter anderem in kleinste Kohlenstoffpartikel. Diese Partikel erhitzen sich und leuchten gelb. Deshalb ist die Flamme gelb. In dem Moment, in dem die leuchtenden Kohlenstoffpartikel am oberen Ende der Flamme angelangt sind, haben sie fast alle genügend Sauerstoff gefunden, um zu verbrennen.

Das gleiche passiert bei Kerosinlampen, brennendem Papier, beim Lagerfeuer, bei Wald- und Hausbränden: überall sind es die gleichen gelben Flammen. Die Luft schafft es einfach nicht, schnell genug zur Stelle zu sein,

um den Brennstoff vollkommen in Kohlendioxid und
Wasser zu verwandeln.

Probieren Sie's selbst

Sollten Sie die Existenz kleiner unverbrannter Kohlenstoffpartikel in einer Kerzenflamme bestreiten wollen, halten Sie doch einmal eine Messerklinge ein paar Sekunden lang in die Flamme. Dann erhaschen Sie die Partikelchen noch, bevor sie verbrennen: Die Klinge überzieht sich mit einer schwarzen Schicht Kohlenstoff. Diese Kohlenschwärze ist die schwärzeste Substanz, die wir kennen, und wird auch für die Herstellung von Tinte verwendet.

Gasgrillgeräte und Gasherde arbeiten dagegen mit einem
gasförmigen Brennstoff, weshalb ein Verdampfen nicht
erforderlich ist. So kann sich der Brennstoff leicht mit der
Luft vermischen und die Verbrennungsreaktion mit voller
Kraft vonstatten gehen. Da fast der gesamte Brennstoff
verbrannt wird, wird die Flamme wesentlich heißer. Sie ist
klar und durchsichtig, weil sie frei ist von leuchtenden
Kohlenstoffpartikeln.

Darf's noch ein bißchen heißer sein? Warum vermischen wir das Brenngas nicht einfach mit reinem Sauerstoff (anstatt mit Luft)? Luft besteht doch nur zu 20 Prozent aus Sauerstoff. Glasbläser zum Beispiel benutzen einen Brenner, der Sauerstoff mit natürlichem Gas (Methan) vermischt, um eine Flammentemperatur von 1600 Grad Celsius zu erzeugen. Der Schneidbrenner des Schweißers, der Sauerstoff mit Acetylen vermischt, kann eine Temperatur von ca. 3300 Grad Celsius erreichen. Klare, blaue Flammen allesamt – es sei denn, der Brenner ist nicht richtig eingestellt, und das Gas bekommt nicht genügend Sauerstoff, um vollständig zu verbrennen. Das Ergebnis ist auch hier eine gelbe rußige Flamme.

Apropos ...

Warum ist eine heiße, ordnungsgemäß eingestellte Gasflamme blau und nicht grün oder rot?

Der Grund hierfür liegt darin, daß Atome und Moleküle, die in der Flamme erhitzt werden, einen Teil der Wärmeenergie absorbieren können und sie sogleich in Form von Lichtenergie wieder abgeben (s. S. 225).

Jede Substanz besitzt ihre spezifische Lichtwellenlänge oder Spektralfarbe, die sie bei Wärmezufuhr nach außen abgibt. (Technisch gesprochen: Jede Substanz hat ihr spezifisches *Emissionsspektrum*.) Das Propan oder Naturgas in Ihrem Gasgrill und das Acetylen im Brenner des Schweißers sind einander sehr ähnlich; beide bestehen aus Kohlenwasserstoffen, Verbindungen von Kohlen- und Wasserstoff. Kohlenwasserstoffmoleküle geben einen Großteil ihrer spezifischen Spektralfarbe oder Wellenlänge im blauen und grünen Bereich des sichtbaren Spektrums ab, während andere Arten von Molekülen und Atomen bei Verdampfung und Verbrennung der Flamme jeweils ihre spezifischen Farben verleihen. So funktionieren farbenprächtige Feuerwerkskörper (s. S. 225).

Ein zartes Zischen ist noch lange kein kräftiger Knall

Gewöhnlich kaufe ich mein Mineralwasser in Zwei-Liter-Flaschen. Aber bei einer so großen Flasche ist es schwierig, den Rest bis zur nächsten Pizza »am Leben« und spritzig zu halten. Was kann ich nur tun, damit er nicht schal wird, außer daß ich die Flasche verschlossen halte? Und was ist eigentlich mit diesem Gerät, das man an der Öffnung der Flasche anbringt, um dann Luft hineinzupumpen? Funktioniert das wirklich?

Ihr Ziel ist es doch, so viel Kohlendioxid im Flascheninneren zu halten wie möglich, denn dadurch wird das Sprudeln und Zischen erzeugt. Ihre erste Maßnahme wird natürlich sein, die Flasche fest verschlossen zu halten. Aber leider wird Ihnen das nicht besonders viel nützen.

Auf dem Markt gibt es viele Arten von Verschlüssen, unter anderem auch das genannte schicke Pumpmodell. Es ist eine Art Mini-Fahrradpumpe, die man an der Flaschenöffnung aufschraubt, um dann einen Tauchkolben hineinzupumpen, der dafür sorgt, daß das Gas im Flascheninnern komprimiert wird. Klingt nicht schlecht, ist aber leider kompletter Betrug. Die einzige Errungenschaft besteht darin, daß Ihnen Ihr Getränk »lebendiger« vorkommt, als es wirklich ist. Warum ist das so?

Kohlensäurehaltige Getränke zischen, sobald gelöstes Kohlendioxid in Form kleiner Bläschen emporsteigt. Das Gas ist verzweifelt bemüht, der Flüssigkeit zu entkommen, da die Leute in der Fabrik mehr Kohlendioxid hineingepumpt haben, als sich bei normalem Luftdruck dort lösen würde. Sobald Sie die Flasche öffnen, entweicht ein Großteil dieses überschüssigen Gases, und dagegen können Sie überhaupt nichts machen. Das Problem bleibt:

Wie kann das übrige Gas dazu gebracht werden, so lange wie möglich in der Flüssigkeit zu verharren?

Drei Faktoren sind entscheidend dafür, wieviel gelöstes Gas in einer Flüssigkeit bleibt: die chemischen Reaktionen des jeweiligen Gases, der Druck und die Temperatur:

● **Reaktionen**: Gase, die mit Wasser chemisch reagieren, lösen sich gewöhnlich bereitwilliger darin als inaktive Gase, deren Moleküle nichts weiter tun, als ziellos im Wasser herumzutreiben. Kohlendioxid ist ein reagierendes Gas. Es erzeugt Kohlensäure, die bestimmten Getränken wie Bier oder Schaumwein diesen prickelnden Geschmack verleiht. Luft (bestehend aus Stickstoff und Sauerstoff) reagiert nicht mit Wasser. Infolgedessen ist Kohlendioxid bei Raumtemperatur mehr als fünfzigmal wasserlöslicher als Stickstoff und mehr als fünfundzwanzigmal wasserlöslicher als Sauerstoff.

● **Druck**: Der Druck tut genau das, was Sie von ihm erwarten: Je höher der Gasdruck oberhalb der Flüssigkeit, desto mehr Gas wird in die Flüssigkeit hineingepreßt. Das funktioniert so: Bei höherem Druck schwirren mehr Gasmoleküle pro Kubikzentimeter oberhalb der Flüssigkeit umher, und eine entsprechend größere Anzahl taucht pro Sekunde in die Flüssigkeit ein.

● **Temperatur**: Die Temperatur allerdings tut wahrscheinlich gerade das Gegenteil von dem, was Sie erwarten: Je *höher* die Temperatur ist, desto *weniger* Gas wird sich auflösen. Anders ausgedrückt: Je kälter eine Flüssigkeit ist, desto mehr Gas kann sie aufnehmen. Den Grund hierfür zu erläutern, würde an dieser Stelle zu weit führen, und so müssen Sie sich noch ein wenig gedulden (s. hierzu S. 36). Hier lediglich ein Beispiel: Bei Raumtemperatur kann Wasser nur ungefähr halb so viel Kohlendioxid aufnehmen wie bei Kühlschranktemperatur.

Unsere Schlußfolgerungen lauten also folgendermaßen: Um so viel gelöstes Kohlendioxid wie möglich in unserem Getränk zu bewahren, benötigen wir einen möglichst hohen Gasdruck und eine möglichst niedrige Temperatur. Die Temperatur ist dabei nicht das Problem; wir müssen nur darauf achten, daß unser Getränk gut gekühlt ist, bevor wir die Flasche öffnen, und der Rest kommt so schnell wie möglich zurück in den Kühlschrank.

Die Sache mit dem Druck dagegen ist etwas komplizierter. In der Fabrik wurden die Kohlendioxidmoleküle gleichsam in die Flasche hineingezwungen, wie etwa eine Gruppe von Menschen mit Platzangst in einen Aufzug. Sobald wir die Flasche öffnen, vollzieht sich eine wilde Flucht, und fast das gesamte Kohlendioxid entweicht mit einem kräftigen Knall! Deswegen wird, wie gesagt, Ihr Getränk unweigerlich schal werden – es ist nur eine Frage der Zeit. Aber können wir wirklich nichts dagegen tun? Ist es nicht irgendwie möglich, den Druck wiederherzustellen, damit wir auch viel später noch ein Bäuerchen machen können?

Versuchen Sie es mit dem schon erwähnten Zaubergerät, schrauben Sie es auf die Flaschenöffnung, pumpen Sie mit dem Kolben ein wenig Luft in das Flascheninnere, und siehe da: Wenn Sie sie das nächste Mal öffnen, werden Sie von dem lautesten Zisch! beglückt, den Sie je gehört haben. Und dann glauben Sie bestimmt, Ihr Getränk käme frisch aus der Fabrik.

In Wirklichkeit enthält die Flasche nicht ein Molekül Kohlendioxid mehr, als wenn Sie sie mit einem ganz normalen Deckel fest verschlossen hätten. Den gleichen Zisch! hätten Sie erzeugt, wenn die Flasche lediglich Wasser und ein wenig Luft enthalten hätte. Das Zauberding ist nämlich nichts anderes als ein teurer Verschluß.

Was Sie in die Flasche hineingepumpt haben, ist *Luft* und nicht Kohlendioxid. Sicher, die Luft enthält selbst Kohlendioxid, aber nur jedes 3000ste Molekül ist ein Kohlendioxidmolekül. Will man die Menge des aus einer Flüssigkeit entweichenden Gases reduzieren, so muß man noch mehr von *diesem* speziellen Gas in den Zwischenraum zwischen der Flüssigkeit und dem Deckel pumpen. Wieviel gelöstes Kohlendioxid in der Flüssigkeit bleiben wird, hängt davon ab, wie viele Kollisionen sich zwischen den *Kohlendioxidmolekülen* und der Oberfläche der Flüssigkeit abspielen. Hätten Sie Kohlendioxid (statt Luft) hineingepumpt, lägen die Dinge anders; aber Stickstoff und Sauerstoff spielen hier nun einmal überhaupt keine Rolle.

Merke also: Flaschen fest verschlossen und kühl aufbewahren! Besonders wichtig ist es, die Flasche fest verschlossen zu halten, während sie sich außerhalb des Kühlschranks befindet, da in dieser Zeit aufgrund der höheren Temperatur die größte Menge an Kohlendioxid emporsteigt. Gießen Sie sich also etwas ein, verschließen Sie die Flasche, und stellen Sie sie sofort wieder in den Kühlschrank.

Aber machen Sie sich nichts vor! Den Exodus des Kohlendioxids können Sie verzögern, auf keinen Fall jedoch aufhalten.

Ach ja, und was auch immer Sie tun, *niemals* die Flasche schütteln! Dadurch wird das Ganze nur beschleunigt (s. S. 50).

Apropos ...

Warum wird warmes Bier schal?

Wenn eine Flüssigkeit kalt ist, kann eine größere Menge Gas sich in ihr auflösen, als wenn sie warm ist. Oder wie ein Chemiker sich ausdrücken würde: die Löslichkeit eines Gases in einer Flüssigkeit steigt in dem Maße, wie die Temperatur sinkt. (Aber so reden nur Chemiker.)

Praktisch gesprochen, warum beschließt das Kohlendioxid, sich aus dem Bier zurückzuziehen, wenn es wärmer wird? Aus Ihrer Alltagserfahrung mögen Sie schließen, daß Flüssigkeit, je wärmer sie wird, um so mehr (nicht jedoch weniger) Stoffe aufzunehmen in der Lage ist. Warum sollte es sich im Falle von Gasen anders verhalten?

Die Antwort hat mit der Rolle der Wärme während des Lösungsprozesses zu tun, und diese kann sehr kompliziert sein.

Wenn sich eine Substanz in Wasser auflöst, trennen sich ihre Moleküle und verteilen sich überall im Wasser. Gleichzeitig laufen, je nachdem, um welche Substanz es sich handelt, noch andere Prozesse ab. So können die Moleküle beispielsweise von Wassermolekülen eingeschlossen werden, sie können mit dem Wasser chemisch reagieren, sich in elektrisch geladene Fragmente spalten, oder möglicherweise noch vieles tun, was wir uns lieber nicht vorstellen wollen.

All diese Prozesse verbrauchen entweder Energie oder geben sie in Form von Wärme nach außen ab. Wärme spielt also bei der Zersetzung verschiedener Substanzen eine erhebliche, wenn auch höchst unterschiedliche Rolle. Das heißt, manche Substanzen sind bemüht, die überschüssige Wärme im Wasser zu absorbieren, um sich so weiter auflösen zu können, während andere auf überschüssige Wärme negativ reagieren und sich deshalb weniger leicht auflösen. Anders ausgedrückt: Manche Substanzen sind in warmem Wasser löslicher als in kaltem – und umgekehrt. Selbst Chemiker können nicht immer vorhersagen, wie sich eine bestimmte Substanz verhalten wird.

Im Falle von Gasen jedoch können wir verallgemeinern: Wenn sich Gase in Wasser auflösen, geben sie ihre *gesamte* Energie in Form von Wärme nach außen ab. Ich bin sogar geneigt zu sagen, daß Gase, die sich auflösen, Wärme nicht besonders mögen, ja versuchen, sie loszuwerden. Deshalb lösen sie sich lieber in einer wärmeabsorbierenden Umgebung wie kaltem Wasser auf. Umgekehrt lösen sie sich in einer warmen Umgebung wie heißem Wasser nur ungern auf.

Probieren Sie's selbst

Lassen Sie ein Glas kaltes Wasser ein paar Stunden auf dem Tisch stehen. Während es sich erwärmt, werden Sie an der Innenwand des Glases kleine Luftblasen bemerken. In dem kalten Wasser war die Luft aufgelöst, doch das wärmere Wasser kann so viel Luft nicht halten. Es wird schal, genauso wie Bier.

Expansion und Kontraktion

Jeder weiß, daß Dinge sich ausdehnen, wenn sie erhitzt werden. Aber neulich wollte doch jemand mit mir wetten, daß es ein – vor allem im Haushalt vielgenutztes – Material gäbe, das sich bei Erwärmung zusammenzieht. Hätte ich dagegen wetten sollen?

Nein, natürlich nicht. Mit diesem Material war Gummi
gemeint. Gedehntes Gummi, wohlgemerkt.

Die meisten Dinge dehnen sich bei Erwärmung aus, und
das aus einem einfachen Grund: Durch die höhere Temperatur bewegen sich die Atome oder Moleküle schneller als
zuvor (s. S. 316). Sie brauchen hierzu mehr Platz und verteilen sich deshalb gewöhnlich in größerem Abstand zueinander, wozu wiederum die Substanz selbst mehr Platz
braucht.

Und doch verhält sich Gummi aufgrund seiner seltsam
geformten Moleküle manchmal anders. Sie sind wie Würmer in einer Büchse – dünne, verdrehte Ketten, in einem
wirren chaotischen Knäuel verknüpft. Doch wenn man
ein Gummiband dehnt, werden die Molekülketten gezwungen, sich in Reih und Glied entsprechend der Deh-
nungsrichtung zu formieren.

Daß das ein sehr energieaufwendiger und unnatürlicher
Zustand für die Moleküle ist, wissen Sie selbst am besten,
denn Sie mußten sich anstrengen, um sie so weit zu dehnen, gerade so, als dehnten Sie eine Feder. Kaum lassen Sie
los, springen die Gummimoleküle in ihre kompakte, verdrehte Form zurück, und das Gummiband sieht sofort aus
wie vorher.

Was hat all das jedoch mit der Wirkung von Wärme zu
tun? Na ja, wenn Sie das Gummi während dieser Deh-
nungsphase erhitzen, werden die Moleküle – durch die
Wärmezufuhr aufgewühlt – dazu animiert, sich an ihren
Enden zusammenzuziehen, wodurch sie kürzer werden.
(Eine sich ringelnde Schlange ist eine kürzere Schlange.)
Das Gummi ist also bemüht, so weit es kann, zu seiner
kompakteren Form zurückzukehren; es zieht sich zusammen.

Probieren Sie's selbst

Schneiden Sie ein – mindestens einen halben Zentimeter breites – Gummiband so durch, daß Sie einen Streifen, keine Schlaufe vor sich haben. Verwenden Sie hierzu ein bräunliches (kein farbiges) Gummiband; die farbigen bestehen gewöhnlich nicht aus Naturgummi. Binden Sie ein Gewicht an das eine Ende des Streifens und befestigen Sie das andere oben auf einem Regal. Lassen Sie das Gewicht nun frei nach unten hängen. Es sollte schwer genug sein, um das Gummi einigermaßen zu dehnen. Erhitzen Sie das Gummiband jetzt mit Hilfe eines Föns. Wenn Sie gut hinsehen, werden Sie beobachten, wie das Gummi sich zusammenzieht und das Gewicht ein Stück nach oben zieht.

Vorschlag für eine Kneipenwette

Gummi – gedehntes Gummi wohlgemerkt – zieht sich bei Erwärmung zusammen. Gummi, das nicht gedehnt ist, wird sich bei Erwärmung ausdehnen, so wie alle anderen Dinge auch (s. S. 316).

Wie man die Wärme austrickst

Wie schafft es ein und dieselbe Thermoskanne, Heißes heiß und Kaltes kalt zu halten, je nachdem, wie's uns gefällt? Jemand hat mir einmal erzählt, das hätte etwas mit Spiegeln zu tun.

Um dieses Problem zu lösen, brauchen Sie sich Wärme nur als eine Art Flüssigkeit vorzustellen, die »abwärts« fließt – von der hohen zur niedrigen Temperatur. Die Thermoskanne funktioniert wie ein Damm, der den Wärmefluß blockiert. Sie hindert die Wärme des sich in ihr befindlichen heißen Kaffees daran, nach »unten« zur niedrigeren Lufttemperatur zu fließen. Andererseits läßt sie es nicht zu, daß die Wärme der Luft draußen nach »unten« zum – im Verhältnis – kälteren Eistee in Ihrer Thermoskanne fließt.

Mit anderen Worten: Die Innenwände der Thermoskanne sind ein sehr effektiver Wärmeisolator – eine Substanz oder Kombination von Substanzen, die den Wärmefluß hemmt. Am ehesten vertraut sind wir mit solchen Isolatoren, die verhindern, daß die Wärme unseres Körpers oder unseres Hauses in die Kälte draußen abfließt; sofort denken wir an Daunenanoraks, Schlafsäcke oder die Dachisolierung. Aber auch unsere Kühlschränke werden isoliert, in diesem Fall, um die Wärme von außen abzuwehren. Isolatoren wirken in beide Richtungen.

Natürlich ist Wärme keine Flüssigkeit, obgleich sie in der Tat von einem Ort zum anderen fließt. Sie bewegt sich auf dreierlei Weise: durch *Leitung*, *Übertragung* und *Strahlung*. Lassen Sie uns eine Bewegungsform nach der anderen betrachten, damit wir verstehen, wie ein Thermosbehälter es schafft, alle drei auszuschalten.

Stellen Sie einen kalten Gegenstand direkt neben einen warmen, und Sie werden bemerken, daß der warme Gegenstand einen Teil seiner Wärme an den kalten abgibt, so daß der sich erwärmt, während der warme Gegenstand sich abkühlt. Ein Teil der Wärme wurde vom warmen zum kalten Gegenstand *hinübergeleitet*.

Aber was ist Wärme eigentlich? Wärme entsteht, wenn die Moleküle eines Gegenstandes aufgerüttelt werden oder sonstwie in Bewegung geraten (s. S. 316). Je heftiger die Bewegung der Moleküle, desto größer die Wärme. Wenn

Sie also einen warmen Gegenstand mit einem kalten in Berührung bringen, stoßen einige der flinkeren Moleküle des warmen Gegenstandes mit den langsameren Molekülen des kalten Gegenstandes zusammen, geben ihnen einen Teil der Energie ab, beschleunigen sie und heizen sie so an. Das ist Wärmeleitung: der direkte Energietransfer von Molekül zu Molekül.

Wenn Sie den heißen Griff einer Bratpfanne berühren, werden die Moleküle Ihrer Haut durch die Kollisionen mit den schnelleren Molekülen der Bratpfanne beschleunigt. Wenn Sie dagegen einen Eiswürfel berühren, verlieren die Moleküle Ihrer Haut durch Kollisionen mit den Eismolekülen einen Teil Ihrer Geschwindigkeit.

Ein Thermosbehälter verhindert Wärmeleitung, da er doppelte Außenwände besitzt, zwischen denen sich nichts – also ein Vakuum – befindet. Weil es in einem Vakuum keine Moleküle gibt, mit denen ein Zusammenstoß möglich wäre, kann hier keine Wärmeleitung stattfinden.

Unter *Übertragung* versteht man den Vorgang, bei dem Wärme mit Hilfe eines hitzeenthaltenden Gases oder einer entsprechenden Flüssigkeit von einem Ort zum anderen »transportiert« wird. Sie wissen, daß Wärme nach oben steigt. Eigentlich wäre es richtiger zu sagen, daß *heiße Luft* nach oben steigt. Die Wärme selbst wird lediglich mit emporgetragen. Das nennt man Wärmeübertragung oder Konvektion. Ein Konvektions- oder Umluftherd ist schlicht ein Herd mit einem Ventilator darin, der die Zirkulation der heißen Luft unterstützt. In diesem Fall handelt es sich um eine sogenannte *Zwangsübertragung*.

Eine Thermoskanne verhindert Übertragung dadurch, daß sie ein geschlossener Behälter ist; warme Luft kann ihre Wände nicht durchdringen. Jeder verschlossene Behälter verhindert Übertragung.

Wärme kann schließlich auch durch *Strahlung* von einem Ort zum anderen gelangen, und zwar durch Infrarotstrahlung (s. S. 292). Diese Energiewellen werden von warmen Gegenständen abgegeben, durchfliegen den Raum und können von kühleren Gegenständen absorbiert werden, wobei sie ihre Energie auf jene übertragen und sie damit erwärmen.

Ein Thermosbehälter blockiert infrarote Strahlung, indem er sie mit Hilfe von Spiegeln ablenkt. Die Wände im Inneren des Behälters sind silbern, so daß jede infrarote Strahlung, die einzudringen versucht – von welcher Seite auch immer – sofort zurückreflektiert wird.

Wenn Sie jetzt meinen, Wärmeübermittlung durch Strahlung sei nur bedingt effektiv, bedenken Sie, daß ein Steak in einem Elektroofen auch *unterhalb* des Heizelements gart. Sicher, Wärme steigt durch Übertragung der Luft nach oben. Aber ein großer Teil bewegt sich auch in Form von Strahlung nach unten – ebenso wie in alle anderen Richtungen.

Natürlich ist kein Thermosbehälter perfekt. Ein bestimmtes Maß an Wärme wird immer aus unserem heißen Kaffee hinausgeleitet oder -gestrahlt, beziehungsweise in unseren Eistee hinein. Und doch werden die genannten Vorgänge durch einen Thermosbehälter erheblich gehemmt, und Ihre Speisen oder Getränke behalten stunden (anstatt minuten-)lang die gewünschte Temperatur.

Nebenbei bemerkt: Der Begriff *Thermos* (die griechische Bezeichnung für »heiß«) wurde bereits 1904 zum erstenmal als Warenzeichen verwendet. Heute gilt er als Gattungsbezeichnung für jeden Vakuumbehälter, obwohl ihn ein bestimmter Hersteller noch als Markenbezeichnung gebraucht.

Apropos ...

Wie funktioniert Styropor als Isolator?

Im Gegensatz zu dem Begriff *Thermos*, der zu einer Gattungsbezeichnung geworden ist, bemüht sich das *Styropor* immer noch um eine Identität als Markenzeichen. Aber das scheint niemanden zu interessieren. Man nennt sowieso alle Produkte aus Polystyrolschaum »Styropor«.

Dieser Stoff ist ein guter Isolator, weil der Plastikschaum Milliarden »steckengebliebener« Gasblasen enthält. Gase behindern die Wärmeleitung, weil der Abstand ihrer Moleküle zueinander so groß ist, daß andere Moleküle kaum mit ihnen zusammenstoßen, wodurch sie Energie abgeben oder absorbieren könnten.

Sie kennen sicher diese Behälter aus dünnem Styropor, die häufig von Fast-food-Ketten benutzt werden, damit Ihr Hamburger auf dem Weg nach Hause schön warm bleibt. Nur anstatt wirklich warm zu bleiben, werden Ihre Speisen gerade soweit abkühlen, daß Bakterien gut gedeihen. Zu Hause stellen Sie den Behälter dann in den Kühlschrank, um noch etwas für Ihre Mittagspause am nächsten Tag aufzubewahren. Aber durch die wärmebewahrende Wirkung des Styroporbehälters wird Ihr Essen noch für ca. eine Stunde genau die Temperatur behalten, bei der es am ehesten schlecht wird. Darum ist es besser, die Reste Ihrer Mahlzeit in einen Behälter umzufüllen, der die Wärme nicht isoliert, bevor Sie sie in den Kühlschrank stellen.

Warum kohlensäurehaltige
Getränke gefrieren

Ich nahm eine Mineralwasserdose aus dem Kühlschrank, und
kaum hatte ich sie geöffnet, da gefror sie zu Eis. Was ist passiert?

Im Kühlschrank war das Mineralwasser noch nicht gefroren, weil die Temperatur des Kühlschranks höher war als
der Gefrierpunkt von Sprudel. Aber als Sie die Metalla-
sche hochzogen, passierte zweierlei: Der Druck in der
Dose wurde aufgehoben, und ein Teil des Gases wurde
freigesetzt. Beides trug – wenn auch aus unterschiedlichen
Gründen – dazu bei, daß die Flüssigkeit gefror.
  Jede Flüssigkeit hat einen bestimmten Gefrierpunkt. Bei
reinem Wasser liegt er bei 0° Celsius. Bei unreinem Wasser
– Wasser, in dem irgendeine Substanz gelöst ist – liegt der
Gefrierpunkt tiefer (s. S. 130): Je größer die Menge der im
Wasser gelösten Substanz, desto niedriger der Gefrier-
punkt.
  Kohlensäurehaltige Getränke enthalten ziemlich viele
gelöste Substanzen: Zucker, Geschmackstoffe und vor
allem Kohlendioxid. Sie gefrieren also erst unter 0° C.
Doch sobald Sie die Dose öffnen, verliert die Flüssigkeit
einen Teil des gelösten Kohlendioxids, das sofort in die
Luft übergeht, und da sie nun eine geringere Menge gelöster Substanzen enthält, steigt ihr Gefrierpunkt und ist
schließlich höher als ihre eigene Kühlschranktemperatur.
Also gefriert das Mineralwasser, so wie es sich gehört.
  Das Öffnen der Dose und die Freigabe des Drucks bewirken noch etwas. Eis nimmt mehr Platz in Anspruch als
flüssiges Wasser (S. 271). Wenn man also Eis zusammen-

preßt, neigt es dazu, sich wieder zu verflüssigen, da es nun weniger Platz hat; es schmilzt. Unter den Hochdruck-Bedingungen der geschlossenen Dose wurde die Eisbildung unterdrückt; der Inhalt blieb daher flüssig. Doch sobald der Druck entweichen konnte, war das flüssige Wasser plötzlich in der Lage, sich zu mehr Volumen auszudehnen und gefror. Natürlich hätte dies nicht passieren können, wäre die Temperatur des Getränkes nicht bereits niedriger gewesen als sein Gefrierpunkt nach dem Entweichen des Gases.

Zu guter Letzt ist noch ein dritter Aspekt zu nennen: Als Sie die Dose öffneten, wurde das bis dahin komprimierte Kohlendioxid plötzlich in die Lage versetzt, sich auszubreiten, und wann immer ein Gas sich ausdehnt, kühlt es ab (s. S. 230). Auch dieser Umstand trug zum Gefrieren der Flüssigkeit bei.

Stellen Sie ihren Kühlschrank also entweder auf eine höhere Temperatur ein, oder warten Sie mit dem Öffnen von Dosen, bis diese sich ein wenig erwärmt haben. Sie können doch warten, oder?

Brauchen wir im Bett wirklich eine Heizung?

Wozu braucht ein Wasserbett (anders als andere Betten) eine Heizvorrichtung? Einige Tage, nachdem Sie es aufgefüllt haben, müßte das Wasser doch eigentlich die gleiche Temperatur wie alles andere im Zimmer haben, oder?

In der Tat wird das Wasser in einem Wasserbett die gleiche Temperatur wie alle anderen Gegenstände in einem

Raum annehmen, genauso wie ein normales Bett. Und doch wird es Ihnen kühler vorkommen. Das hat damit zu tun, daß Wasser die Wärme wesentlich effektiver von Ihrem Körper wegleitet als andere Materialien wie zum Beispiel eine normale Matratze.

Wärme bedeutet, wie gesagt, nichts anderes, als daß die Moleküle einer Substanz sich bewegen (s. S. 316). Viele Materialien sind in der Lage, diese Bewegung weiterzugeben, und fungieren so als Wärmeleiter, jedoch nicht alle leiten gleich gut. Am besten wird Wärme durch *Leitung*, das heißt die Übermittlung von Molekül zu Molekül, weitergegeben. Damit dies möglich ist, müssen Moleküle so nahe beieinander sein, daß sie »auf Tuchfühlung« sind.

Die Moleküle im Wasser sind so dicht zusammen, daß sie sich fast berühren. So können die schnelleren (»wärmeren«) Moleküle leicht einen Teil ihrer Bewegung auf die benachbarten »kälteren« Moleküle übertragen. Die Wärme – in diesem Fall Ihre Körperwärme – wird so mühelos in das Wasser hineingeleitet, und Sie werden sicherlich bald zu frösteln beginnen, wenn diese verlorengegangene Körperwärme nicht kontinuierlich durch eine elektrische Heizung wiederhergestellt wird.

Matratzen sind wesentlich schlechtere Wärmeleiter als Wasser. Das liegt daran, daß sie Luft enthalten. Da die einzelnen Moleküle in der Luft verhältnismäßig weit voneinander entfernt sind (s. S. 203), findet nur ein sehr spärlicher Wärmeaustausch statt, und wenn doch, dann nur sehr langsam. Also leitet eine normale Matratze Ihre Körperwärme nicht so schnell ab. Darum haben Sie es immer gemütlich warm.

Wollen Sie es mal richtig kalt haben? Dann versuchen Sie doch einfach, auf einer Metallplatte zu schlafen. Metalle sind vorzügliche Wärmeleiter, weil ihre Atome durch

eine bindende Elektronenschicht sehr eng zusammengehalten werden, und werden Ihre Körperwärme perfekt ableiten.

Probieren Sie's selbst

Versuchen Sie mal, zwei Packungen gefrorene Erdbeeren auf-
zutauen, und zwar lassen Sie die eine bei ca. 24° Celsius an der
Luft stehen, während Sie die andere in eine mit kaltem Leitungswasser (ca. 18° Celsius) gefüllte Schüssel stellen. Obwohl das Wasser kälter ist als die Luft, werden die im Wasser
stehenden Erdbeeren schneller auftauen, weil das Wasser die
Wärme schneller zu den Erdbeeren hin leitet.

Vorschlag für eine Kneipenwette

Gefrorene Erdbeeren tauen bei 18° Celsius schneller auf als
bei 24°.

Blauer Dunst

Bekanntlich ist Zigarettenqualm blau. Doch wenn man ihn inhaliert hat und wieder auspustet, ist er plötzlich weiß. Was
dabei mit der Lunge passiert, ist mir klar, aber was passiert mit
dem Rauch?

Sollten Sie etwa glauben, Teer oder Nikotin seien blau, so
sind Sie auf dem Holzweg. Diese Veränderung hängt vielmehr damit zusammen, daß die Größe der Rauchpartikel
sich während dieses Vorgangs verändert hat.
　　Die Partikel, die von einer friedlich vor sich hin qual-

menden Zigarette nach oben steigen, sind extrem klein, kleiner noch als die Wellenlängen des sichtbaren Lichts. Wenn eine vorbeiziehende Lichtwelle einem dieser Partikelchen begegnet, ist es zu klein, um die Welle zu reflektieren, so wie eine Wand einen Handball abprallen läßt. Statt dessen wird die Welle lediglich ein kleines Stück von ihrem Weg abgelenkt, so daß sie in eine andere Richtung weiterzieht: Sie wird *gebrochen*. Die kürzeren Wellenlängen des Lichts – am blauen Ende des sichtbaren Lichtspektrums gelegen – werden stärker von ihrem ursprünglichen Weg abgelenkt als die längeren, da der Größenunterschied zwischen ihnen und den Rauchpartikeln geringer ist.

Betrachten wir den Rauch mit einer Lichtquelle hinter oder neben uns, so erscheint dieser bläulich. Durch die Partikel werden die blauen Strahlen stärker als die andersfarbigen von ihrem ursprünglichen Weg abgelenkt und in den Raum gestreut. Unsere Augen empfangen so eine größere Menge blauen Lichtes. Während man an einer Zigarette zieht, sind die Rauchpartikel etwas größer, da sie keine Gelegenheit haben, vollständig zu verbrennen. Inhaliert man dann, bleiben viele von ihnen in der Lunge hängen, wo sich ihre Spur verliert, das heißt bis zum Tage der Biopsie.

Jene Partikel, die die Rückreise aus der Lunge unbeschadet überstehen, erreichen mit einer feuchten Schicht bedeckt, wodurch sie noch größer werden, das Tageslicht. Die Partikel sind nun größer als die Wellenlängen des gesamten Farbspektrums, und darum reflektieren sie wie jeder andere größere Gegenstand alle Farben gleichermaßen. Deshalb scheint der Rauch keine bestimmte Farbe zu haben und sieht weiß aus.

Apropos ...

In keinem naturwissenschaftlichen Buch darf die Antwort auf
die Frage fehlen: Warum ist der Himmel blau?

Aus dem gleichen Grund, aus dem der Zigarettenrauch
blau erscheint; weil kleinste Partikel vorzugsweise blaues
Licht streuen.

Reine Luft ist natürlich farblos, das heißt, alle sichtbaren Wellenlängen (Farben) des Lichts durchdringen sie,
ohne absorbiert zu werden. Und doch enthält sie Moleküle und oft schwebende Staubpartikelchen, die viel kleiner sind als die Wellenlängen des sichtbaren Lichts und die
es deshalb, wie eben beschrieben, streuen. Genau wie bei
den Partikeln des Zigarettenqualms wird das blaue Licht
mehr als die anderen Farben gestreut, die die Luft ohne
große Richtungsänderung durchdringen.

Wenn Sie den Himmel anschauen, sehen Sie im Sonnenlicht alle Farben, die je nach Sonnenstand aus einer bestimmten Richtung auf Sie zuströmen. Darüber hinaus
sehen Sie besonders viel blaues Licht, das aus allen möglichen Himmelsrichtungen »herabgestreut« wird. So nehmen Sie ein Übermaß an blauem Licht wahr – mehr als das
tatsächlich von der Sonne ausgestrahlte Blau –, und der
Himmel sieht »blauer« aus, als er tatsächlich ist.

Noch mal: apropos ...

Warum sind Sonnenauf- und untergänge immer so farben-
prächtig?

Wenn die Sonne bei Sonnenauf- oder -untergang tief am
Himmel steht, sehen Sie sie – in »Augenhöhe« – durch die

ganze Atmosphäre hindurch, direkt vor sich (s. S. 195). Ein großer Teil des blauen Lichts, das sich in Ihre Richtung auf den Weg gemacht hat, wird nun beim Durchqueren der Atmosphäre in viele andere Richtungen zerstreut, so daß das Licht, das Sie gerade vor Augen haben, kein Blau mehr enthält. Solches Licht sieht rot, orange oder gelb aus, je nachdem, wie groß die Staubpartikel in der Luft sind und welche anderen Farben durch diese Partikel gestreut wurden.

Sollten Sie befürchten, diese Ausführungen könnten Ihren romantischen Abend verderben, vergessen Sie sie einfach.

Probieren Sie's selbst

Schaffen Sie sich Ihren eigenen Sonnenuntergang. Schütten Sie etwas Milch in ein Glas mit klarem Wasser, und blicken Sie durch das Glas hindurch auf eine Glühbirne. Diese wird rot, gelb oder orange aussehen. Das Licht enthält kein Blau mehr, da dieses durch die kleinen Kaseinpartikel und Kügelchen aus Butterfett, die sich in der Milch abgesetzt haben, zerstreut wird. Welche Farbe Sie genau erhalten, hängt von der Größe und Konzentration dieser Partikelchen im Wasser ab.

Warum Sektflaschen bisweilen explodieren

Warum »explodiert« eine Sektflasche, wenn Sie sie vor dem Öffnen kräftig geschüttelt haben? Und muß das Durcheinander und die Hektik beim Öffnen von Sektflaschen wirklich sein? Es ist doch ein Jammer, daß dadurch die Stimmung oft flöten geht!

Wie Sie möglicherweise bereits wissen, besteht der Trick darin, die Flaschen gut zu kühlen und außerdem jede Erschütterung für wenigstens mehrere Stunden vor dem Öffnen zu vermeiden. Aber wissen Sie auch, warum das sein muß?

Warum kohlesäurehaltige Getränke − Bier, Sprudel oder Sekt − sprudeln, haben wir gesehen (s. S. 32). Der sprudelnde Schaum besteht aus Kohlendioxidbläschen, die aus der Flüssigkeit in die Luft emporsteigen. Wenn ein Getränk »mit Maßen« sprudelt, empfinden wir auf unseren Zungen dieses angenehme Prickeln. Sprudelt es jedoch zu heftig, läuft alles über, und wir haben die Bescherung.

Wieviel Kohlendioxid friedlich aufgelöst in einer Flüssigkeit verbleiben darf, hängt unmittelbar damit zusammen, wieviel Kohlendioxid sich zwischen dem Korken und der Flüssigkeit befindet. Denn je mehr Kohlendioxidmoleküle in diesem Raum umherhüpfen, desto mehr von ihnen werden an die Oberfläche der Flüssigkeit stoßen und sich auflösen.

In einer verschlossenen Flasche ist dieser Raum mit Kohlendioxid und Luft angefüllt; dazu kommt, daß diese Gase sehr eng zusammengepfercht werden, bei einem Druck, der bis zu 4,2 kg pro Quadratzentimeter betragen kann. (Der Luftdruck in Ihren Autoreifen ist gerade halb so groß.) Daher enthält die Flüssigkeit, die die Fabrik verläßt, große Mengen aufgelösten Kohlendioxids.

Sobald wir die Flasche öffnen, und sei es auch noch so vorsichtig, nutzt das unter Druck stehende Kohlendioxid die Gelegenheit zur Flucht, so daß oberhalb der Flüssigkeit nur noch normale Luft bei normalem Druck festzustellen ist. In der normalen Luft ist nur eines unter dreitausend Molekülen ein Kohlendioxidmolekül. Daher steigt nun fast das gesamte Kohlendioxid aus der Flüssigkeit hoch und entweicht. Die Frage ist nur, wie schnell. Normalerweise ist dies ein relativ langsamer Prozeß.

Das heißt: nach der ersten großen »Fluchtwelle« der
Kohlendioxidmoleküle aus der Luftschicht zwischen Flüssigkeit und Korken entweichen die in der Flüssigkeit gelösten Moleküle nun nicht alle gleichzeitig. Täten sie dies,
würde Ihr Getränk im gleichen Moment schal, begleitet
von einer gewaltigen Explosion, egal, wie vorsichtig Sie
den Verschluß beseitigen.

Es ist auch nicht so, als stiegen die Gasmoleküle einzeln
nacheinander aus der Tiefe der Flüssigkeit hoch. Sie müssen zunächst einige Sammelplätze ausfindig machen, das
sind besondere Stellen, an denen sie sich treffen und Gruppen bilden – Blasen nämlich, die groß genug sind, um den
Weg nach oben zu bewältigen. Wissenschaftler bezeichnen diese »Sammelplätze« als *Nuclei* (die Mehrzahl von
nucleus, lat. »Kern«).

So gut wie jede Unregelmäßigkeit in der Homogenität
der Flüssigkeit – sogar ein mikroskopisch kleines Staubkörnchen – dient den Bläschen als *Nucleus*. Auch kleinste
Kratzer am Innenrand des Glases dienen diesem Zweck,
da mikroskopisch kleine Luftblasen beim Einschenken
dort hängenbleiben; und diese Luftblasen laden herannahende Gasmoleküle dazu ein, sich ihnen anzuschließen.
An all diesen *Nuclei* vereinigen sich Kohlendioxidmoleküle und bilden Blasen, die – sobald sie groß und kräftig
genug sind – emporsteigen und sich durch die Flüssigkeit
hindurch ihren Weg bahnen.

Aber was hat all dies mit dem Schütteln einer Flasche zu
tun? Na ja – wenn Sie eine Flasche schütteln, bilden sich
aus dem Gas zwischen Verschluß und Flüssigkeit kleinste
Blasen. Und diese Bläschen sind ideale *Nuclei* für die Entstehung weiterer Blasen. Die Kohlendioxidmoleküle in

der Flüssigkeit verbinden sich mit diesen neuen Blasen, die sich wiederum in immer größere Blasen verwandeln. Und ehe Sie sich versehen, schießt Ihnen ein schaumiges Durcheinander aus dem Flaschenhals entgegen, da sich der Gasdruck wie das Geschoß aus einem Luftgewehr entlädt.

Wenn Sie eine ungekühlte Flasche Bier, Sekt oder Mineralwasser öffnen, werden Sie das gleiche Desaster erleben, wenn auch nicht ganz so schlimm. Kohlendioxid löst sich in warmen Flüssigkeiten schlechter auf (s. S. 36), also entweicht hier mehr Gas als bei gekühlten Getränken. Wenn Sie die Flasche außerdem noch stark schütteln ... – aber diese Vorstellung wollen wir uns lieber ersparen.

Apropos ...

Warum bilden sich in einem Sektglas zierliche Bläschen, die in vornehmer Ordnung emporstreben, während die Blasen in einem Bierglas völlig ohne jeden Anstand von überall her nach oben drängen?

Dafür gibt es mehrere Gründe, keiner von ihnen ist jedoch soziologischer Natur.
● Der Sekt wurde wahrscheinlich in ein längliches enges Glas, eine »Sektflöte« gegossen, dessen Boden eine zu kleine Fläche bietet, um eine Vielzahl von Blasen zu bilden. Dazu kommt, daß solche vornehmen Gläser meist auf ihrer Innenseite kaum Kratzer aufweisen, was daran liegt, daß sie (a) für viele scheuernden Reinigungsgeräte einfach zu eng sind und daß sie (b) wahrscheinlich seltener benutzt werden als Bierkrüge. Weniger Kratzer bedeutet weniger *Nuclei* und damit weniger und kleinere Blasen. Deshalb sieht man sie nur von wenigen ausgewählten Stellen aus emporsteigen.

Probieren Sie's selbst

Kratzen Sie ein bißchen mit einer Messerspitze an der Innenseite eines Bier- oder Sektglases, und Sie werden neue Blasen
entdecken, die von diesen neuen Sammelplätzen aus aufsteigen.

● Sekt ist klarer als Bier. Echter Champagner wird im Gegensatz zu billigem Schaumwein sorgfältig geklärt, indem
man ihn ruhen läßt, ihn kühlt und schließlich der Prozedur
des *dégorgement* unterzieht. Hierbei werden die verschlossenen Flaschen »halsüber« geneigt und über einen
langen Zeitraum gleichmäßig gedreht. Der Halsinhalt ist
dann gefroren, und die gefrorenen Ablagerungen werden
nun zusammen mit dem Korken nach draußen befördert.
Je weniger Ablagerungen sich in einer Flüssigkeit befinden, desto weniger *Nuclei* entstehen, an denen sich Blasen
bilden können.
● Das Kohlendioxid im Champagner wird in der bereits
verschlossenen Flasche während eines monate-, ja manchmal jahrelangen Reifungsprozesses durch den Zusatz von
Hefe und Zucker erzeugt. Währenddessen sterben die He-
fezellen nicht nur ab – wie beim Bier oder Wein. Ihre Proteine zersetzen sich in kleine Fragmente, Peptide genannt.
Jedes Peptidmolekül hat ein Ende, das eine Base ist. Dieses
kann ein Kohlendioxidmolekül, das eine Säure ist, an sich
binden und es so in der Lösung festhalten.

Champagner ist also nicht nur in der Lage, mehr Kohlendioxid aufzunehmen als andere Getränke. Er sträubt
sich auch mehr, sie preiszugeben, nachdem die Flasche
geöffnet wurde. Deshalb bleiben die kleinen aristokrati-
schen Bläschen auch lange verfügbar.

Wenn Sie einen guten Champagner verschließen und in

den Kühlschrank stellen, wird er noch am nächsten Morgen sprudeln, und sogar noch am Morgen danach, sollten Sie des Feierns noch nicht müde geworden sein.

Nicht alle Löffel sind gleich

Bei einem Abendessen, das von einem Freund veranstaltet wurde, rührte ich in meinem Kaffee. Der Löffel wurde plötzlich sehr heiß, scheinbar sogar heißer als der Kaffee. Das ist mir zu Hause noch nie passiert. Was ist da los?

Ich gratuliere Ihnen. Offenbar genießen Sie bei Ihren Freunden hohes Ansehen. Oder würden sie sonst bei Ihrem Besuch das wertvolle Gästebesteck aus Sterlingsilber auflegen? Das Besteck bei Ihnen zu Hause ist entweder aus rostfreiem Stahl oder (entschuldigen Sie bitte, wenn ich Sie in Verlegenheit bringe) schlicht versilbert.

Sterlingsilber dagegen ist fast reines Silber: 92,5 Prozent, um genau zu sein. Und Silber ist der beste Wärmeleiter unter allen Metallen. Wärme bewegt sich, wie wir gelernt haben, immer von einem Ort höherer Temperatur hin zu einem Ort niedrigerer Temperatur, sofern sich ein Weg dorthin finden läßt, und Silber ist für die Wärme gleichsam eine Art Autobahn. Der Löffel hat lediglich die Wärme des Kaffees aus der Tasse heraus in den kühleren Raum – beziehungsweise, als Sie ihn berührten, in Ihre Finger – hineingeleitet.

Währenddessen wird der Löffel in etwa so heiß wie der Kaffee, obwohl er Ihnen heißer vorkommt. (Ich empfehle Ihnen nicht, Ihren Finger zur Probe in den Kaffee zu halten.)

Silber leitet Wärme mehr als fünfmal so schnell wie
rostfreier Stahl. Zu Hause halten Sie Ihren Löffel wahrscheinlich nicht lange genug in den Kaffee, so daß er am
Stiel nie besonders heiß werden wird. Aber selbst dann
würde der Löffel die erworbene Wärme kaum schnell genug in Ihre Finger hineinleiten, als daß Sie Unannehmlich-
keiten befürchten müßten.

Manche mögen's heißer

Es ist zum Verrücktwerden! Immer, wenn ich mir die Hände
wasche – oder schlimmer noch – wenn ich dusche, mische ich
sorgfältig das heiße mit dem kalten Wasser, um genau die
richtige Temperatur zu erreichen. Und jedesmal, gerade dann,
wenn ich anfange, mich wohlzufühlen, wird das Wasser kälter, und ich muß noch einmal von vorne anfangen. Gibt es
dafür eine wissenschaftliche Erklärung, oder bilde ich mir das
alles nur ein?

Die Antwort ist sehr einfach. Durch Wärme dehnen sich
Dinge aus. In einem Dichtungshahn (dem gängigen Mo-
dell) fließt das Wasser durch einen schmalen Spalt zwischen einem Dichtungsring aus Neoprengummi und einer
Auflagefläche aus Metall. Fängt das heiße Wasser nun an
zu fließen, dehnt sich der Dichtungsring des Heißwasserhahns aus, wodurch sich der Spalt zwischen Abdichtungs-
ring und Auflagefläche verengt und der Wasserfluß gehemmt wird. Da nun weniger heißes Wasser fließt, als Sie
ursprünglich eingestellt hatten, ist die Mischung jetzt kälter.

Es gibt mehrere Methoden, dieses Problem zu bewältigen.

● Ersetzen Sie den Neoprendichtungsring beim Heißwasserhahn durch jenen anderen Typ, bei dem das Innenteil aus Gummi mit einem Fasermantel umhüllt ist. Fasermaterial dehnt sich nicht so leicht aus wie Gummi und zieht sich auch nicht so leicht zusammen.

● Seien Sie mit dem heißen Wasser nicht so knauserig. Wenn Sie den Hahn weiter aufdrehen, werden Sie die geringfügige Verengung aufgrund der Ausdehnung nicht einmal bemerken. Freilich müssen Sie nun auch den Kaltwasserhahn weiter aufdrehen, um die gewünschte Temperatur zu erzielen.

● Heizen Sie die Einzelteile des Heißwasserhahns vorher ein wenig auf, indem Sie das Wasser, nachdem es heiß geworden ist, ein paar Sekunden lang laufen lassen. Wenn Sie nun die gewünschte Temperatur einstellen, ist die ärgerliche Ausdehnung bereits passiert.

● Duschen Sie kalt.

Oder bitten Sie Ihren Partner ganz einfach, die Toilettenspülung zu betätigen, während Sie duschen. So brauchen Sie sich ganz bestimmt keine Sorgen zu machen, das Wasser könne zu kalt werden.

Warum wir ein Fieberthermometer nach Gebrauch schütteln

Das Quecksilber in meinem Fieberthermometer scheint keinerlei Schwierigkeiten damit zu haben, nach oben zu steigen (oftmals höher, als es mir lieb ist) und dort zu bleiben. Um es nach Gebrauch jedoch wieder zum Abstieg zu überreden, muß ich es fest schütteln. Warum kommt es nicht freiwillig

wieder zu seinem Ausgangspunkt herunter, wo es doch so
mühelos hochgeklettert ist?

Sehen Sie sich die Kapillarröhre mal aufmerksam an. Sie
werden eine Verengung wahrnehmen, durch die sich das
Quecksilber nach oben und unten bewegt. Auf seiner
Reise nach oben besitzt das Quecksilber genug Kraft, den
Widerstand zu überwinden, und stemmt sich so durch die
Verengung hindurch; der Druck, der durch eine sich aus-
dehnende Flüssigkeit entsteht, kann ziemlich hoch sein.
(Wenn Wasser gefriert und sich ausdehnt, kann es geschehen, daß durch den entstandenen Druck Eisenrohre platzen oder Betonwände gesprengt werden, s. S. 271.)
  Wenn Sie nun das Thermometer aus dem Mund nehmen, und die Temperatur der Kugel sinkt, heißt das nicht,
daß auch der Quecksilberfaden zurückfließt; nein, er verharrt an seiner höchsten Stelle. Das Quecksilber im Inneren der Kugel, zieht sich zwar zusammen, es ist jedoch
nicht in der Lage, den gesamten Faden nach unten zu ziehen, da ihm hierzu schlicht die Kraft fehlt; die Zugkräfte
zwischen den einzelnen Quecksilberatomen sind zu
schwach. (Wären sie wesentlich stärker, wäre das Quecksilber ein Festkörper, keine Flüssigkeit.)
  Der Quecksilberfaden also, anstatt nach unten in die
Kugel hineingezogen zu werden, reißt nun an der vereng-
ten Stelle entzwei – so wie ein Baumwollgarnfaden an seiner dünnsten Stelle reißt. Das Quecksilber unterhalb dieses Bruches zieht sich jetzt in die Kugel zurück, während
sich zwischen ihm und dem oben hängengebliebenen
Quecksilber ein Vakuum bildet. Das Ganze ähnelt einer
Kette von Güterwagen, die vom Rest des Zuges abgekop-
pelt worden sind.
  Wenn Sie das Thermometer nach unten schlagen, be-

schreiben Sie mit Ihrem Arm bogenförmige Bewegungen. Durch die Zentrifugalkraft wird nun das Quecksilber nach außen und damit zurück in die Kugel geschleudert, wodurch der Riß an der Verengung überwunden wird.

Warum Batterien nicht ewig leben

Heutzutage wird fast alles mit Batterien angetrieben. Aber wie sieht es eigentlich im Inneren einer Batterie aus? Dort muß Strom sein, in welcher Form auch immer. Aber wie kommt es, daß der Strom in der Batterie bleibt – genau bis zu dem Zeitpunkt, an dem wir irgendein elektrisches Spielzeug in Bewegung setzen wollen?

Batterien enthalten nicht Strom im wörtlichen Sinn; sie besitzen vielmehr ein Strompotential in Form von Chemikalien. Diese Chemikalien liegen voneinander isoliert im Inneren der Batterie und reagieren erst dann miteinander, wenn wir die Batterie an irgendein Gerät anschließen und den Schalter betätigen. Erst dann erzeugen die Chemikalien durch ihre Reaktion Strom.

Daß man Strom aus Chemikalien erzeugt, ist gewiß keine neue Erfindung. Wir beziehen Wärmeenergie aus Holz, Kohle und Öl – alles chemische Stoffe –, indem wir sie verbrennen, das heißt, wir erlauben ihnen, mit dem Sauerstoff der Luft zu reagieren. Diese Verbrennungsprozesse gehören zu einer eigenen Gruppe von chemischen Reaktionen, aus denen elektrische Energie (anstatt Wärme) gewonnen werden kann.

Chemiker nennen sie *Redox*-Reaktionen. Sie sind relativ verbreitet. Wann immer Sie beispielsweise beim Wa-

schen Bleichmittel benutzen, vollzieht sich im Inneren Ihrer Waschmaschine eine Redox-Reaktion (s. S. 63). Die
Elektrizität kann man aber nicht sehen, denn sie entsteht
im Inneren der Chemikalien, die miteinander reagieren.
Genauso schnell, wie bestimmte Atome sie erzeugen, wird
sie von anderen geschluckt. Eine Batterie ist nichts anderes
als ein clever ausgeklügeltes Kontrollinstrument, das die
genannten chemischen Reaktionen derart im Griff hat,
daß wir die hierdurch erzeugte elektrische Energie jederzeit bei Bedarf abzapfen können. Lassen Sie uns jedoch
zunächst klären, was Strom eigentlich ist.

Strom ist ein Elektronenfluß von einem Ort zum anderen. Aber woher stammen diese Elektronen? Elektronen
sind überall; sie sind die äußeren Bestandteile jedes
Atoms. Soll sich also ein Elektron von einem Ort zum anderen bewegen, muß es sich von Atom A lösen und zu
Atom B hinüberhüpfen, wie ein Floh, der von Hund zu
Hund springt. Damit dies möglich ist, muß Atom A jedoch
bereit sein, eines seiner Elektronen aufzugeben. Gleichzeitig muß Atom B bereit sein, dieses aufzunehmen.

Unterschiedliche Arten von Atomen weisen ein unterschiedliches Maß an Affinität gegenüber ihren Elektronen
auf. Es gibt sogar Atome, die jede Gelegenheit nutzen,
eines oder zwei ihrer Elektronen loszuwerden, während
andere ihre Elektronen eng an sich binden und dabei bemüht sind, weitere Elektronen zu erhaschen. Trifft ein
Atom der ersten Sorte (A) auf ein Atom der zweiten Sorte
(B), bietet sich hiermit die Gelegenheit, ein für beide at-
traktives Geschäft abzuschließen, indem ein oder zwei
Elektronen von Atom A zu Atom B transferiert werden.
Und genau das – in Kurzform dargelegt – passiert bei einer
Redox-Reaktion.

Dieses Spiel, bei dem ein Atom eines seiner Elektronen

an ein anderes Atom weiterreicht, bewirkt einen Elektrizitätsfluß auf mikroskopischer Ebene (das heißt, von Atom zu Atom). Aus unserer Sicht besteht das Problem aber darin, ein Maß an Elektrizität zu erzielen, das wir nutzen können. Dafür nun unzählige Atome von Typ A mit unzähligen Atomen von Typ B zusammenzubringen, würde in einer großen chaotischen Balgerei enden, da die Elektronen dann ohne einheitliche Richtung und völlig wahllos hin- und herdriften würden, wann immer ein A gerade auf ein B träfe. Das nützt uns überhaupt nicht!

Für unsere Zwecke brauchen wir eine Art Einbahnstraße oder auch Kreisverkehr, auf dem die Elektronen einer größeren Gruppe von A-Atomen direkt zu einer andernorts ansässigen Gruppe von B-Atomen gelangen können. In ihrem Eifer, von den A's zu den B's zu gelangen, müssen diese Elektronen sich ihren Weg nun durch unseren Kreisverkehr bahnen, wobei sie unterwegs immer wieder für uns arbeiten müssen, sei es, daß sie eine Glühbirne zum Leuchten bringen müssen, sei es, daß ein pinkfarbener Hase wie irre durch das Zimmer flitzen und gleichzeitig auf eine Trommel schlagen soll.

Will man so eine Batterie bauen, gilt es zunächst, ein kompaktes kleines Paket mit dem Inhalt vieler A- und B-Atome herzustellen. Beide Gruppen müssen jedoch voneinander getrennt gehalten werden, gewöhnlich mit Hilfe von feuchtem Papier. Bis zu dem Zeitpunkt, an dem wir den Kreisverkehr schließen, kann kein Elektronenausgleich stattfinden. Erst wenn wir die Batterie anschließen und einen Schalter betätigen, ermöglichen wir den ungehinderten Elektronenfluß von den A-Atomen – durch den von uns zwischengeschalteten Apparat hindurch – hin zu den B-Atomen.

Unterschiedliche Batterietypen enthalten unterschied-

liche Kombinationen von Atomen. Am geläufigsten sind
Manganbatterien oder solche aus Zink, Blei, Lithium,
Quecksilber, Nickel oder Cadmium. Die Bekannten AAA-
Batterien (die wohlgemerkt mit unseren A-Atomen nichts
zu tun haben), aber auch die AA-, C-, und D-Batterien
(früher gab es auch eine B-Batterie, die heute jedoch nicht
mehr verwendet wird) enthalten Zink- sowie Manganatome, wobei die Zinkatome ihre Elektronen an die Manganatome weitergeben.

Die Spannung einer Batterie, in diesem Fall 1,5 Volt,
mißt die Kraft, mit der die Zinkatome ihre Elektronen an
die Manganatome weitergeben. Unterschiedliche Kombinationen von A-Atomen und B-Atomen ergeben Batterien
mit unterschiedlicher Spannung, da der Elektronenaus-
tausch mit jeweils unterschiedlichem Eifer betrieben wird.

Wenn schließlich alle abgebenden Atome ihre Elektro-
nenkontingent an die Empfängeratome weitergegeben haben, ist die Batterie tot, und der Hase hört (endlich) auf
herumzuflitzen. Nickel-Cadmium-Batterien wie auch Ihre
Autobatterie, die aus Schwefelsäure und Bleioxid besteht,
sind jedoch wieder aufladbar. Wir können den Prozeß des
Elektronenaustausches umkehren, indem wir die Elektronen zu den abgebenden Atomen zurückpumpen. Dann
kann das Spiel von vorne anfangen. Jedesmal jedoch,
wenn eine Batterie wiederaufgeladen wird, wird ihr In-
nenleben mechanisch beschädigt, und selbst eine wieder-
aufladbare Batterie ist nicht unsterblich.

Apropos ...

Ist es so, daß die Elektronen, die von einer Batterie in ein elektrisches Gerät hineingeschickt werden, durch dieses hindurch
– und schließlich zur Batterie zurückfließen?

Das stimmt nicht ganz. Zwar werden die Elektronen im Inneren der Batterie tatsächlich von einem Atom zum nächsten weitergegeben wie Flöhe von einem Hund zum anderen. Aber das ist etwas anderes, als wenn Strom durch ein Kabel oder einen komplizierten elektrischen Kreislauf fließt. Die Elektronen fließen nicht einfach an einem Ende des Kabels hinein, hüpfen dann von Atom zu Atom, um schließlich am anderen Ende wieder herauszuspringen.

Lassen Sie es uns so ausdrücken: Durch die Spannung der Batterie werden die Elektronen von links nach rechts durch das Kabel hindurchgeschubst. In Wirklichkeit stößt jedes Elektron seinen Nachbarn zur Rechten weg, da beide negativ geladen sind und gleiche Ladungen sich abstoßen. Auf diese Art schubst der Nachbar den nächsten weg, und so weiter, und so weiter.

Wenn diese Schubswelle schließlich am anderen Ende des Kabels angekommen ist, sieht es so aus, als wenn sich jedes Elektron selbständig seinen Weg durch einen Dschungel von Atomen gebahnt hätte. (Das hätte im übrigen länger gedauert.) Wie dem auch sei: Wer kann schon ein Elektron vom anderen unterscheiden? Nicht einmal ein Elektron.

Flecken raus!

Wie unterscheidet Bleichmittel weiße von farbiger Wäsche? Man hat den Eindruck, als sei es in der Lage, jeden Fleck, der uns nicht gefällt – unabhängig von seiner chemischen Zusammensetzung – in Weiß zu verwandeln. Woher weiß aber das Bleichmittel, was wir von ihm erwarten?

Ein Bleichmittel weiß gar nicht, was weiß ist und was nicht. Es ist ihm auch egal, welchen Fleck wir zufällig als störend empfinden. Bleichmittel bekämpfen nicht Farbe »an sich«, sondern vielmehr bestimmte farbige *chemische Verbindungen*, die in der Tat Gemeinsamkeiten haben. Und das, was uns im Endeffekt »weiß« erscheint, ist in Wirklichkeit farblos.

Bevor Sie mich für meine Behauptung kritisieren, »weiß« sei in Wirklichkeit das Fehlen von Farbe – haben Sie doch in der Schule gelernt, »weiß« sei im Gegenteil die Präsenz *aller* Farben – lassen Sie mich bitte erklären.

Sonnenlicht enthält in der Tat alle Farben des Regenbogens, das heißt alle Farben, die das menschliche Auge sehen kann, und noch mehr. Wenn all diese Lichtfarben wie etwa bei Tageslicht zusammenkommen, nehmen wir das Licht mit unserem menschlichen Auge als »farblos« wahr. Wir bezeichnen es als »weißes Licht«.

Aber unabhängig vom Licht selbst, was sehen wir, wenn wir einen von diesem Licht bestrahlten *Gegenstand* betrachten? Auch wenn dieser Gegenstand alle Farben, die in Form von Tageslicht auf ihn fallen, zu uns reflektiert, hat das reflektierte Licht für unsere Augen immer noch keine spezielle Farbe – es ist immer noch weiß. Wir sagen, der *Gegenstand selbst* sei weiß, da wir ihn überhaupt nur durch das Licht, das er unseren Augen übermittelt, auszumachen in der Lage sind.

Sollte allerdings dieser Gegenstand zufällig eine Vorliebe für blaues Licht haben und gern blaue Bestandteile des Tageslichts für sich behalten, das heißt, sie absorbieren, bevor er den Rest zu uns zurückschickt, werden dem Licht, das wir sehen, blaue Anteile fehlen. Unsere Augen nehmen Licht, dem Blau fehlt, als gelb wahr, und daher nennen wir den Gegenstand selbst gelb.

Sollte es sich bei dem fraglichen Gegenstand zufällig um einen Fleck auf unserem ansonsten weißen (farblosen) T-Shirt handeln, werden wir diesen als einen »gelben« Fleck wahrnehmen und zwecks Beseitigung direkt an unser gutes altes Bleichmittel weiterreichen. Dasselbe machen wir, wenn der besagte Gegenstand eine Vorliebe für eine bestimmte andere Lichtfarbe hat, die wir dann wiederum als eine andere nicht-weiße Farbe wahrnehmen.

Worauf aber hat es das Bleichmittel abgesehen, wenn nicht auf Farbe als solches? Es attackiert gezielt jene Moleküle, die mit Vorliebe bestimmte Lichtfarben absorbieren. Wie jedoch kann es zwischen Licht absorbierenden und anderen Molekülen unterscheiden?

Wenn eine Substanz Lichtenergie absorbiert, sind es eigentlich die Elektronen in den Molekülen, die das erledigen. Indem sie die Energie absorbieren, erheben sich die Elektronen innerhalb ihrer Moleküle zu einem höheren Energiestatus. Die Moleküle vieler Substanzen sind farbig, weil sie Elektronen enthalten, die von Anfang an einen besonders niedrigen Energiestatus besitzen und deshalb eifrig bemüht sind, Lichtenergie zu absorbieren. Bleichmoleküle verschlingen diese Elektronen, so daß kein Licht mehr absorbiert werden kann; auf die Art verlieren die Moleküle ihre »Färbfähigkeit«. (Unter Fachleuten werden die Elektronenfresser als *Oxidationsmittel* bezeichnet. Mit anderen Worten *oxidiert* das Bleichmittel die farbige Substanz.)

Gewöhnlich benutzt man beim Waschen Natriumhypochlorit als Elektronenbeseitiger. Flüssige Bleichmittel enthalten die gleiche Chemikalie in Form einer 5,25 prozentigen Lösung. Bei Bleichmitteln in Pulverform handelt es sich gewöhnlich um *Natriumperborat* – einen sanfteren Elektronenfresser, der die meisten Farbstoffe nicht angreift. (Farbstoffe sind hier freilich nichts anderes als *gewollte*, haftende und lichtabsorbierende »Flecken«.)

Ein weiterer beliebter Elektronenbeseitiger ist Wasserstoffperoxid. Es wird zum Bleichen von Melanin benutzt, dem dunklen Farbstoff, den sowohl die menschliche Haut als auch unsere Haare enthalten. Unter anderem wird Wasserstoffperoxid auch bei der Herstellung von Blondierungsmitteln verwendet.

Kapitel 2

In der Küche

Es gibt wohl keinen Ort in unserem Alltagsleben, an dem so viele herrlich mysteriöse Dinge passieren wie in der Küche. Eine unglaubliche Vielfalt an Tier- oder Pflanzenprodukten, aber auch Mineralstoffen wird hier vermengt, erwärmt, gekühlt, tiefgefroren und aufgetaut. Dafür verwenden wir Geräte, bei deren Anblick auch der fortgeschrittenste Alchimist die Hände über dem Kopf zusammengeschlagen hätte.

So kommt es nicht von ungefähr, daß Shakespeare in »Macbeth« für seine Hexen die Zauberformel »Feuer sprühe, Kessel glühe« wählte. Unter der Oberfläche dieser vertrauten Vorgänge vollziehen sich nämlich außergewöhnliche Verwandlungen, über die die Alchimisten allenfalls Spekulationen anstellen konnten, während wir nun in der Lage sind, sie mit den einfachsten Worten zu beschreiben – jetzt, da wir von der Existenz der Moleküle wissen.

Meinen Sie, Sie wüßten schon, was in einem kochenden Wassertopf oder -kessel vor sich geht? Denken Sie lieber noch mal nach! Wir wollen damit beginnen, daß wir ganz genau in einen solchen Topf hineinsehen, um herauszufinden, was das Wasser in ihm zum Sprudeln bringt.

Wann kocht heißes Wasser?

Wenn ich einen Topf Wasser auf den Herd stelle, schalte ich
stets auf höchste Stufe, da ich immer in Eile bin. Sobald das
Wasser jedoch zu kochen beginnt, muß ich die Hitze verringern, um zu verhindern, daß es überkocht. Trotzdem soll das
Wasser so heiß wie möglich sein, damit mein Essen schnell gar
ist. Gibt es eine Methode, Wasser noch mehr zu erhitzen,
ohne hinterher aufwischen zu müssen?

Leider nicht. Sobald Wasser kocht, hat es seine höchste
Temperatur erreicht. Selbst wenn Sie einen Flammenwer-
fer benutzen, wird es, egal wie wild es sprudelt, seinen Siedepunkt (100° Celsius) nicht überschreiten – Ausnahmen
bestätigen die Regel (s. S. 279).

Lassen Sie uns mal genauer ansehen, was im Inneren des
Wassers passiert, wenn man es zum Kochen bringt. Die
Temperatur steigt, das heißt, die Wassermoleküle nehmen
die Wärmeenergie auf. Dies zeigt sich darin, daß sie sich
nun immer schneller bewegen. Irgendwann werden einige
der Moleküle soviel Energie haben, daß sie sich von ihren
Kameraden, mit denen sie bis dahin durch starke Anziehungskräfte verbunden waren, lösen. Diese energiegela-
denen Moleküle werden ihre Kameraden möglicherweise
sogar mit dem Ellbogen zur Seite drängen und so kleine
Räume innerhalb des Wassers erzeugen, die wir als Blasen
wahrnehmen. Diese stiegen nun hoch und durchstoßen
schließlich in Form von verdampftem Wasser – also als
Gas – die Oberfläche. Sehen können wir dieses gasförmige
Wasser erst dann, wenn es sich ein wenig von der Oberfläche entfernt hat, etwas abgekühlt und zu einer Wolke aus
kleinsten Tröpfchen kondensiert ist, die wir als »Dampf«
bezeichnen.

Diesen komplexen Prozeß nennen wir »Kochen«. Kurz
gesagt: Das Wasser nimmt die Wärme auf, mit der Sie es
versorgen, und nutzt sie, um sich in ein Gas zu verwandeln.

Die Verwandlung von flüssigem in gasförmiges Wasser
erfordert Wärmeenergie, da die Moleküle nur so in die
Lage versetzt werden, sich voneinander zu lösen. Würden
die Moleküle nicht aneinander haften, wäre Wasser keine
Flüssigkeit; es wäre dann immer ein Gas, das heißt, eine
Menge loser, unabhängig voneinander umherschweben-
der, Moleküle. Je nach Art der Flüssigkeit haften die Moleküle unterschiedlich fest aneinander. Für die Loslösung
ist so ein jeweils unterschiedliches Maß an Energie vonnöten, woraus sich wiederum die verschiedenen Siedepunkte
erklären. Der Siedepunkt von Wassermolekülen liegt bei
einer Temperatur von 100° Celsius.

Jetzt schalten wir mal höher: Je mehr Wärmeenergie
wir pro Sekunde in das Wasser hineinpumpen, desto mehr
Wassermoleküle pro Sekunde erhalten so viel Energie,
daß sie sich verselbständigen und als Gas nach oben schie-
ßen können. Entsprechend heftiger brodelt das Wasser
und wird folglich auch schneller »verkochen«.

Und doch wird die Wassertemperatur als solche durch
all die zusätzliche Wärme *nicht erhöht*, da ein Molekül,
das sich bereits losgelöst hat, alle zusätzliche Energie mit
sich nach oben trägt. Ein Molekül entweicht um so schneller, je mehr überschüssige Energie es zur Verfügung hat.
Diese überschüssige Wärmeenergie landet also nicht in
der im Topf verbleibenden Flüssigkeit, sondern in dem
entweichenden Gas, s. S. 216. Daher läßt sich die Wassertemperatur nicht über den Siedepunkt hinaus steigern. Irgendwann wird es dann vollständig verkocht sein.

Was haben wir also gelernt? Sparen Sie Ihre Energie,

denn mehr Wärme nützt Ihnen nichts. Die Spaghetti werden so auch nicht schneller weich.

Probieren Sie's selbst

Sie können dies selbst testen, indem Sie ein Speisethermometer mit einer Zange in den Wasserdampf oberhalb eines Topfes mit kochendem Wasser halten. Halten Sie es anschließend in das zunächst leicht sprudelnde Wasser. Wiederholen Sie Ihr Experiment nun bei heftig sprudelndem Wasser. Wie Sie sehen werden, bleibt die Wassertemperatur immer gleich, während der Dampf über dem heftig sprudelnden Wasser etwas heißer sein wird.

Vorschlag für eine Kneipenwette

Egal, wie stark Sie einen Topf mit kochendem Wasser erhitzen, das Wasser wird nicht heißer.

Des Rätsels Lösung

Ich habe beobachtet, daß ein Topf Wasser mit Deckel früher kocht als ohne. Ich vermute, der Deckel verhindert, daß ein Teil der Wärme verlorengeht. Aber in welcher Form wird diese Wärme gespeichert? Bis das Wasser tatsächlich kocht, ist doch gar kein Wasserdampf vorhanden, der verlorengehen könnte, oder etwa doch?

Wasserdampf nicht, aber *gasförmiges Wasser* ist reichlich vorhanden. Lange bevor Sie Wasserdampf, der aus kleinsten Tropfen (flüssigen) Wassers besteht, überhaupt sehen, hat sich bereits eine große Menge unsichtbaren warmen Gases gebildet – einzelne Wassermoleküle, die im Raum umhertreiben. (Die Begriffe »Dampf« und »Gas« bedeuten dasselbe. Normalerweise bezeichnet man ein Gas dann als »Dampf«, wenn man weiß, daß es aus einer Flüssigkeit entstanden ist.)

In der Luft oberhalb des Wassers befindet sich immer etwas *gasförmiges* Wasser. (Sie kennen den Begriff »Luftfeuchtigkeit«.) Das liegt daran, daß sich an der Oberfläche immer einige Wassermoleküle aufhalten, die sich gerade heftig genug hin und herbewegen, um sich von ihren Gefährten loszureißen und davonzufliegen. Je höher die Wassertemperatur ist, desto mehr Gas entsteht. Während also der Herd das Wasser erwärmt, steigt die Anzahl der warmen »Wassergas-«Moleküle in der Luft oberhalb der Wasseroberfläche.

Da diese Moleküle durch die Erwärmung des Wassers immer mehr Energie in sich aufnehmen, wird es immer wichtiger, daß sie nicht verlorengehen. Der Topfdeckel verhindert dies und schickt sie samt ihrer noch vorhandenen Wärmeenergie sogleich in den Topf zurück. Deshalb kocht das Wasser früher – es sei denn, Sie betätigen sich unentwegt als »Topfgucker«.

Zu viele Ionen im Feuer

Ich habe einmal gelesen, daß kochendes Wasser heißer wird, wenn man Salz dazugibt. Das kann ich kaum glauben, aber wenn es doch wahr ist, woher stammt diese zusätzliche Wärme?

Es ist schon eigenartig, aber wahr. Das Wasser wird tatsächlich erst bei einer höheren Temperatur zu kochen anfangen, sobald das Salz sich aufgelöst hat.

Fügen Sie pro Liter Wasser 29 Gramm Salz hinzu, steigt die Siedetemperatur um ein halbes Grad Celsius. Das ist nicht viel, aber immerhin. Da die Temperatur durch das Salz nur geringfügig ansteigt, werden Ihre Spaghetti kaum eher gar sein. Das Salz fügt man vor allem zur Geschmacksverbesserung hinzu, obwohl manche behaupten, die Spaghetti bekämen dadurch mehr »Biß«.

Probieren Sie's selbst

Füllen Sie einen Topf mit einem Liter Wasser, und messen Sie mit Hilfe eines Speisethermometers die Siedetemperatur. Fügen Sie nun etwa eine halbe Tasse Salz hinzu, und rühren Sie so lange um, bis das Salz sich aufgelöst hat. Bringen Sie das Wasser, nachdem das Salz sich aufgelöst hat, erneut zum Kochen. Der Siedepunkt wird jetzt um ca. 2 Grad höher liegen als vorher.

Diese zusätzliche Wärme, die die höhere Temperatur bewirkt hat, wird kaum dem Salz selbst entstammen, das ja Raumtemperatur hat. Aber die Flamme Ihres Gasherdes produziert weitaus mehr Wärme, als erforderlich wäre, um Wasser zum Kochen zu bringen. Mit anderen Worten: Es stand von vornherein genug Wärme zur Verfügung. Aber die eigentliche Frage ist doch: Warum entschließt sich das Wasser plötzlich, seine Siedetemperatur zu erhöhen?

Eine Flüssigkeit fängt dann zu kochen an, wenn, wie wir gesehen haben, ihre Moleküle genügend Energie erhalten, um sich voneinander zu lösen und in die Luft aufzusteigen.

Wenn Salz (Natriumchlorid) sich in Wasser auflöst, spaltet es sich in elektrisch geladene Natrium- und Chlorpartikel (unter Fachleuten spricht man von Natrium- und Chlor*ionen*). Diese geladenen Partikel tun zweierlei:

Erstens treiben sie die Wassermoleküle zusammen und hindern sie so daran, zu entweichen. Die Moleküle ähneln dabei einer Gruppe von Menschen, die verzweifelt bemüht sind, einen Bus zu verlassen, indem sie sich mittels ihrer Ellbogen durch die plötzlich entstandene Masse hindurchzukämpfen versuchen. Was sie jetzt brauchen, ist ein Energieschub, der ihnen die Flucht ermöglicht. Für den Kochvorgang ist darum eine höhere Temperatur vonnöten. Außerdem umgeben sich die geladenen Natrium- und Chlorpartikel mit Wassermolekülen, die sie wie Taucheranzüge überall mit sich herumschleppen. Geladene Partikel sind in der Lage, Wassermoleküle anzuziehen, weil diese selbst geladen sind, an einem Ende leicht positiv, leicht negativ am anderen (S. 97). (Unter Fachleuten heißt das: Die Wassermoleküle sind *polar*.) Ihre positiven Enden werden von den negativen Chlorpartikeln, ihre negativen Enden dagegen von den positiven Natriumpartikeln angezogen.

Durch diese Anordnung gelingt es den Natrium- und Chlorpartikeln, eine große Menge von Wassermolekülen in Beschlag zu nehmen. Die zusammenhängenden Wassermoleküle können nur entweichen, wenn sie es schaffen, sich von den Chlor- und Natriumpartikeln loszumachen. Wäre da nicht das Salz, müßten sie sich lediglich von anderen Wassermolekülen lösen. Doch so benötigen sie eine höhere Siedetemperatur.

Und trotzdem vollbringt nicht nur das Salz solche Leistungen. Egal, was Sie in Wasser auflösen – sei es Zucker, Wein oder Hühnerfonds –, es hat die gleiche hemmende

Wirkung, wenn nicht sogar den gleichen ordnenden Effekt. Bilden Sie sich also nicht ein, Ihre Hühnersuppe würde bei 100° Celsius kochen, nur weil Sie irgendwann in der Schule gelernt haben, daß *Wasser* bei dieser Temperatur kocht. Die Siedetemperatur liegt bei der Suppe aufgrund all der leckeren (in ihr aufgelösten) Zutaten in der Tat etwas höher.

Wie dem auch sei, reines Wasser kocht bei 100° Celsius, normale Wetterbedingungen vorausgesetzt (s. S. 282). Und sollte das Wasser zufällig eine größere Menge Zucker enthalten, können noch seltsamere Dinge passieren (s. S. 78).

Warum ein Gulasch »köcheln«, nicht aber »kochen« soll

Warum wird einem in den Kochbüchern immer aufs eindringlichste geraten, Gerichte wie Gulasch oder Ragout nur leicht »köcheln«, nicht jedoch wirklich »kochen« zu lassen? Worin liegt der Unterschied? Ist »köcheln« nicht letztlich dasselbe wie »leicht kochen«?

Nicht ganz. Der Unterschied zwischen »Köcheln« und »Kochen« berifft etwas Grundlegenderes als nur die Stärke der Wallungen. Beim »Köcheln« wird eine etwas niedrigere Temperatur als beim brodelnden »Kochen« angestrebt, und schon geringe Temperaturunterschiede beim Kochen können sehr unterschiedliche Gar-Ergebnisse liefern. Beim Kochen mit Wasser (im Gegensatz zum Braten) ist die Spanne der möglichen Temperaturen äußerst begrenzt. Darum ist es so schwierig, hier die Idealtemperatur zu erzielen.

Kochen stellt immerhin eine Kette höchst komplexer chemischer Reaktionen dar, und die Temperatur spielt dabei eine wichtige Rolle. Sie bestimmt einerseits, welche spezifischen Reaktionen stattfinden sollen. Andererseits wird die Geschwindigkeit, in der diese vonstatten gehen, durch sie festgelegt. Jeder kennt die Wirkung der Temperatur auf die Kochgeschwindigkeit: Je höher die Temperatur, desto schneller der Kochprozeß. Wahr ist jedoch auch, daß geringfügig unterschiedliche Temperaturen unterschiedliche chemische Reaktionen auslösen können, die sich wiederum unterschiedlich auf das jeweilige Gericht auswirken.

Bei der Zubereitung von Fleisch in Wasser ist die Frage der Temperatur besonders wichtig. Fleisch – selbst in marinierter Form – kann eine zarte, zähe oder auch trockene Konsistenz bekommen, je nach dem, welcher Temperatur es ausgesetzt wurde. Die Temperatur beim brodelnden »Kochen« trägt beispielsweise dazu bei, daß Fleisch austrocknet, während die nur geringfügig niedrigere Temperatur beim Vor-sich-hin-»Köcheln« zartes Fleisch zum Ergebnis hat. Erst durch langjährige Erfahrung haben wir gelernt, welche Methoden sich für welche Gerichte am besten eignen. Darum ist es klug, sich an die empfohlenen Kochmethoden zu halten.

Kräftiges, sprudelndes Kochen – wie beispielsweise bei der Zubereitung von Spaghetti – ist unfehlbares Anzeichen für eine ganz spezielle Temperatur, nämlich die, bei der Wasser siedet. Es definiert gleichsam die Obergrenze der möglichen Temperaturen, bei denen wir Gerichte in Wasser kochen können. Wasser kann sich nämlich nicht über seine Siedetemperatur hinaus erwärmen, wie heftig es auch brodeln mag (s. S. 68). Die vielen Blasen, die an der Oberfläche platzen, geben darüber klar Auskunft, daß un-

sere Speisen gerade eine Temperatur von etwa 100° Celsius aufweisen. Gewisse zusätzliche Bedingungen können
dies geringfügig beeinflussen (s. S. 279).

Dennoch sind für nicht wenige erwünschte Kochreak-
tionen niedrigere Temperaturen vonnöten. Wie niedrig?
Das hängt von der jeweiligen Speise ab. Die einzig relevante Untergrenze beim Kochen ist die Mindesttemperatur, die erforderlich ist, um Keime abzutöten, nämlich ca.
82° Celsius. Das Problem besteht jedoch darin, eine solche
niedrigere Kochtemperatur genau dann zuverlässig zur
Verfügung zu haben, wenn wir sie brauchen. Auf äußere
Anzeichen wie etwa eine bestimmte Blasengröße sollte
man sich besser nicht verlassen. Auch kann man nicht von
uns erwarten, unablässig Thermometer in unsere Töpfe zu
halten.

Wenn Kochbuchautoren versuchen, Ihnen zu vermit-
teln, daß ein Gericht bei einer bestimmten Temperatur unterhalb des eigentlichen Kochens garen soll, verwenden sie
häufig Begriffe wie *Garziehen lassen, sanftes Simmern,
leichtes Kochen* oder *Pochieren*. Dann brechen sie sich
einen ab beim Versuch, einem zu erklären, was diese
Worte eigentlich bedeuten – was Ihnen natürlich nicht gelingt. Wenn Sie beispielsweise den Begriff »Garziehen lassen« in einem Fachbuch über Kochmethoden nachschla-
gen, werden sie lesen, es handele sich um eine Temperatur
zwischen 57° und 99° Celsius. (Na dann guten Appetit!
Gefährliche Salmonellenbakterien beispielsweise sterben
erst bei einer Temperatur von weit über 60° ab.)

Dabei ist es sowieso unsinnig, eine Standardtemperatur
für das »Garziehen« einführen zu wollen. Variiert doch
die Temperatur in einem Topf erheblich von einem Punkt
zum anderen, von einem Zeitpunkt zum nächsten. Faktoren, die die Temperatur einer Speise beeinflussen, sind

Größe, Form wie auch die Dicke des Topfes oder sein Material, die Frage, ob er verschlossen ist oder nicht und wie fest, die Beständigkeit der Hitzezufuhr, der Kontakt zwischen Topf und Flamme, das Verhältnis zwischen festen und flüssigen Bestandteilen sowie andere Merkmale der jeweiligen Speise.

Es gibt nur eine Methode, ein anständiges »Garziehen« zu erreichen: Vergessen Sie die Temperatur, und achten Sie statt dessen darauf, wie das Gulasch sich verhält. Stimmen Sie dann die Stellung des Topfes, seines Deckels sowie die Flamme vorsichtig aufeinander ab, so daß nur *gelegentlich* Blasen die Oberfläche erreichen. Jetzt können Sie sicher sein, daß die Durchschnittstemperatur im Inneren des Topfes knapp unter dem Siedepunkt liegt, und genau das wollen Sie ja! Hier und da entstehen heiße Stellen, die wiederum gelegentlich Blasen nach oben befördern, nur damit Sie wissen, daß sich in Ihrem Gulasch noch etwas tut.

Denken Sie daran: Daß etwas tatsächlich kocht, erkennen Sie daran, daß eine Menge Blasen entstehen, von denen so gut wie *jede* die Oberfläche erreicht. Sobald die Temperatur auch nur geringfügig unterhalb des Siedepunktes liegt, mögen sich zwar Blasen bilden, aber kaum eine von ihnen wird die Oberfläche erreichen. Daran erkennen Sie ein anständiges »Garziehen«.

Was ist aber unter den Begriffen »Wallen« und »Pochieren« zu verstehen? »Wallen« ist das gleiche wie »Garziehen lassen« und bezieht sich meist auf Eier- oder Fischgerichte. Der Begriff »Pochieren« beschreibt den Prozeß, bei dem zum Beispiel ein Ei in kochendes Wasser gelegt und die Wärmezufuhr sofort danach abgestellt wird. So sinkt die Temperatur stetig und ist schließlich so sanft und zärtlich, wie man es sich kaum vorstellen kann. Das Er-

gebnis ist ein durch und durch verwöhntes, ja verzärteltes
Ei.

Etwas Süßes gefällig?

Wie ist es zu erklären, daß Zuckersirup immer heißer wird, je
länger Sie ihn kochen, aber Wasser nicht? Oder etwa doch?

Sie haben doch bestimmt schon einmal selbst Bonbons
hergestellt, oder?

Entsprechend der Empfehlung einschlägiger Rezepte
muß man Zuckersirup so lange kochen, bis er verschiedene Temperaturen durchlaufen hat. Diese messen wir
mit Hilfe eines Siruthermometers. Bei ca. 114° Celsius ist
er noch weich, aber bei 152° Celsius wird er bereits hart
usw. (Manche Kochbücher werden Ihnen leicht abwei-
chende Temperaturen für die diversen Stadien nennen.) Je
länger Sie ihn kochen lassen, desto zähflüssiger wird der
Sirup, und desto mehr steigt die Temperatur an, während
Sie reines Wasser so lange und so intensiv vor sich hin
brodeln lassen können, wie es Ihnen beliebt. Es wird über
eine bestimmte Temperatur hinaus nicht an Wärme gewinnen (s. S. 68).

Offensichtlich geht in jenem vor sich hin blubbernden
Zuckerwasser-Sirup etwas vor sich, das ihn vom kochenden Wasser unterscheidet.

Immer dann, wenn irgend etwas – welche Substanz
auch immer – in Wasser aufgelöst wird, steigt der Siedepunkt. Und Zucker ist da keine Ausnahme. Deshalb kocht
jede Zucker-Wasser-Lösung erst bei einer höheren Temperatur als reines Wasser. Je konzentrierter die Lösung ist

– oder anders ausgedrückt: je mehr aufgelöstes Material das Wasser enthält –, desto höher liegt sein Siedepunkt (s. S. 72).

Eine Lösung von zwei Tassen Zucker in einer Tasse Wasser beispielsweise (ja, das ist möglich! s. S. 109) wird erst bei 103° anstatt 100° Celsius anfangen zu kochen. Wenn Sie sie nun weiter erwärmen, werden viele Wassermoleküle in Form von Dampf entweichen, wodurch sich die Zuckerlösung immer stärker konzentriert. Das Verhältnis Zucker-Wasser wird so immer ungleicher. Je konzentrierter die Lösung, desto höher liegt ihre Siedetemperatur. Sie wird deshalb immer heißer, je länger Sie sie kochen. Mit der Angabe einer bestimmten Temperatur kann ein Rezept schließlich vorhersagen, welchen Konzentrationsgrad der Zuckersirup haben und wie hart und klebrig er sein wird, nachdem er sich abgekühlt hat.

Wenn Sie Zuckersirup lange genug kochen lassen, wird das gesamte Wasser irgendwann verschwunden sein, und Ihr Topf wird bei ca. 185° Celsius nur noch geschmolzenen Zucker enthalten. Der wird nun beginnen zu *karamelisieren*, übrigens ein beschönigender Ausdruck für die Zerstörung von Zuckermolekülen und deren Umwandlung in ein komplexes Sortiment von Chemikalien, die trotz ihrer angsteinflößenden chemischen Zusammensetzung herrlich schmecken. Mit dem Übergang von gelb zu braun offenbart sich das Zunehmen von Kohlenstoffpartikeln, dem Endzersetzungsprodukt von Zucker. Wenn Sie die Zuckermasse dann auch nur ein wenig zu lange erhitzen, werden Sie nur noch einen verkohlten schwarzen Haufen noch süßer, jedoch völlig ungenießbarer Holzkohle vorfinden.

Was ein Ei von einer Kartoffel unterscheidet

Je länger ein Ei kocht, desto härter wird es. Je länger eine Kartoffel kocht, desto weicher wird sie. Wie kann Wärme bei Nahrungsmitteln so unterschiedliche Wirkungen erzielen?

Kurz gesagt, lautet die Antwort: Proteine werden durch das Kochen härter, Kohlenhydrate weicher. Den Fall von Fleisch klammern wir hier einmal aus, da die Frage, ob ein Stück Fleisch zart oder zäh ist, nicht nur von der Art der Zubereitung abhängt, sondern in komplexer Weise auch von der Muskelstruktur des jeweiligen Tieres (s. S. 82) sowie von der Frage, welcher spezifischen Körperregion es entstammt. Während des Kochvorgangs kann ein Stück Fleisch beispielsweise zunächst zarter, später jedoch wieder härter werden. Warum ein gekochtes Ei hart wird, eine gekochte Kartoffel jedoch weich, läßt sich allein mit der unterschiedlichen Wirkungsweise von Wärme auf Eiweiße und Kohlenhydrate erklären.

Sehen wir uns zunächst mal ein Ei an. Seine Zusammensetzung ist aufgrund seiner ganz besonderen Funktion im Leben ziemlich ungewöhnlich. Wenn wir, nachdem wir die Schale weggeworfen haben, jegliches im Inneren des Eis befindliche Wasser beseitigen, erhalten wir in etwa die gleiche Menge Eiweiß wie Fett, jedoch so gut wie keine Kohlenhydrate. Das getrocknete Dotter enthält 70 Prozent Fett, während das getrocknete Eiweiß zu 85 Prozent aus Proteinen besteht. Wie Sie wissen, hat Wärme auf die Konsistenz von Fett kaum Auswirkungen. Deshalb konzentrieren wir uns mehr auf das Protein im Eiweiß. Sie warten sicher schon sehnsüchtig darauf zu erfahren, was sich auf der Ebene der Moleküle abspielt, oder?

Die *Albumine* im Eiweiß – so werden diese Proteine genannt – bestehen aus langen, faserigen Molekülen, die wie
Garn zu kleinen Bällen zusammengerollt sind. Bei Wärmezufuhr entwirren sich diese Bälle ein wenig und kleben
schließlich hier und da aneinander fest, woraus sich ein
füchterlicher Wirrwarr ergibt, der an ineinander ver-
knäulte Würmer in einer Büchse erinnert. (Unter Fachleuten heißt das: Die Moleküle *vernetzen* sich.)

Wenn sich aber die Moleküle einer Substanz aus einem
Haufen loser Bälle in ein klebriges Durcheinander verwandeln, gibt diese ihren flüssigen Zustand selbstverständlich auf. Gleichzeitig wird sie lichtundurchlässig.

Erwärmen wir flüssiges Eiweiß über etwa 65° Celsius,
erstarrt es zu einer festen, weißen und lichtundurchlässi-
gen Masse. Je länger und intensiver Sie es erwärmen, desto
mehr Moleküle werden sich entwirren und aneinanderheften. Je länger Sie also ein Ei kochen, desto fester wird
sein Eiweiß. Seine Konsistenz verändert sich von weich
über hart bis zu lederzäh. Dazu trägt auch bei, daß die
hohe Temperatur es austrocknet.

Das Protein im Eidotter erstarrt in ähnlicher Weise, allerdings nur so lange, bis es eine bestimmte Temperatur
überschritten hat. Die reichen Fettreserven des Dotters
fungieren als eine Art Schmiermittel zwischen den einzelnen Eiweißmolekülen, so daß sie sich nicht in dem Maße
wie beim Eiweiß aneinanderheften können. So wird das
Eigelb niemals so hart wie das Eiweiß.

Nun zu jenen Nahrungsmitteln, die wie die Kartoffel
viele Kohlenhydrate enthalten. Stärke und Zucker kochen
leicht. Sie lösen sich sogar im heißen Wasser auf, um den
Vorgang zu beschleunigen. Wenn Sie eine Kartoffel im
Ofen »backen«, löst sich ein Teil der Stärke im Dampf auf.

Und doch gibt es da ein sehr hartnäckiges und unlös-

liches Kohlenhydrat. Jedes Obst und Gemüse enthält es:
die Cellulose. Die Zellwände von Pflanzen bestehen aus
Cellulosefasern, die durch eine Pektinschicht und andere
wasserlösliche Kohlenhydrate zusammengehalten werden. Diese Struktur ist der Grund dafür, warum Gemüse
wie Kohl, Karotten, Sellerie oder Kartoffeln so fest und
knackig sind. Aber wenn Sie diese harten Burschen erhitzen, entpuppen sie sich schnell als Schlappis. Die Pektinschicht löst sich in der durch die Wärme freigesetzten Flüssigkeit auf, wodurch die starre Cellulosestruktur sehr geschwächt wird – mit der Folge, daß gekochtes Gemüse
weicher ist als rohes.

Was unterscheidet Fisch von anderem Fleisch?

Weshalb ist Fischfleisch gewöhnlich weiß, wenn anderes
Fleisch doch meistens rot ist? Und dabei haben doch auch
Fische Blut, oder etwa nicht? Und warum sind Fischgerichte
im Vergleich zu Fleischgerichten so schnell gar?

Das liegt sicher nicht daran, daß ein Fisch von Natur aus
immer schon »mariniert« gewesen ist. Fischfleisch unterscheidet sich elementar vom Fleisch der meisten laufen-
den, kriechenden oder fliegenden Kreaturen, und das aus
mehreren Gründen.

Erstens ist das Herumschwimmen in Wasser kaum als
eine ernstzunehmende Übung zur körperlichen Ertüchti-
gung zu bezeichnen, zumindest nicht im Vergleich mit
einem schnellen Galopp oder einer sportlichen Flugnum-
mer. Darum sind Fischmuskeln nicht so stark entwickelt

wie die anderer Arten. Ein Elefant beispielsweise muß sich sehr anstrengen, allein um gegen die Schwerkraft anzukommen. Daher sind seine hochentwickelten Muskeln extrem kräftig und müßten deshalb, wenn man sie essen wollte, lange kochen.

Wichtiger ist jedoch die Tatsache, daß Fische im Vergleich zu den meisten auf dem Land lebenden Tierarten ein vollkommen anderes Muskelgewebe besitzen. Um auf der Flucht vor ihren Feinden davonschießen zu können, müssen Fische zu schnellen und kraftvollen Spurts in der Lage sein. Die Ausdauer, die die meisten anderen Tiere brauchen, um weite Wegstrecken in großem Tempo zurückzulegen, braucht ein Fisch nicht. Deshalb bestehen Fischmuskeln hauptsächlich aus Fasern, die sich schnell zusammenziehen können. (Gewöhnlich bestehen Muskeln aus Faser*bündeln*.) Sie sind kürzer und dünner als die Muskeln der meisten Landtiere, die sich nur langsam zusammenziehen können. Deshalb lassen sich Fischmuskeln auch leichter auseinanderziehen, sei es beim Verzehr oder auch beim Kochen, wenn sich ihre chemische Struktur durch die Hitze verändert. Fisch ist sogar so zart, daß man ihn roh essen kann – wie etwa bei Sushi. Ein Steak hingegen muß man erst von beiden Seiten weichklopfen, um es für den Angriff unserer allesfressenden Backenzähne vorzubereiten.

Fischfleisch ist auch deshalb zarter als anderes Fleisch, weil ein Fisch einer quasi schwerelosen Welt entstammt (s. S. 243). Darum benötigt er kaum Bindegewebe – Knorpel, Sehnen, Bänder –, das andere Lebewesen brauchen, um diverse Körperteile zu unterstützen und am Skelett zu befestigen. Fischfleisch ist praktisch also nichts anderes als reiner Muskel, ohne all jene zähen Materialien, die erst nach langem Kochen kapitulieren.

Aus diesen Gründen ist Fischfleisch so zart, daß die einzige Gefahr darin besteht, es zu lange zu kochen. Es sollte nur so lange gekocht werden, bis das Protein erstarrt und lichtundurchlässig geworden ist, ähnlich wie beim Protein im Eiweiß (s. S. 81). In beiden Fällen wird das Protein hart und trocken, wenn man es nicht schnell genug von der Flamme nimmt.

Aber warum ist Fischfleisch weiß? Fische haben nicht sehr viel Blut – das stimmt schon, und das wenige Blut, das sie besitzen, befindet sich hauptsächlich im Bereich der Kiemen. Andererseits haben alle Tierprodukte, wenn Sie erst einmal auf unserem Teller liegen, den größten Teil ihres Blutes sowieso bereits verloren. Auch die weiße Farbe des Fischfleisches hat wiederum mit der unterschiedlichen Aktivität der Fischmuskeln zu tun. Da das Muskelgewebe von Fischen auf kurze stoßartige Kontraktionsbewegungen ausgerichtet ist, braucht es keine Sauerstoffreserven für länger andauernde kraftaufwendigere Aktivitäten anzulegen. Bei anderen Tierarten, die auf Ausdauer angewiesen sind und deren Muskeln sich nur langsam zusammenziehen, legt das Muskelgewebe einen Sauerstoffvorrat in Form von *Myoglobin* an. Es handelt sich um eine rote Substanz, die sich braun verfärbt, sobald sie mit Luft oder Wärme in Verbindung kommt. Es ist also das Myoglobin – nicht das Blut –, das rotes Fleisch rot macht (s. S. 170).

Warum geklärte Butter nicht qualmt

Was geht beim Klären von Butter eigentlich vor sich? Und wozu macht man sich diese Mühe?

Das macht man, um das reine gesättigte Fett von all den anderen Bestandteilen zu trennen.

Manche betrachten Butter als ein Stück Fett, umgeben von einem Hauch von Sünde. Sünde oder nicht Sünde, es ist nicht alles Fett an der Butter! Es handelt sich um eine feste Emulsion aus drei Bestandteilen, genauer gesagt um eine stabile Mixtur aus öligen, wäßrigen sowie festen Bestandteilen. Wenn Sie Butter klären, trennen Sie die öligen Bestandteile, das reine Fett, von den anderen Bestandteilen, die Sie anschließend wegschütten. Sie tun dies, um bei einer höheren Temperatur als sonst braten zu können, ohne daß dabei Rauch entsteht oder irgend etwas verbrennt. Andernfalls hielten die wäßrigen Bestandteile die Temperatur niedrig, und die Feststoffe würden in der Tat qualmend verbrennen.

Wenn Sie Butter in einem Topf erhitzen, wird diese bei 121° Celsius anfangen, zu qualmen, und die in ihr enthaltenen *Proteinfeststoffe* werden schließlich verkohlen und sich braun färben. Das können wir verhindern, indem wir die Butter im Topf mit ein wenig Speiseöl »schützen«, das erst bei höheren Temperaturen zu qualmen beginnt. Noch besser wäre es, geklärte Butter zu verwenden. Das reine Butteröl wird bis zu einer Temperatur von 177° Celsius keinen Qualm erzeugen, und Feststoffe, die verbrennen könnten, gibt es ja nicht mehr. Der einzige Nachteil besteht darin, daß ein Großteil des Buttergeschmacks im Kasein und anderen Proteinen sitzt, die Sie weggeworfen haben.

Probieren Sie's selbst

Um Butter zu klären, brauchen Sie sie nur bei allerkleinster Flamme – ganz langsam – schmelzen zu lassen. (Denken Sie daran, sie verkohlt nur allzu leicht!) Das Öl, das Wasser und die Feststoffe werden sich voneinander trennen und drei Schichten bilden: oben das schaumige Kasein, in der Mitte das Öl und unten schließlich wäßrige Ablagerungen von *Milchfeststoffen* (Molke). Nun müssen Sie nur den Schaum abschöpfen und das Öl abgießen. Sollten Sie Skrupel haben, den geschmackvollen Kaseinschaum wegzuwerfen, heben Sie ihn auf, und benutzen Sie ihn, um Gemüse damit zu würzen.

Ein weiterer Grund, warum es ratsam sein kann, Butter zu klären, ist, daß Bakterien zwar dem Kasein oder der Molke gefährlich werden könnten, nicht aber dem reinen Öl. So ist Butter in geklärtem Zustand länger haltbar als ungeklärt. In Indien wird sorgfältig geklärte Butter – die man hier *Ghee* nennt – über lange Zeiträume hinweg ohne Kühlung aufbewahrt. Irgendwann jedoch wird sie ranzig, da ihre ungesättigten Fette durch die Luft oxidiert werden. Doch »ranzig« heißt nichts anderes, als daß sie säuerlich schmeckt, und ist kein Zeichen für eine Verunreinigung durch Bakterien. Die Tibeter mögen ihre geklärte Yakbutter lieber ranzig.

Apropos ...

Hummer und andere Meerestiere werden häufig mit »*zerlassener*« Butter serviert. Was ist das denn eigentlich?

Es handelt sich – schlicht und einfach – um geschmolzene Butter. Vielleicht wurde sie irgendwie geklärt, das heißt langsam geschmolzen und das Öl abgetrennt, vielleicht aber auch nicht. Vielleicht ist es sogar Margarine. Manchmal wird sie auch angedickt und gewürzt.

Warum aber »*zerlassen*«? In gewisser Weise kann feste Butter, die verflüssigt wird, auch als »*zerlassen*« bezeichnet werden. Und nebenbei: Auf einer Speisekarte sieht das eindrucksvoller aus.

Die Zauberkraft des Backpulvers

In meiner Vorratskammer gibt es zwei weiße puderförmige Chemikalien: Natron und Backpulver. Ich weiß nur, daß sie unterschiedlich verwendet werden, aber was ist eigentlich ihre genaue Wirkung?

Kurz gesagt, ist das Natron eine reine chemische Verbindung, während Backpulver aus einer Mischung eben dieser Verbindung mit ein oder zwei anderen chemischen Stoffen besteht.

(Wenn Sie es unbedingt wissen müssen: Natron ist Natriumcarbonat, Backpulver dagegen ist Natriumcarbonat vermischt mit einer oder zwei Säuren: Weinsäure, Kaliumhydrogentartrat oder Monocalciumtetrahydrogenphosphat sowie, sofern es sich um die »doppeltwirkende« Variante handelt, Natriumaluminiumsulfat.)

Sie denken jetzt, das sei viel. Dann sollten Sie erst gar nicht nach den chemischen Formeln für all die Proteine, Kohlenhydrate, Fette, Vitamine und Mineralstoffe in Ihren Lebensmitteln fragen. Ihnen würde wohlmöglich der Appetit vergehen. Chemikalien sind wie Cowboys. Es gibt »die Guten« und »die Bösen«. Sie müssen nur klug genug

sein und sich Ihre Freunde wie Ihre Feinde richtig aussu-
chen.

Bislang haben selbst die radikalsten Vertreter einer ge-
sunden Ernährung in den in Backpulver enthaltenen chemischen Verbindungen nichts Beanstandenswertes finden
können. Vielleicht haben Sie einen der oben genannten
chemischen Begriffe wie Natrium, Kalium, Calcium,
Phosphor, Schwefel oder Aluminium wiedererkannt –
keine der Chemikalien ist harmlos, aber alle (das Aluminium eventuell ausgenommen) lebensnotwendig. Und so
gut wie alle Kohlenstoff-, Sauerstoff- und Wasserstoff-
atome in diesen Chemikalien verwandeln sich in harmloses Kohlendioxid und Wasser, sobald sie mit der Hitze des
Ofens in Berührung geraten.

Der Schlüssel zu all dem liegt in dem Teilbegriff *Carbonat* (Natriumbi*carbonat*). Carbonat verwandelt sich in
gasförmiges Kohlendioxid, sobald es durch Hitze oder
eine Säure hierzu provoziert wird. Darum verwenden wir
beim Backen Carbonate: Mit Hilfe des Kohlendioxids lassen sie die Backwaren »aufgehen«.

Natron schafft das, indem es inmitten des Teigs Millionen kleinster Blasen Kohlendioxid erzeugt und ihn dadurch aufschäumt. Sobald der Schaum sich unter dem
Einfluß der Ofenwärme zu festigen beginnt, gibt es für die
Blasen keinen Ausweg mehr. Das Ergebnis ist ein leichter,
lockerer Kuchen oder Biscuitteig anstelle eines harten
Klumpens aus knochentrockenem Mehlteig.

Natron, das heißt reines Natriumbicarbonat, erzeugt
Kohlendioxid, indem es mit den jeweils vorhandenen Säu-
rebestandteilen wie etwa Zucker, Joghurt oder Butter-
milch reagiert. Unterhalb von 270° Celsius gibt es von sich
aus kein Kohlendioxid ab. Die Reaktion mit Säuren setzt
dagegen ein, sobald die Zutaten vermischt werden; bei

einem Buttermilch-Pfannkuchen kann man die Blasen sogar schon sehen, bevor man den Teig überhaupt in die Pfanne gibt.

Probieren Sie's selbst

Fügen Sie einer kleinen Menge Natriumbicarbonat in einem Glas etwas Essig hinzu und beobachten Sie nun, wie er in Form von zahlreichen Kohlendioxidbläschen aufschäumt. Essig ist eine Lösung von Essigsäure in Wasser.

Backpulver ist Natron, vermischt mit einer Säure in Trockenform. Deshalb werden im Rezept keine zusätzlichen Säuren angegeben. Sobald das Backpulver feucht wird, lösen sich die beiden Chemikalien auf, reagieren miteinander und erzeugen so Kohlendioxid.

Bei der Säure im Backpulver kann es sich um verschiedene chemische Verbindungen handeln: Monocalciumtetrahydrogenphosphat (gewöhnlich als Calciumphosphat ausgezeichnet), Weinsäure und Kaliumhydrogentartrat (gereinigter Weinstein) sind am geläufigsten. Um zu verhindern, daß diese Zutaten vorzeitig »aufgehen«, werden sie mit einer großen Menge Getreidestärke vermengt, wodurch sie voneinander getrennt gehalten werden, bis sie sich in der Rührschüssel auflösen. Außerdem ist es wichtig, sie sorgfältig vor Luftfeuchtigkeit zu schützen, indem man das Pulver in einem fest verschlossenen Behälter aufbewahrt.

Probieren Sie's selbst

Gießen Sie ein wenig Wasser in ein Glas und fügen Sie dann etwas Backpulver hinzu. Nun sehen Sie, wie es in Form von Kohlendioxidblasen aufschäumt. Sollte diese Reaktion nicht eintreten, muß das Backpulver noch im Behälter feucht geworden sein, die Reaktion hat sich bereits vollzogen. Darum: Schmeißen Sie es weg, und kaufen Sie sich ein neues Päckchen!

In den allermeisten Fällen liegt es in unserem Interesse, daß das Backpulver seine Gasbläschen dann freisetzt, wenn die Teigmasse verrührt und hart genug ist, um die Blasen festzuhalten. Aus diesem Grund gibt es doppeltwirkendes Backpulver, das beim Verrühren des Teigs nur einen Teil seines Gases abgibt, und den Rest erst dann, wenn der Ofen eine bestimmte Temperatur erreicht hat. Doppeltwirkendes Backpulver (heutzutage marktführend) enthält meistens Natriumaluminiumsulfat, eine Säure, die erst bei hohen Temperaturen reagiert.

Backen ist eine höchst komplizierte Angelegenheit. Neben der genannten »Auflockerung« des Teigs vollzieht sich eine Reihe anderer chemischer Prozesse. Im Laufe der Jahre hat sich herausgestellt, daß nicht jedes Treibmittel bei jedem Rezept gleich gut wirkt. Es ist folglich nicht egal, ob man nun Pfannkuchen, Plätzchen, Kuchen oder eine der unzähligen Brotarten backen will. Erst nach langwierigen Experimenten hat man irgendwann herausgefunden, welcher Zeitpunkt und welche Temperaturen jeweils für die Entstehung von Blasen am geeignetsten sind. Improvisation ist hier also nicht angesagt.

Worin unterscheidet sich Salz von Zucker – außer im Geschmack?

Warum kann man Zucker schmelzen, Salz jedoch nicht?

Wer behauptet da, Salz könne man nicht schmelzen? *Jeder* Feststoff schmilzt, wenn die Temperatur nur hoch genug ist. Lava ist immerhin geschmolzenes Gestein. Wenn Sie Salz schmelzen wollen, brauchen Sie Ihren Ofen nur auf etwas über 800° Celsius einzustellen. Abgesehen davon, daß Ihre gesamte Küchenausstattung nun rot erglüht, brauchen Sie sich keine Sorgen zu machen. Öfen schmelzen erst bei etwa 1480° Celsius.

Sicher, Sie wollten eigentlich sagen, daß Zucker leichter schmilzt als Salz, das heißt bei einer wesentlich niedrigeren Temperatur. So schmilzt Zucker bereits bei 185° Celsius. Natürlich bleibt die Frage: Warum tut er das? Sind doch beide Stoffe weiß und kristallförmig. Beide sind reine chemische Verbindungen, doch obwohl sie äußerlich kaum zu unterscheiden sind, gehören sie zwei sehr verschiedenen chemischen Welten an.

Es gibt mehr als elf Millionen bekannte chemische Verbindungen, von denen jede einzelne ihre ganz spezifischen Eigenschaften besitzt. In ihren Bemühungen, diese große Vielfalt an Substanzen auch nur ein klein wenig besser zu verstehen (ohne dabei vollkommen verrückt zu werden), teilen die Chemiker diese zunächst in zwei grobe Kategorien ein, in organische und anorganische Substanzen.

Organisch werden alle Verbindungen genannt, die das Element Kohlenstoff enthalten. Man findet sie hauptsächlich in lebenden oder ehemals lebenden Dingen wie zum Beispiel in Erdöl und Kohle.

Anorganisch nennen wir alle Verbindungen, die (tut

mir leid, aber es *ist* so banal!) nicht organisch sind. Die
meisten Nahrungsmittel, Medikamente und chemischen
Substanzen lebendigen Ursprungs – einschließlich Zucker
– sind organisch, während sämtliche Steine oder auch Mineralstoffe – wie zum Beispiel das Salz – anorganisch sind.

Wenn man die physikalischen Eigenschaften organischer und anorganischer Substanzen überhaupt pauschal
formulieren könnte (Ausnahmen bestätigen bekanntlich
jede Regel), müßte eine solche Definition in etwa so lauten: Organische Substanzen sind eher weich, anorganische Substanzen dagegen eher hart. Das liegt daran, daß
die Moleküle organischer Substanzen aus elektrisch neutralen Atomverbindungen bestehen, während sich die
Moleküle anorganischer Substanzen gewöhnlich aus *Ionen*, also elektrisch geladenen Atomverbindungen zusammensetzen. Neutrale Moleküle ziehen sich gegenseitig
nicht so stark an wie gegensätzlich geladene; deren Anziehungskraft ist zwischen zwei- und zwanzigmal größer als
die von neutralen Molekülen untereinander. Daher sind
anorganische Substanzen sehr schwer aufzubrechen, das
heißt, ihre Partikel voneinander zu trennen. Sicher wissen
Sie aus Erfahrung, daß es wesentlich schwerer ist, in einen
Stein zu sägen als in einen Baumstamm.

Was geht eigentlich beim Schmelzen einer Substanz vor
sich? Eigentlich nichts anderes, als wenn man sie ausein-
anderbräche. Von der Wärme stimuliert, beginnen die
Moleküle, so aufgeregt umherzuhüpfen, daß sie sich
schließlich voneinander lösen und kreuz und quer über
einander hinwegdriften. So verwandelt sich das Material
allmählich in eine flüssige Substanz. Es liegt nahe, daß nur
lose verbundene organische Moleküle sich schon bei niedrigeren Temperaturen voneinander trennen, da sie hierzu
weitaus weniger Kraft brauchen. So ist es zu erklären, daß

organische Substanzen gewöhnlich früher schmelzen als anorganische.

Zucker (Saccharose) ist ein typischer Vertreter organischer Verbindungen. Salz (Natriumchlorid) dagegen besitzt eine typische anorganische Zusammensetzung, da es sowohl Natrium- wie auch Chloridionen enthält. Nun wird es Sie kaum mehr überraschen, daß Zucker leichter schmilzt als Salz.

Wie immer sind an allem die Moleküle schuld!

Apropos ...

Wenn jede reine chemische Substanz bei einer ganz bestimmten Temperatur schmilzt, also sich von einem Feststoff in eine Flüssigkeit verwandelt, gibt es umgekehrt eine bestimmte Temperatur, bei der sie sich wieder verfestigt?

Ja. In der Tat sind beide Temperaturen identisch.

Wenn sich ein flüssiger Stoff verfestigt, wie Sie es beschreiben, dann *gefriert* er. Wenn wir sagen, daß Wasser bei 0° Celsius gefriert, könnten wir das genausogut den *Schmelz*punkt von Eis nennen. Der Grund liegt darin, daß die Energie der hin- und herrutschenden Moleküle (einer Flüssigkeit) auf ein bestimmtes Maß reduziert werden muß, damit sie ihre angestammten festen Plätze in dem starren Kristall einnehmen können; auf der anderen Seite müssen sie um dieselbe Energiemenge erwärmt werden, damit sie sich aus dieser Zwangsjacke befreien und wieder verflüssigen können.

Beim Übergang vom festen Zustand einer Substanz zum flüssigen ist also immer eine bestimmte Wärmemenge notwendig. Beim reinen Wasser liegt diese Menge zufällig bei 80 *Kalorien* pro Gramm (siehe S. 94). Wenn Sie also ein

Gramm Eis schmelzen wollen, benötigen Sie hierzu 80 Wärmekalorien. Wollen Sie aber ein Gramm flüssigen Wassers gefrieren, müssen Sie ihm 80 Wärmekalorien entziehen.

Kalorie ist nicht gleich Kalorie

Eine Kalorie beschreibt eine bestimmte Energiemenge. Obwohl Energie in vielfältigen, untereinander austauschbaren Formen bestehen kann, denkt man gewöhnlich zuerst an Wärmeenergie. So wird eine Kalorie normalerweise als Wärmeenergie-Einheit betrachtet.

Doch um wieviel Wärme geht es genau? Fragen Sie einen Chemiker, werden Sie eine Antwort erhalten, fragen Sie jedoch einen Ernährungsberater oder -wissenschaftler, wird der Ihnen etwas ganz anderes erzählen. Und dabei unterscheiden sich beide Aussagen nicht unbeträchtlich. Die eine Kalorie kann tausendmal größer sein als die andere, je nach Definition – so als ob eine Person für einen Meter hält, was für eine andere ein Kilometer ist. Gäbe es für Längenmaße keine einheitliche Definition, müßte man Autobahnschilder immer unterschiedlich interpretieren. Man müßte dann wissen, wer sie gemalt hat.

Es sieht nicht so aus, als ob Chemiker und Ernährungswissenschaftler sich hier jemals einigen werden; beide Seiten sind ihrer eigenen Welt zu sehr verhaftet, und darum gibt es zwei unterschiedliche Maßeinheiten.

Die Kalorie eines Chemikers – wir können sie auch als *Gramm*kalorie bezeichnen – ist die Wärmemenge, die erforderlich ist, um ein Gramm Wasser (etwa 20 Tropfen) um ein Grad Celsius zu erwärmen. Doch das ist eine äußerst kleine Energiemenge. Deshalb verwendet der Ernährungswissenschaftler die *Lebensmittelkalorie* als Maßeinheit, das heißt das Maß an Wärme, das notwendig ist, um tausend Gramm Wasser um ein Grad Celsius zu erwärmen. Also entspricht eine Lebensmittelkalorie tausend Grammkalorien.

Um in diesem Buch allzu viel Verwirrung zu vermeiden, werde ich zwei unterschiedliche Schreibweisen benutzen: *ka-lorie* (mit kleinem »*k*«) für die Grammkalorie und *Kalorie* (mit großem »*K*«) für die Lebensmittelkalorie. Denken Sie also nicht, es handele sich um Druckfehler. Wie dem auch sei, aus dem jeweiligen Zusammenhang heraus werden Sie schnell erkennen, um welche Variante es jeweils geht.

Chemiker nennen dieses Wärmemaß »*Schmelzwärme*«. Daß man normalerweise zwischen Gefrier- und Schmelz-punkt unterscheidet, trägt allerdings erheblich zur Ver-wirrung bei. Handelt es sich doch um ein und dieselbe Übergangstemperatur. Wer blickt da noch durch?

Wie funktioniert eigentlich eine Mikrowelle?

Ich wüßte nur allzu gern, was das Brummen und Surren zu bedeuten hat, das meine Mikrowelle von sich gibt, sobald ich sie anschalte. Stimmt es, daß mein Essen von innen nach au-ßen gart? Auch habe ich in mehreren Kochbüchern gelesen, daß die Lebensmittelmoleküle sich aufgrund der Mikrowellen stärker aneinander reiben, und daß sie durch diese Reibung schneller heiß werden. Aber ich bin nicht sicher, ob Kochbü-cher wirklich geeignet sind, mir Wissenschaft beizubringen.

Sie sind mit Recht mißtrauisch. Beide Behauptungen sind widersinnig.

Was versteht man überhaupt unter Reibung? Reiben

Sie die Oberflächen zweier Gegenstände aneinander, werden Sie sehen, daß diese nicht ohne einen gewissen Widerstand aneinander entlanggleiten. Ein Teil der Muskelenergie, die Sie aufbringen, um diesen Widerstand zu überwinden, verwandelt sich in Wärme. Und was ist Wärme? Nichts anderes als molekulare Bewegung. Durch die Mikrowellen werden bestimmte Moleküle angeregt, sich zu bewegen, und wenn sie sich bewegen, werden sie warm – so einfach ist das. Das hat nun wirklich nichts mit Reibung zu tun, was immer man auch im Zusammenhang mit Molekülen darunter verstehen mag. Womit wollen Sie denn reiben? Etwa mit einem Atom, das oben auf einem Stab befestigt ist?

Und was die Behauptung anbelangt, Speisen würden durch die Mikrowellen von innen nach außen garen, na klar! Dann kneten wir doch mal einen dreihundert Pfund schweren Klumpen Hackfleisch zu einer gigantisch großen Frikadelle und verstauen anschließend unsere Mikrowelle in ihrem Inneren! Nur das Stromkabel müßte heraushängen. Jetzt brauchen wir nur noch den Stecker in die Dose zu stecken und das Gerät mit einem Besenstiel anzuschalten: Da hätten wir die einzige Methode, um einen Mikrowellenherd dazu zu bringen, von innen nach außen zu garen.

Tatsächlich ist es so, daß in einem gewöhnlichen Ofen die Wärme sich von außen nach innen vorarbeiten muß. Deshalb bleibt ein Braten innen am längsten roh. Die Wärme muß sich durch Leitung durch ihn hindurchkämpfen, wobei warme hektische Moleküle mit den langsameren Molekülen zusammenstoßen. Dieser Vorgang kann recht lange dauern, da Fleisch wie übrigens auch Kartoffeln ziemlich schlechte Wärmeleiter sind.

Auch Mikrowellen müssen von außen her eindringen,

doch geschieht dies hier innerhalb weniger Minuten. Sie sind nämlich *elektromagnetische Strahlung*, wie auch die verschiedenen Wellenlängen des Lichts oder Radiowellen (s. S. 292). Letztlich sind sie in der Tat nichts anderes als Radiowellen, nur mit einer sehr hohen Frequenz. Sie schwingen bei einer Frequenz von ca. zwei Milliarden Zyklen pro Sekunde (2000 Megahertz), haben also eine ca. zwanzigmal so hohe Frequenz wie Ultrakurzwellen.

Mikrowellen durchdringen die meisten Stoffe, ohne absorbiert zu werden, bis sie auf Moleküle treffen, die bei dieser bestimmten Frequenz gute Energieabsorbierer sind. Das bedeutet normalerweise, daß sie einige Zentimeter tief in das jeweilige Produkt eindringen, es auf ihrem Weg erwärmen und garen – je mehr Moleküle des absorbierfreudigen Typs ihren Weg kreuzen, desto mehr Wärme entsteht.

Was versteht man aber unter Molekülen, die Mikrowellen absorbieren? Wasser ist der bei weitem absorbierfreudigste Stoff, und da alle Nahrungsmittel Wasser enthalten, absorbiert jedes von ihnen Mikrowellen, wenn auch in unterschiedlichem Maß. Auch Fette sind relativ gute Mikrowellenabsorbierer, und dann kommen an dritter und vierter Stelle Kohlenhydrate und Proteine. Deshalb erwärmt sich Ihre Mahlzeit da am meisten, wo sie am feuchtesten und fettesten ist. Nun muß diese Wärme nur noch durch Leitung in alle Winkel des Gerichts verteilt werden. Darum empfehlen viele Hersteller, die Mahlzeit vor dem Verzehr ein paar Minuten lang bedeckt zu lassen; so können der Dampf und das heiße Fett ihre Wärme in alle Richtungen verteilen.

Wasser und Fett haben beide eine bestimmte Eigenschaft, die dafür verantwortlich ist, daß sie Mikrowellenenergie so effizient absorbieren. Sie besitzen *polare* Moleküle, wie der Chemiker es ausdrücken würde, das heißt, sie sind nicht elektrisch gleichförmig. Die Elektronen in den einzelnen Molekülen sind längere Zeit an einem Ende eines Moleküls als am anderen, weshalb die Moleküle an einem Ende leicht negativ, am anderen leicht positiv geladen sind. (Unter einer positiven Ladung versteht man das Fehlen von negativer Ladung.)

Sie verhalten sich wie kleine Elektromagneten mit zwei Polen. Wenn die Mikrowellen nun schwingen und dadurch ihr elektrisches Feld mehrere milliardenmal pro Sekunde ändern, werden diese polaren Moleküle plötzlich gezwungen, sich entsprechend dem gegebenen Feld auszurichten, das heißt, mehrere milliardenmal pro Sekunde die Richtung zu wechseln. Das hat äußerst lebendige, das heißt, äußerst heiße Moleküle zur Folge. Und während sie so hin- und herhüpfen, stoßen sie mit ihren Nachbarn zusammen – ob diese nun polar sind oder nicht –, und geben ihre Wärme an sie weiter.

Die Moleküle der Luft (Stickstoff und Sauerstoff), aber auch die Moleküle von Papier, Glas, Porzellan und »mikrowellentauglichen« Plastikbehältern sind elektrisch gleichförmig. Sie sind nicht *polar*, hüpfen also nicht hin und her und absorbieren deshalb auch die Mikrowellenenergie nicht.

Bei den Metallen sieht die Sache jedoch wieder ganz anders aus. Sie reflektieren die Mikrowellen wie ein Spiegel (Radarwellen z. B. sind Mikrowellen: Flugzeuge und zu schnell fahrende Autos reflektieren sie) und lassen sie so im Innern des Ofens hin- und herspringen, bis die Energie ein alarmierendes, Funken erzeugendes Maß erreicht hat. Außer in Form von kleinen Stücken dünner Alufolie ist Metall in der Mikrowelle streng verboten.

Und übrigens – das Brummen und Surren kommt von

dem Flügel eines Metallventilators, der die Mikrowellen gleichmäßig im Innern des Gerätes verteilt.

Welche Glaubensrichtung hat das Salz?

Warum empfehlen manche Rezepte »koscheres« Salz? Worin unterscheidet sich sogenanntes reines von unreinem Salz?

Ich brauche Ihnen nicht zu sagen, daß Salz im Grunde keiner bestimmten Glaubensrichtung anhängt. Obwohl koscheres Salz aus dem Meer stammt und von der Fabrik als mit den jüdischen Ernährungsregeln vereinbar deklariert wird, hat der Segen des Rabbi keinen größeren Einfluß auf den Salzgeschmack als die priesterliche Weihe bei den Katholiken auf den Geschmack der Hostie.

Chemisch gesehen, ist koscheres Salz mit jedem anderen Salz identisch. Es ist reines Natriumchlorid und muß gemäß dem amerikanischen Gesetz – wie übrigens jedes für den menschlichen Verzehr bestimmte Salz – einen Reinheitsgrad von über 97,5 Prozent aufweisen. Der einzige pragmatische Unterschied zwischen koscherem und »weltlichem« Salz besteht in der Größe und Form der Körner. Die koschere Variante ist gröber und normalerweise auch flockiger. Es wird hauptsächlich für den Koscherungsprozeß verwandt, bei dem Fleisch oder Geflügel zum Zweck der Reinigung mit einer Salzschicht bedeckt wird.

Wegen seiner gröberen Körner eignet es sich jedoch auch für bestimmte nicht-rituelle Zwecke, und das ist der einzige Grund, warum man es besonders kennzeichnet. Ernährungsfachleute, die etwa behaupten, koscheres Salz habe ein anderes Aroma, sollte man höflich auffordern, dies chemisch nachzuweisen.

Probieren Sie's selbst

Betrachten Sie einmal ein paar gewöhnliche Salzkörner unter der Lupe. Wenn Sie nicht zufällig in der Schule einen besonders guten Chemielehrer hatten, wird es Sie überraschen, wie ebenmäßig die Körner geformt sind. Tatsächlich sind es kleine Würfel. Sie werden feststellen, daß die meisten bereits etwas ramponiert aussehen. Durch die vielen Kollisionen mit ihren Nachbarn haben sich ihre scharfen Kanten abgeschliffen. Manchen von ihnen wurde so übel mitgespielt, daß sie praktisch wie Kugeln aussehen. Und doch kann man sehen, daß alle einmal perfekte Würfel waren.

Die Würfelform hat mit der geometrischen Anordnung von Natrium- und Chloratomen zu tun, aus denen die Salzpartikel bestehen. Aus Gründen, die zu erklären mancher Chemielehrer ein halbes Jahr braucht (wenn er sie überhaupt erklären kann) und mit denen ich Sie an dieser Stelle lieber nicht belasten will, formieren sich die Natrium- und Chloratome in dem Moment, indem sie sich zum Natriumchlorid verbinden, zu einem perfekten Würfel. (Das hat mit ihrer elektrischen Ladung, aber auch mit ihrer jeweiligen Größe zu tun.)

Wenn unzählige Natrium- und Chloratome sich zusammenschließen, um sich in einen dreidimensionalen Salzkristall zu verwandeln, den man mit dem bloßen Auge sehen kann, dann spiegelt der entstandene Kristall die quadratische Anordnung der einzelnen Atome wider, aus denen er sich zusammensetzt. Oder ist ein Würfel vielleicht etwas anderes als ein dreidimensionales Quadrat?

Die kompakten würfelförmigen Körner des herkömmlichen Tafelsalzes sind wie dafür gemacht, aus den Löchern des Salzstreuers herauszurutschen. Koscheres Salz dagegen muß mehr Haftungsfläche besitzen, um sich beim Reinigungsprozeß über die gesamte Oberfläche eines Stück Fleisches ausbreiten zu können. Obwohl die einzelnen Atome im Innern eines koscheren Salzkorns ebenfalls würfelförmig angeordnet sind, ist seine Oberfläche eher ungleichmäßig. Das kommt daher, daß sich auf der Oberfläche von Meerwasser, wenn dieses verdunstet, eine krustenartige (unebene) Ablagerung bildet. Gemäß dem jüdischen Reinheitsgebot ist dieser Vorgang natürlicher, als wenn man Salz auf herkömmliche Weise abbaut, es – wie es bei der Gewinnung von Tafelsalz üblich ist – in Wasser auflöst, um dieses Salzwasser schließlich mit Hilfe von Kohlen- oder Gasofenwärme verdunsten zu lassen.

Probieren Sie's selbst

Sehen Sie sich koscheres Salz mal unter einer Lupe an – Sie werden keine Würfel sehen. Die Kristalle sind hier ungleichmäßig und flockenartig.

Köche nehmen oft lieber koscheres Salz, weil es nicht so leicht aus den Fingern rutscht und auch besser nach Gefühl dosiert werden kann. Sobald das Salz sich jedoch aufgelöst hat, ist von einer bisherigen Form und Größe nichts mehr zu sehen.

»Des Kaisers neues Salz«

Nach Aussage verschiedener Ernährungsmagazine ist Meersalz dem herkömmlichen Tafelsalz bei weitem vorzuziehen, weil es a) eine große Menge nahrhafter Mineralstoffe enthält, b) nicht raffiniert wurde und natürlicher ist, c) einen intensiveren und frischeren Geschmack hat. Was soll man nun von diesen Behauptungen halten?

a) Unsinn, b) Unsinn, c) Unsinn.

Meersalz, das in Supermärkten und Bioläden verkauft wird, ist weder mineralstoffhaltiger noch weniger verfeinert als herkömmliches Tafelsalz, und es schmeckt auch völlig gleich. Der einzige Unterschied liegt darin, daß Sie das Vier- bis Zwanzigfache dafür bezahlen. Dabei stammt es vielleicht nicht einmal aus dem Meer, da die Hersteller nicht die Herkunft angeben müssen, und geflunkert wird nach Aussage von Insidern oft genug. (Bei koscherem Salz garantiert einem immerhin ein Rabbi, daß alles stimmt.)

Meersalz steht seit langem ganz vorn in der Gunst von Biofreaks, die offenbar alles glauben, was man ihnen erzählt. Doch auch honorige Kochbücher und Ernährungszeitschriften haben sich in den letzten Jahren verleiten lassen, in den Lobgesang zu Ehren des Meersalzes mit einzustimmen. Wenn aber selbst Profis sich auf derart schwankenden Boden begeben, ist das allerdings mehr als peinlich. Haben wir es doch mit einem klassischen Fall von »des Kaisers neue Kleider« zu tun. Wer sich jetzt angesprochen fühlt, soll wenigstens zugeben, daß er selbst keinen Unterschied zwischen Meersalz und herkömmlichem Tafelsalz festzustellen vermag, und er soll außerdem gestehen, daß sein Gaumen nicht nur unsensibel ist, sondern sich auch allzu leichtfertig dem allgemeinen Zeitgeist unterwirft.

Salz aus der Erde, auch Steinsalz genannt, wird in riesigen unterirdischen Stollen abgebaut. Dort bildeten sich vor Jahrmillionen Depots, als durch Klimaveränderungen große Flächen von Salzwasser austrockneten. So gesehen stammt also alles Salz aus dem Meer, ob nun aus einem unserer Meere von heute oder von früher. Aber enthält das heutige Meersalz wirklich mehr Mineralien als das abgebaute Salz? Ja, vorausgesetzt, Sie verstehen unter Meersalz diese klebrig graue Masse, die übrigbleibt, wenn sie aus einem Eimer Meerwasser auch den letzten Tropfen verdunsten lassen. Dieses Rohmaterial nenne ich *Meeresfeststoffe*.

Nur etwa 78 Prozent der *Meeresfeststoffe* ist Natriumchlorid oder herkömmliches Salz; der Rest besteht zu 99 Prozent aus Magnesium- und Calciumverbindungen. Darüber hinaus sind mindestens 75 weitere chemische Stoffe vertreten, allerdings in sehr kleinen Mengen. Um die Eisenmenge zu erhalten, die beispielsweise eine einzige Traube enthält, müßte man ein Viertelpfund dieser Meeresfeststoffe verzehren. Zwei Pfund davon sind nötig, um den in einer Traube enthaltenen Phosphoranteil zu erhalten. Wenn man bedenkt, daß ein Amerikaner pro Tag etwa 15 g Salz zu sich nimmt, haben Meeresfeststoffe in etwa den gleichen Nährwert wie Sand.

Und selbst wenn es tatsächlich aus dem Meer stammen sollte, ist das Zeug, das in Bioläden verkauft wird, nicht einmal der echte Rohstoff. Es wurde genauso gründlich raffiniert wie jedes andere Salz auch, denn nach den staatlichen Vorschriften muß alles zum Verzehr bestimmte Salz mindestens zu 97,5 Prozent aus Natriumchlorid bestehen. In der Praxis liegt der Natriumchloridanteil gewöhnlich

eher bei 99 Prozent. Die einzige Ausnahme ist ein Meer-
salz, das aus Frankreich importiert wird, doch auch dieses
Salz hat einen weitaus geringeren Mineralgehalt als der
Meeresrohstoff.

In der typischen Meersalzraffinerie darf der Großteil
des Wassers durch die Sonne verdunsten. Die Feststoffe,
die sich nun auskristallisieren, auch *Solarsalz* genannt,
werden von der übrigen Flüssigkeit, die man als *Mutterlauge* bezeichnet, getrennt. Immer wenn sich eine chemische Verbindung jedoch aus einer Flüssigkeit herauskristallisiert, bleiben so gut wie alle Unreinheiten zurück.
(Die Chemiker nutzen Kristallisierungsvorgänge bewußt
zum Zweck der Reinigung.) Also bleiben in der Mutterlauge fast der gesamte Calcium- und Magnesiumanteil
wie auch andere »wertvolle Mineralnährstoffe« – wie es
auf dem Etikett der Salzpackungen heißt – zurück. In Japan landet die Mutterlauge oft in Form eines einmaligen
bitteren Würzmittels namens *Nigari* auf dem Tisch. In den
Vereinigten Staaten dagegen wird sie entweder entsorgt
oder aber an die Chemieindustrie verkauft, wo die Mineralien freigesetzt und weiter nutzbar gemacht werden.

Doch das ist noch nicht alles. Als nächstes wird das
Meersalz gewaschen, wodurch ihm noch mehr Kalzium
und Magnesium entzogen wird, da deren Chloride wasserlöslicher sind als Natriumchlorid. Schließlich muß –
zum Zwecke der vollständigen Entlarvung – ergänzt werden, daß das Salz anschließend häufig noch getrocknet
wird, wozu man die Wärme von – dreimal dürfen Sie raten
– Kohle oder Erdöl verwendet. Soviel zur »Naturbelassen-
heit« von Meersalz.

Das Produkt, das schließlich in den Geschäften landet,
enthält nur etwa ein Zehntel der Mineralien des ursprünglichen Rohstoffs. Um den Phosphorgehalt einer einzigen

Traube zu erzielen, benötigen Sie nun 20 Pfund von diesem Zeug.

Dazu kommt der buchstäblich nicht auszurottende Aberglaube, Meersalz sei besonders reich an Jod, dem »Aroma des Meeres«. Schon wieder Unsinn! Bestimmte Tangarten enthalten tatsächlich relativ viel Jod, doch das liegt daran, daß sie es aus dem Wasser heraus konzentrieren, genauso wie Weichtiere dem Wasser zum Zweck der Bildung ihres Gehäuses Calcium entnehmen. Die Sache mit dem Seegras wurde als Werbemasche dermaßen aufgebauscht, daß viele glauben, der Ozean sei ein einziger Jodkessel. In Wirklichkeit enthält selbst jedes Gramm Butter ein Vielfaches an Jod, verglichen mit den Meeresfeststoffen. Jodiertes Tafelsalz, ob es nun dem Meer entstammt oder nicht, enthält etwa das Fünfundsechzigfache an Jod, doch dieses Jod wurde nachträglich, das heißt in der Fabrik hinzugefügt.

Und die Sache mit dem Geschmack? Ist ebenfalls schlicht Humbug. Nach Aussage diveser Ernährungsgurus schmeckt Meersalz salziger, intensiver, schmackhafter, bitterer und weniger »chemisch« (was immer das auch heißen mag) als herkömmliches Tafelsalz. Nicht ganz falsch ist das, was sich auf den salzigen und bitteren Geschmack bezieht. Alle anderen Aussagen sind reiner Schwindel.

Die Magnesium- und Calciumchloride im Meeresrohstoff sind tatsächlich bitter. Darum haben sich einige Leute einreden lassen, das in Bioläden erhältliche Meersalz habe einen leicht bitteren Beigeschmack. Das ist schlicht falsch. Die Magnesium- und Calciumverbindungen sind schon längst abhanden gekommen, wenn das Salz das Geschäftsregal erreicht – einzige Ausnahme: das bereits genannte französische Produkt.

Es ist schon komisch, daß man darüber diskutiert, welches das *salzigste Salz* ist, wenn doch jedes Salz reines Natriumchlorid ist. Der Grund dafür ist, daß Größe und Form der einzelnen Salzkörner bei verschiedenen Produkten variieren können, je nachdem, wie sie während des Raffinierungsvorgangs aus der Mutterlauge herauskristallisiert wurden. Die Bandbreite reicht von der Würfel- über die Pyramidenform bis hin zu unregelmäßigen Flokken.

Die Körner des am weitesten verbreiteten, aus Salzstollen abgebauten Tafelsalzes haben die Form kleiner Würfel, wohingegen viele Meersalzprodukte – aber längst nicht alle – eher flockenartig sind (s. S. 101). Da Flocken sich oft schneller auflösen als Würfel, kann es Ihnen – wenn Sie einige Salzflocken auf Ihre Zunge bekommen – so vorkommen, als seien sie salziger. So ist zu erklären, daß jemand, wenn er vergleicht, den geringfügig salzigeren Geschmack möglicherweise der Herkunft aus dem Meer und nicht der Flockenform zuschreibt.

Dabei sind Geschmacksvergleiche ohnehin sinnlos, weil niemand sich einzelne Körner auf die Zunge legt. Man gibt Salz einer Mahlzeit hinzu, ob nun beim Kochen oder bei Tisch. Sobald das Salz auf die feuchte Nahrung trifft, löst es sich sowieso auf, und jeder nur denkbare Effekt einer bestimmten Kornform erübrigt sich. Außerdem verliert sich, wenn man einen Teelöffel Salz in einen Gulaschtopf streut, jeder angebliche Geschmacksunterschied sofort in der Flüssigkeit.

Wenn Sie Salz zum Würzen verwenden – beim Kochen oder bei Tisch – ist es absolut belanglos, welches Salz Sie nehmen. Wenn Sie also wieder einmal einen Fachmann über die Tugenden des Meersalzes predigen hören sollten, lassen Sie sich bloß nicht Salz in die Augen streuen.

Pfeffer und Salz – ein ungleiches Paar

Ich habe gehört, man könne die Qualität eines Restaurants an der Größe der Pfeffermühlen erkennen. Je größer die Pfeffermühle, desto schlechter das Restaurant und umgekehrt. Und wie steht es mit *Salz*mühlen? Es soll da einen Laden geben, der seinen Kunden »frisch gemahlenes Salz« verspricht und seine Salzmühlen anscheinend sehr erfolgreich absetzt. Aber was hat das für Vorteile?

Na ja – ein Hersteller, der seine Salzmühlen irgendwelchen Yuppies andreht, die dieses modische Zeug unbedingt besitzen wollen, hat in der Tat einen Vorteil davon. Ansonsten sollte man sein Geld lieber nicht für solch nutzlosen Kram aus dem Fenster werfen. Pfeffer sollte tatsächlich frisch gemahlen sein, aber Salz zu mahlen hat nun wirklich keinen Sinn, außer daß wir unsere Muskeln ein wenig trainieren.

Frisch gemahlener schwarzer oder weißer Pfeffer (es handelt sich um das gleiche Basisprodukt, das lediglich unterschiedlich verarbeitet wird) ist dem toten, grauen Puder in Plastikbehältern in der Tat vorzuziehen. Denn die chemischen Substanzen, die den Geschmack ausmachen, verfliegen nur allzu schnell; sie gehen allmählich in die Luft über, sobald die getrockneten Pfefferkörner sich zersetzen. Pfeffermühlen sind daher ein unerläßlicher Bestandteil jeder ernstzunehmenden Küchenausstattung und gehören außerdem immer auf den Tisch. So sind der volle Geschmack und das Aroma dieses Würzmittels bei Bedarf immer verfügbar.

Aber mit dem Salz verhält es sich ganz anders, und das trotz der Tatsache, daß es kaum ein Rezept gibt, in dem die beiden nicht in unauflöslicher Ehe verbunden wären.

Darauf gründet sich schließlich die Strategie der Salzmüh-
lenhersteller. In Wirklichkeit ist es schnurzpiepegal, ob Sie
nun »frisch« gemahlenes Salz oder normales Salz verwenden. Jedes Salz hat immerhin Jahrmillionen in Salzdepots
vor sich hingeschmachtet, ohne daß es dadurch auch nur im
geringsten an Geschmack verloren hätte.

Natürlich ist Salz, oder auch Natriumchlorid, ein Mi-
neralstoff und kein pflanzliches Produkt. Es ist die einzige Gesteinsform, die man essen kann. Sie besteht durch
und durch und allein aus Natrium- und Chloratomen.
Ein Klumpen Salz ist in vielerlei Hinsicht mit Glas vergleichbar, fällt es zu Boden, dann zerbricht es in viele
kleine Einzelteilchen, die sich aus den gleichen Bestandteilen zusammensetzen wie das ursprüngliche Glas, sich
in Form und Größe jedoch unterscheiden. In einem Stück
Salz gibt es nichts, was freigesetzt werden müßte, und
auch gemahlen verändert sich nichts, außer daß Sie es
nun mit mehreren kleinen Stücken der gleichen Substanz
zu tun haben. Sie können Salz verschieden grob kaufen,
ohne es selbst mahlen zu müssen. Außerdem ist extragro-
bes, zum Selbstmahlen bestimmtes Salz, zehn- bis zwanzigmal so teuer wie herkömmliches Tafelsalz.

Wetten, daß ...?

In meinem Rezept steht, man soll zwei Tassen Zucker in einer
Tasse Wasser auflösen. Das ist doch bestimmt ein Druckfehler,
oder?

Warum haben Sie's nicht einfach ausprobiert?

Probieren Sie's selbst

Geben Sie zwei Tassen Zucker in einen Topf. Fügen Sie sodann eine Tasse Wasser hinzu (oder auch umgekehrt), und rühren Sie das Ganze bei geringer Hitzezufuhr um. Sie werden sehen, der Zucker wird sich irgendwann auflösen.

Ob man jedoch zwei Tassen Zucker in einer Tasse Wasser auflöst oder aber versucht, die gleiche Menge Zucker in einen Beutel zu schütten, der eine Tasse Wasser faßt, ist nicht das gleiche. Dafür gibt es folgenden einfachen Grund: Die Zuckermoleküle zwängen sich in die kleinen Freiräume zwischen den Wassermolekülen und benötigen so keinen zusätzlichen Platz.

Submikroskopisch betrachtet ist Wasser kein dichtgepackter Haufen molekularer Partikel – wie etwa ein Eimer Sand, sondern eher ein grobmaschiges Gitterwerk von Molekülen, deren Enden wie verknüpfte Schnüre miteinander verbunden sind. Die Zwischenräume dieses molekularen Gitterwerks sind in der Lage, eine große Anzahl aufgelöster Partikel zu beherbergen – nicht nur Zuckermoleküle, sondern auch viele andere. Aus diesem Grund ist Wasser für viele Substanzen ein so gutes Lösungsmittel.

Vielleicht sollte ich es lieber so ausdrücken: Zwei Tassen Zucker sind in Wirklichkeit gar nicht so viel, wie es uns zunächst erscheinen mag. Zuckermoleküle sind nämlich viel schwerer und sperriger als Wassermoleküle, und deshalb gehen viel weniger auf ein Pfund oder in eine Tasse. Außerdem können sich die Zuckerkörner in der Tasse nicht so dicht »schichten«, wie man meinen würde. So enthält eine Tasse Zucker nur etwa ein Fünfundzwanzigstel der in einer Tasse Wasser enthaltenen Moleküle, was einem Verhältnis von einem Zuckermolekül auf zwölf Wassermoleküle entspricht.

Vorschlag für eine Kneipenwette

Ich wette, daß ich in einer Tasse Wasser zwei Tassen Zucker auflösen kann. (Nehmen Sie aber keinen Zucker, der Getreidestärke enthält. Dadurch würde alles nur verklumpen.)

Warum in einer Teflonpfanne nichts hängenbleibt

Wie funktionieren eigentlich haftfreie Pfannen und Töpfe? Wie läßt sich diese Aversion bestimmter Materialien gegen alles mögliche nur erklären? Oder andersherum gefragt: Weshalb bleiben zwei Substanzen überhaupt aneinanderhängen?

Ganz klar, aneinander hängen bleiben nur zwei unterschiedliche Substanzen. Eine Substanz wird von der anderen quasi festgehalten. Dazu müssen die Eigenschaften beider Stoffe berücksichtigt werden. Aber woher weiß man, welcher Stoff der Täter ist und welcher das Opfer? Und gibt's einen Stoff, der nie klebenbleibt, ganz gleich, womit er in Berührung kommt?

Diese Frage wurde 1938 ein für allemal geklärt, als ein Chemiker namens Roy Plunkett das Polytetrafluorethen (im folgenden PTFE) erfand, das bald danach den geschützten Markennamen Teflon erhielt. Das PTFE ist eine bemerkenswert ungesellige chemische Verbindung, die offenbar jede Dauerfreundschaft mit wem oder was auch immer ablehnt.

Nachdem es zunächst in den verschiedensten Industriezweigen verwendet wurde, so zum Beispiel bei der Herstellung von sogenannten »geschlossenen Lagern« (die man nicht extra schmieren muß), tauchte das Teflon in den sechziger Jahren in der Küche auf, und zwar als Bratpfannen-Innenbelag. Sie konnten nun im Handumdrehen gereinigt werden, da sie gar nicht erst richtig schmutzig wurden. Speisen brannten gar nicht erst an. Im Zeichen der allgemeinen Fettphobie heute werden Teflonpfannen vor allem deshalb bevorzugt, weil man in ihnen auch mit sehr wenig Fett braten kann.

Die modernen Variationen haftfreien Kochzubehörs tragen die unterschiedlichsten Markennamen, bestehen jedoch letztlich alle aus PTFE. Lediglich das Haften am Pfannenboden wird auf verschiedenartige Weise erreicht, und das ist, wie Sie sich vorstellen können, gar nicht so einfach.

Was passiert eigentlich wirklich, wenn zwei Substanzen aneinander hängenbleiben? Offensichtlich ist eine bestimmte Art von Anziehung im Spiel. Je stärker und dauerhafter die Anziehung, desto hartnäckiger die Haftung. Kleber wird aus Substanzen hergestellt, von denen man weiß, daß sie ein breites Spektrum von Materialien fest und dauerhaft miteinander verbinden. Bei einem klebrigen Lutscher oder Eiresten, die in der Pfanne hängenbleiben, ist die Anziehung wesentlich schwächer und kann gewöhnlich mit ein bißchen Körpereinsatz überwunden werden.

Sollte Ihre Muskelkraft dennoch einmal nicht ausreichen, weist Ihnen die Chemie sicher einen Ausweg. Den alten Kaugummi an Ihrer Schuhsohle beispielsweise können Sie mit Hilfe von Verdünnungsmittel (Lösungsbenzin) leicht entfernen, falls Abkratzen nicht reicht. Wir können also schlußfolgern, daß Dinge aus vornehmlich physikalischen oder chemischen Gründen aneinander haften (oder umgekehrt – voneinander gelöst werden können).

Warum bleibt Ei in einer rostfreien Stahl- oder Aluminiumpfanne hängen? Zunächst ist zu sagen, daß die Oberfläche jedes Metalls – es sei denn, man polierte es regelmäßig, so daß es wie ein Spiegel glänzt – ganz von allein kleinste Kratzer bekommt. Von den kleinen und nicht so kleinen Kratzern ganz zu schweigen, die durch den Gebrauch zustande kommen und in denen sich das gerade fest werdende Ei nur allzu gern festsetzt. Das ist ein Fall von physikalischem Haften. Um diese Form des Haftens zu minimieren, verwenden wir Speiseöl. Es füllt auch die kleinsten Risse und bildet eine dünne flüssige Schicht, auf der das Ei hin- und herrutschen kann. Natürlich könnte man hierfür theoretisch jede Flüssigkeit verwenden, doch Wasser würde in einer heißen Pfanne irgendwann verdampft sein, es sei denn, Sie verwenden es in großen Mengen. Dann jedoch würden Sie anstatt eines Spiegeleis ein pochiertes Ei erhalten.

Die Oberflächen von haftfreien Pfannenbeschichtungen dagegen sind, mikroskopisch gesehen, extrem glatt. Da sie so gut wie keinerlei Risse aufweisen, bieten sie der jeweiligen Speise keine Gelegenheit, sich festzusetzen. Sicher, auch Plastik hat diese Eigenschaft, aber PTFE kann selbst bei hohen Temperaturen eingesetzt werden.

Soviel zu den physikalischen oder auch mechanischen Haftungsformen. Noch wichtiger sind die chemischen Ursachen. Moleküle neigen immerhin dazu, sich gegenseitig anzuziehen, und genau damit beschäftigt sich schließlich die Chemie. Die Atome oder Moleküle in der obersten Schicht einer Bratpfanne gehen normalerweise mit den Molekülen einer Speise bestimmte Verbindungen ein. Nun stellt sich die Frage: Wie kommt es, daß die Moleküle

von Belägen wie Teflon oder SilverStone mit den Molekülen anderer Substanzen nicht auf die gleiche Weise reagieren?

Das hängt mit der Einzigartigkeit der chemischen Verbindung PTFE zusammen. PTFE ist ein *Polymer* – eine
Substanz, bestehend aus einer Vielzahl von miteinander
identischen Molekülen, die so miteinander verbunden
sind, daß sie große Supramoleküle bilden. Die PTFE-Mo-
leküle sind aus nur zwei Arten von Atomen zusammengesetzt, nämlich Kohlenstoff und Fluor, und zwar in der
Kombination von jeweils vier Fluoratomen mit zwei Kohlenstoffatomen. Tausende dieser Sechs-Atom-Moleküle
schließen sich zu gigantischen Molekülen zusammen; sie
sehen wie lange Ketten von Kohlenstoffatomen aus, von
denen die Fluoratome wie Borsten abstehen – wie bei einer
riesigen Raupe.

Fluor nun ist der Atomtyp, der – sobald er sich gemütlich mit einem Kohlenstoffatom verbunden hat – am wenigsten daran interessiert ist, mit irgendeinem anderen
Stoff zu reagieren. So fungieren die Fluorborsten beim
PTFE tatsächlich als eine Art Rüstung, die die Kohlenstoffatome davor schützt, sich mit anderen zufällig daher-
kommenden Stoffen verbinden zu müssen. Daher bleiben
die Moleküle von Ei, Schweinekoteletts oder Kartoffel-
puffer nicht haften.

Darüber hinaus weigert sich das PTFE sogar, sich von
den meisten Flüssigkeiten benetzen zu lassen. (Gießen Sie
ein paar Tropfen Wasser oder Öl auf die Oberfläche einer
haftfreien Pfanne, und Sie werden es merken.) Wenn eine
Flüssigkeit daran gehindert wird, eine Oberfläche zu benetzen, dann ist es auch etwaigen in ihr gelösten chemischen Stoffen – ganz gleich, wie hartnäckig sie sein mögen
– nicht möglich, mit der Oberfläche zu reagieren.

Haben Sie schon erkannt, worin das Hauptproblem besteht? Genau. Wie kann man das PTFE überhaupt dazu bringen, an der Pfanne selbst haften zu bleiben? Zu diesem Zweck gibt es eine Reihe cleverer physikalischer (weniger chemischer) Techniken, um die Oberfläche einer Pfanne so aufzurauhen, daß die PTFE-Schicht überredet werden kann, auf ihr haften zu bleiben. Verschiedene Hersteller verwenden verschiedene Techniken, doch das ist auch der einzige nennenswerte Unterschied.

Apropos . . .

Kalorienbewußte Konsumenten können Speiseöl auch in Sprayform kaufen. Doch worin besteht eigentlich der Unterschied zu herkömmlichen Produkten?

Diese Sprays sind nichts anderes als in Alkohol gelöstes Speiseöl, abgefüllt in praktische Aerosolsprühdosen. Der Clou besteht darin, daß Sie, anstatt eine beliebige Menge Speiseöl in Ihre Pfanne zu gießen, nur kurz auf den Sprühknopf zu drücken brauchen. Der Alkohol verdampft sofort, und das Öl bedeckt die Oberfläche der Pfanne. Obwohl dieser Ölfilm äußerst dünn ist, verhindert er, daß einzelne Speiseteile an der Pfanne hängenbleiben, und er hat den Vorteil, daß er sehr wenige Kalorien enthält.

Ein Eßlöffel Butter oder Margarine enthält etwa elf Gramm Fett = 100 Kalorien. Die Hersteller von Speiseöl in Sprayform dagegen brüsten sich damit, daß ihr Produkt »nur zwei Kalorien je Anwendung« enthalte. Eine »Anwendung« – das bedeutet einen Sprühstoß von nur einer Drittelsekunde, der gerade ausreicht, um ein Drittel einer

Pfanne von 25,40 cm Durchmesser zu bedecken. Aber selbst wenn Ihr Abzugsfinger nicht gut genug trainiert ist und Sie aus Versehen die ganze Pfanne bedecken, sparen Sie dennoch eine Menge Fett.

Übrigens, sollten Sie zu den Perfektionisten gehören, spritzen Sie ein wenig Öl in Sprayform auch in Ihre Teflonpfanne. Das Ergebnis wird so knuspriger, als wenn Sie gänzlich auf Fett verzichten würden.

Herr Ober, da ist Salz in meiner Marmelade

Warum läßt sich Obst durch den Zusatz von Zucker konservieren, zum Beispiel bei der Herstellung von Marmeladen oder eingemachtem Obst? Ich nehme an, daß der Zucker dazu da ist, die Entstehung von Keimen zu verhindern, aber Zucker ist doch kein keimtötendes Mittel, oder? Wenn Zucker jedoch auf Bakterien tödlich wirkt, wie kommt es dann, daß er uns verschont?

Zucker wird seit langem zur Konservierung von Speisen verwendet. Theoretisch könnten Sie auch Salz anstatt Zucker zur Herstellung von Marmelade verwenden, und es hätte dieselbe Wirkung. Es würde sie sogar für noch viel länger konservieren als Zucker, denn nach der ersten Kostprobe würde kein Mensch sie je wieder anrühren. Bereits seit Tausenden von Jahren wird Salz zur Konservierung von Fisch und Fleisch verwendet. Jener wunderbar geräucherte Lachs namens Graved Lachs wird gewöhnlich mit einer Mixtur aus Salz und Zucker zubereitet.

Allerdings eignen sich Zucker und Salz nur in konzentrierter Form dafür, Mikroorganismen abzutöten oder zumindest zu deaktivieren, um so zu verhindern, daß Speisen verderben. Man sterilisiert Lebensmittel nicht dadurch, daß man sie einfach nur mit diesen vertrauten Küchenchemikalien bestreut. Nimmt man jedoch *genug* Salz oder Zucker, das heißt, die für eine mindestens 20 oder 25prozentige Lösung erforderliche Menge, überleben die meisten Bakterien, Hefen und Schimmel schlichtweg nicht.

Tatsächlich entzieht die Zucker- oder Salzlösung den kleinen Tierchen fast ihr gesamtes Wasser, so daß sie zusammensacken und sterben oder inaktiv werden. Niemand und nichts kann unbegrenzt ohne Wasser auskommen, auch diese mikroskopisch kleinen einzelligen Organismen nicht.

Wie kann eine Salz- oder Zuckerlösung einem Objekt Wasser entziehen? Dies geschieht durch *Osmose*. Vielleicht haben Sie schon einmal jemanden sagen hören: »Ich habe Urdu nie studiert, aber meine Eltern haben Urdu gesprochen, und ich schätze, ich habe es mir durch Osmose angeeignet.«

Tatsächlich versteht man unter Osmose, einen bestimmten Vorgang, bei dem Wasser durch eine dünne Membran hindurchsickert, was immer dann passiert, wenn sich auf den beiden Seiten der Membrane zwei Lösungen unterschiedlicher Konzentration befinden. Die Membran muß *semipermeabel*, das heißt *halbdurchlässig*, sein. Sie muß es Wassermolekülen, nicht jedoch anderen Molekülen ermöglichen, durch sie hindurchzusickern. Die meisten der hauchdünnen Membranen, die bei pflanzlichen oder tierischen Organismen die einzelnen Organe voneinander trennen, sind semipermeabel. Das gilt auch für die Zellwände unserer roten Blutkörperchen und unserer Haargefäße, der Kapillaren.

Bei der Osmose vollzieht sich insgesamt ein Transfer von Wassermolekülen durch die Membran hindurch, von einer Lösung zur anderen, jedoch immer nur in einer Richtung. Die Membran fungiert so in gewisser Weise als eine Art Einbahnstraße für Wassermoleküle. Die »Fahrtrichtung« hängt von dem jeweiligen Konzentrations- oder Stärkenverhältnis der beiden Lösungen ab. Das Wasser fließt immer von der weniger zur stärker konzentrierten Lösung. Das wollen wir uns nun mal am Fall dieser Bösewichte von Bakterien auf Ihren Erdbeeren genau ansehen.

Eine Bakterie ist letztlich nichts anderes als ein ganz kleines Kügelchen aus geleeartigem Protoplasma, umgeben von einer Zellwand, die als semipermeable Membran fungiert. Dieses Protoplasma besteht aus Wasser und verschiedenen darin gelösten Stoffen – Proteinen und vielen anderen Chemikalien, die für das Überleben der Bakterien zwar überaus wichtig sind, mit denen wir uns hier aber nicht weiter beschäftigen wollen.

Wird dieses Kügelchen nun von einer Flut von Salz- oder Zuckerwasser überschwemmt, ist die Konzentration der gelösten Stoffe außerhalb der Zelle plötzlich größer als in ihrem Inneren. Das bedeutet, daß in der Lösung auf der Außenseite der Membrane weniger Wassermoleküle frei umherspazieren können, da ihre Beweglichkeit durch die gelösten Substanzen eingeschränkt ist.

Wir haben es also mit einer unausgeglichenen Situation zu tun, denn auf den beiden Seiten einer dünnen wasserdurchlässigen Membrane herrschen jeweils unterschiedliche Konzentrationen freier Wassermoleküle. Da Mutter Natur jedoch stets um Gleichgewicht bemüht ist, erlaubt sie einigen der freien Wassermoleküle auf der Innenseite der Membran durch diese hindurchzuwandern, um sich auf der Außenseite anzusiedeln.

Bei der Osmose könnte man den Eindruck haben, als würde das Wasser durch einen bestimmten Druck gezwungen, die Membrane zu durchbrechen. Wissenschaftler sprechen tatsächlich vom *osmotischen Druck*, ähnlich wie sie beispielsweise von Gasdruck sprechen.

Im Falle unserer unglückseligen Bakterie bedeutet das, daß ihr das gesamte Wasser entzogen wird, woraufhin sie prompt ins Gras beißt. Zumindest wird sie dermaßen geschwächt, daß sie sich nicht mehr fortpflanzen kann. Unsere Gesundheit ist also nicht mehr in Gefahr.

Aus eben diesem Grund tun auch Schiffsbrüchige, die es geschafft haben, sich auf ein Rettungsboot oder ein Floß zu retten, gut daran, den sie umgebenden Wassermassen zu entsagen. Obwohl das Angebot verlockend sein mag, würde der Genuß dieses Wassers zum baldigen Tod durch Austrocknung führen.

Einen Süßwasserfisch ereilte dasselbe Schicksal, würde man ihn in Salzwasser aussetzen. Durch Osmose würde ihm das Wasser in seinen Zellen entzogen und in das salzige Meer hineingeleitet. Der Fisch würde wegen Entwässerung zugrunde gehen – eine etwas makabre Todesursache für einen Fisch.

Wimpys Rache

Läßt sich Spinat durch einen Magneten anheben (vorausgesetzt, dieser ist stark genug)?

Ja, aber nur, wenn er sich in einer sogenannten Blech-
büchse befindet, die eigentlich eine Aluminiumbüchse ist.
Das im Spinat enthaltene vielgerühmte Eisen löst als solches keine magnetische Anziehungskraft aus.

Eisen ist nur in seiner metallischen Form magnetisch (s.
S. 310), nicht aber als chemische Verbindung in Kombina-
tion mit anderen Elementen. Das Eisenmetall, aus dem die
Tür Ihres Kühlschranks gefertigt ist, hält unzählige kleine
Magnetobjekte fest. Eisen in der chemischen Form von
Rost besitzt jedoch keine magnetische Anziehungskraft.
Genauso verhält es sich mit dem Spinat: Das Eisen im Spi-
nat besteht (glücklicherweise) nicht aus kleinen Metall-
stückchen; es besteht vielmehr aus komplexen chemi-
schen Verbindungen, die nicht magnetisch sind.

Warum aber denkt jedermann an Spinat, wenn von
einem eisenreichen Nahrungsmittel die Rede ist? Daran
ist sicher die unsterbliche Comic-Figur Popeye schuld, die
der Welt schon länger als sechzig Jahren klar macht, daß
zum Siegen letztendlich nicht mehr gehört als drei Dinge:
Tugend, Spinat und Blödheit.

Daß Spinat Eisen enthält, ist übrigens nichts Besonde-
res. Viel grünes Gemüse, aber auch andersfarbige Produkte enthalten eine beträchtliche Menge an Eisen. Witzi-
gerweise enthält ein Hamburger (so leid es mir tut) genau
die gleiche Menge Eisen wie eine entsprechende Menge
Spinat. Wie kommt es also, daß Popeye ausgerechnet
durch Spinat so stark wurde, Wimpy, der gerne Hamburger aß, dagegen immer ein Schwächling blieb?

Popeyes Aufgabe bestand lediglich darin, den amerikanischen Müttern dabei zu helfen, ihren Kindern Gemüse –
vor allem aber Spinat – schmackhaft zu machen, den die
meisten Kinder aufgrund der in ihm enthaltenen säuer-
lichen Oxalsäure verabscheuen. (Versuchen Sie einmal,

Ihrem Kind ungesüßten Rhabarber anzudrehen, der eine besonders große Menge dieser Säure enthält!) Wenn Daddy zufällig nicht muskulös genug war, um als Vorbild zu überzeugen, konnte Mom immer auf Popeye zurückgreifen.

So viel zum Thema »mineralische Nährstoffe«. Was hat es eigentlich mit Popeyes legendärer Muskelkraft auf sich? Warum hat er statt Spinat in Dosen nicht beispielsweise Rübenpüree oder Kürbis in Konserven verschlungen? Wie kam Elzie C. Segar, Popeyes Schöpfer, eigentlich darauf, daß ausgerechnet Spinat seinen Seemann zum Muskelhelden machen sollte?

Wieder einmal hat es mit dem legendären Eisen zu tun. Menschen, deren Blut nicht genug Eisen enthält, sind oft blaß und werden leicht krank. Gegen diesen Eisenmangel hilft Spinat. Das bedeutet jedoch noch lange nicht, daß man durch den Verzehr von Spinat etwa stärker würde. Aber seit wann spielt Logik in Comics eine Rolle?

Kapitel 3

In der Autowerkstatt

Ihr Auto ist eine Rostlaube; es springt nicht an; die Reifen sind platt; und gerade sind Sie in Ihrer Einfahrt ins Rutschen gekommen, und ein Ast hat Ihre bruchsichere Windschutzscheibe zerschmettert. Würde es Sie nicht trösten, wenn Sie die naturwissenschaftlichen Hintergründe dieser Ereignisse ein wenig besser verstünden? Nun, vielleicht, wenn Sie sich etwas beruhigt haben.

Im folgenden werden wir einige faszinierende Phänomene genauer beleuchten, denen jeder Autobesitzer jederzeit begegnen kann.

Warum man Batterien im Kühlschrank aufbewahren soll

Bei kaltem Wetter verhält sich die Batterie meines Wagens so, als sei sie kaum mehr lebendig. Bei extrem niedrigen Temperaturen springt der Motor gar nicht erst an. Dabei wurde mir doch neulich geraten, meine Taschenlampenbatterien im Kühlschrank aufzubewahren, damit sie nicht an Kraft verlieren. Warum ist Kälte gut für Taschenlampenbatterien, aber schlecht für Autobatterien?

Ich bin sicher, niemand hat Ihnen geraten, die Taschenlampenbatterien zu benutzen, solange sie noch kalt sind. Dann wären sie nämlich genauso träge wie Ihre Autobat-

terie. Die Kälte beeinträchtigt beide. Um ihnen die gewünschte »power« zu entlocken, sollten sie etwa normale
Raumtemperatur haben.

Batterien erzeugen Strom – genauer einen Elektronenfluß – durch eine chemische Reaktion (s. S. 59), und alle
chemischen Reaktionen vollziehen sich bei niedrigeren
Temperaturen langsamer (s. S. 209). Kühlen Sie eine Batterie weit unter die normale Raumtemperatur, dann wird
sie nur eine geringe Anzahl an Elektronen pro Sekunde in
Umlauf bringen (unter Fachleuten heißt das, sie kann
Strom nur in begrenztem Maß liefern), ob es sich nun um
eine Auto- oder Taschenlampenbatterie handelt. Durch
kalte Batterien in Ihrem Walkman kann ein *allegro vivace*
leicht zu einem *lento* verkommen, und legen Sie die Batterien nicht ein, bevor sie sich nicht ein wenig aufgewärmt
haben, sonst kann Ihnen die Verdunstungsfeuchtigkeit
auf der kalten Oberfläche nur allzu leicht Wassermusik
bescheren – womit ich nicht die von Händel meine.

Durch die niedrige Temperatur wird lediglich die Fähigkeit der Batterie, auf Kommando gleichmäßige Elektro-
nenströme zu erzeugen, eingeschränkt. Auf die Kraft
selbst jedoch, mit der eine Batterie die Elektronen ausstößt
(die *Spannung*), hat eine niedrige Temperatur so gut wie
keinen Einfluß.

Dazu kommt folgendes: Batterien verlieren ständig geringe Mengen an Strom, selbst wenn sie nicht angeschlos-
sen sind, das heißt auch dann, wenn eigentlich kein Strom
erzeugt werden soll. Dadurch geht ein Teil ihres ohnehin
beschränkten Kontingents an chemischen Bestandteilen
verloren. Wenn Sie sie kühl lagern, können Sie diese ge-
ringfügigen chemischen Reaktionen hemmen und damit
die Kraftreserven so lange konstant halten, bis Sie sie tatsächlich benötigen. Doch die neueren Alkalibatterien sind

ohnehin so langlebig, daß Lagerung im Kühlschrank kaum notwendig sein dürfte.

Wenn die Autobatterie, die eine Flüssigkeit (nämlich Schwefelsäure) enthält, Strom erzeugt, bedeutet das, daß einige Atome (eigentlich sind es ja Ionen, aber das nehmen wir jetzt mal nicht so genau) gezwungen sind, in der Batterie vom positiven Pol durch die Säure hindurch zum negativen Pol zu wandern beziehungsweise zu schwimmen, und umgekehrt. Bei niedrigsten Temperaturen vollzieht sich dies erheblich langsamer, so daß die Fähigkeit der Batterie, Strom zu erzeugen, ebenfalls eingeschränkt ist.

Etliche »alte Hasen« unter den Automechanikern schwören, daß eine Batterie, die lange auf dem Betonboden anstatt in einem Regal gelagert wird, eher »ihren Geist aufgibt« − und zwar natürlich nicht, weil der Boden als solcher den Strom aus der Batterie »heraussaugt«. Er ist nur kalt und entzieht ihr so Wärme.

Worauf *Sie* allerdings achten sollten, ist, daß Ihnen bestimmte Automechaniker nicht Ihr Geld aus der Tasche ziehen!

Ein erschütterndes Erlebnis

Windschutzscheiben werden aus gutem Grund so konstruiert, daß bei einem Unfall ihre Splitter nicht in alle Richtungen fliegen. Wieso aber zerfallen sie im Unglücksfall in unzählige kleinste Splitter anstatt in ein paar größere Teile? Wie bringt man Glas dazu, daß es sich so verhält?

Zu verhindern, daß die Splitter in alle Richtungen fliegen, ist relativ einfach. Die Windschutzscheibe ist ähnlich wie

ein Sandwich aufgebaut. Das Glas ist quasi das Brot mit
einem elastischen Plastikteil in der Mitte. Dieses kann dem
Glas bei diesem Prozeß eingeprägt werden, ohne daß es
zerbricht. Wenn der Stein also die Windschutzscheibe
trifft und sie zerschmettert, bleiben die meisten der Glas-
stücke an dem Plastik hängen, anstatt einzeln durch die
Luft zu fliegen. Warum sie jedoch in Millionen kleine
Bruchstücke zerfällt anstatt in einige wenige größere
Scherben – wie normales Glas –, ist wieder eine andere
Frage. Es hat damit zu tun, wie das Glas vorbehandelt
wurde, um seine Widerstandskraft zu stärken.

Windschutzscheiben müssen natürlich stabiler sein als
herkömmliches Glas. Um ein Material stabiler zu machen,
bedienen sich Ingenieure häufig der Methode der *Vor-
spannung*, wobei das jeweilige Material bestimmten Kräften ausgesetzt wird. So wird es auch im Fall der Windschutzscheiben gemacht.

Nachdem das Glas in die gewünschte Form gebracht
wurde und immer noch sehr heiß ist, wird es an der Oberfläche – aber wohlgemerkt nur dort – blitzartig abgekühlt.
So wird die wesentlich ausgedehntere molekulare Struktur des hocherhitzten Glases plötzlich eingeschlossen.
Wenn die gesamte Scheibe sich nun langsam bis auf
Raumtemperatur abkühlt, bewahrt sie dennoch, während
ihr Inneres sich auf die dichter gepackte Struktur bei
Raumtemperatur zusammenzieht, die in ihrer Haut »ein-
gefrorene« Struktur des heißen Glases. Durch diese Vor-
behandlung des Glases wird eine Kombination aus gegen-
sätzlichen Spannungsrichtungen (Druck und Zug) hergestellt, die seine gesamte Struktur verstärkt.

Diese eingepferchte Energie wird freigesetzt, sobald das
Glas rissig oder brüchig wird. Wenn das Glas an einer bestimmten Stelle bricht, weitet sich der Bruch sofort mit

Hilfe dieser Energie wie eine Kettenreaktion über die unter Spannung stehende gesamte Scheibe hinweg aus. Und da die ganze Oberfläche bis dahin einer Grundspannung unterlag, breiten sich die Risse und Brüche auch gleichmäßig über die gesamte Fläche hinweg aus, bis Sie schließlich das vertraute Bild von Millionen kieselartigen Glasstückchen vor sich sehen.

Apropos ...

Wie wird Beton vorgespannt?

Die Stabilität vorgespannten Betons wird nicht – wie etwa bei der Herstellung von Windschutzscheiben – durch bestimmte Wärmemethoden erzielt. Vorgespannter Beton ist Beton, in dessen Innerem sich Stahlkabel befinden, die noch vor dem Hartwerden des Betons einer gewissen Spannung ausgesetzt wurden, indem man sie durch Zug an ihren Enden dehnte. Nach dem Hartwerden des Betons wollen sich die Kabel wie gedehntes Gummiband wieder zusammenziehen, doch das ist nun nicht mehr möglich, und so halten sie den Beton unter konstantem Druck. Man kann es auch so ausdrücken: Ein Teil der ursprünglichen Zug-Spannungs-Energie wird nun innerhalb der festen Struktur als ständiger Kompressionsdruck festgehalten, und das steigert die Stabilität des Betons. Beton unter Kompressionsdruck ist nämlich sehr widerstandsfähig, während er unter Zugspannung zu nichts taugt.

Wie man dem Rost das Handwerk legt

Manchmal kommt es mir vor, als ob der Rost alles frißt, was ich besitze. Zumindest habe ich ständig alle Hände voll zu tun, mein Hab und Gut, vom Werkzeug bis zum Rasenmäher und Verandageländer, durch Ölen, Abkratzen oder Streichen vor ihm zu schützen, von den Autos ganz zu schweigen. Vielleicht könnte ich ihn ein für allemal besiegen, wenn ich nur wüßte, wie er überhaupt entsteht. Irgendwie Rettung in Sicht?

Eisen plus Sauerstoff plus Wasser ist gleich Rost. So einfach ist das. Sowie alle drei Elemente zusammenkommen, entsteht unausweichlich Rost. Fehlt jedoch nur ein Mitglied dieser unheiligen Dreierallianz, dann gibt es auch keinen Rost. Zum Glück für uns lebende Kreaturen, jedoch zum Pech für unsere Gartengeräte und Autos, sind Sauerstoff und Wasserdampf überall in der Atmosphäre vorhanden. Und glücklicherweise (oder unglücklicherweise) besteht der Kern unseres Planeten, dessen Durchmesser ungefähr viertausend Meilen beträgt, zu 90 Prozent aus Eisen. Sogar die Sonne und die Sterne enthalten Eisen.

Hier auf der Erdoberfläche, von wo aus wir nach Mineralien graben, ist Eisen das am weitesten verbreitete der 88 bekannten Metalle. Darum ist es auch das billigste und das am häufigsten verwandte aller Metalle, ob nun in Form von Schmiedeeisen, Stahl (Eisen mit Kohlenstoff darin) oder sonst einer der vielen Legierungen.

Es ist schlicht unmöglich, sich dauerhaft vor Eisen, Sauerstoff und Wasser zu schützen, und deshalb steht das Problem stets auf der Tagesordnung. Aber keine Sorge, Sie sind nicht der einzige, der dieses Problem hat. Daß Eisen rostet, hat der Menschheit seit prähistorischen Zeiten Kopfzerbrechen bereitet.

Der Hauptübeltäter ist der Sauerstoff. Während eines Vorgangs, den man auch *Oxidation* nennt, reagiert er mit den meisten Metallen und erzeugt so *Oxide*, und Rost ist eine Form von Eisenoxid. (In Chemikerkreisen spricht man von *Magnetit-Hydrat* oder hydratisierten Eisenoxiden und -hydroxiden.) Wenn die geeigneten Voraussetzungen gegeben sind, reagiert Sauerstoff auch mit Aluminium, Chrom, Kupfer, Blei, Magnesium, Quecksilber, Nickel, Platin, Silber, Zink, Uran und vielen anderen Metallen. Und von allen bekannten Metallen, ist nur Gold gegen seine Attacke immun. Dieser Umstand in Kombination mit seinem Seltenheitswert und der einzigartigen Farbe ist der Grund dafür, daß der Goldpreis so hoch ist.

(Schmuckreinigungsprodukte, die angeblich verhindern, daß Ihr Goldschmuck anläuft, sind übrigens kompletter Betrug. Gold läuft sowieso nicht an, und gewöhnlicher Schmutz läßt sich auch mit Wasser und Seife entfernen.)

Kein anderes Metall wird durch Oxidation in so starkem Maß angegriffen, verunstaltet und zerstört wie Eisen. Das liegt daran, daß die meisten anderen Metalle den Sauerstoff auf bestimmte Art und Weise daran hindern, sich an ihnen zu vergreifen. Sauerstoff reagiert beispielsweise sehr bereitwillig mit Aluminium, doch schon die erste dünne Oxidschicht, die die Aluminium-Oberfläche überzieht, ist so robust und luftdicht, daß der Rest des Metalls vor jedem weiteren Angriff abgeschottet wird. Andere Metalle, wie zum Beispiel Kupfer, reagieren so langsam, daß sie lediglich ein wenig nachdunkeln (s. S. 200). Der Rest wird dann durch die Oxidschicht vor tiefergreifenden Schäden geschützt.

Wenn Eisen jedoch durch Sauerstoff und Wasser angegriffen wird, löst sich das rötlich-braune Oxid ab, wie Sie

sicher aus so manch trauriger Erfahrung wissen. Zum Vor-
schein kommen immer neue Metallflächen, die immer neue
Angriffe der Luft und der Feuchtigkeit geradezu heraufbe-
schwören. Die molekulare Struktur des Eisenoxids macht
es zu einem schwachen und krümeligen Material, und es
gibt nichts, was wir dagegen tun könnten. Allerdings gibt es
Produkte auf dem Markt, die in der Lage sind, die Struktur
in eine feste und haftende Schicht zu verwandeln. Gehen Sie
doch einmal zu Ihrem Eisenwarenhändler.

Langfristig kann man sich gegen Rost jedoch nur weh-
ren, indem man verhindert, daß eiserne Gegenstände allzu
lange mit Feuchtigkeit und Sauerstoff in Berührung sind.
Lagern Sie Ihr Werkzeug nie in feuchtem Zustand! Und
das, was Sie in einer luftdichten Plastiktüte verstauen, ist
nur so lange rostanfällig, bis die geringen Mengen an Sauerstoff und Wasserdampf gänzlich verschwunden sind. Es tut
mir leid, aber es gibt tatsächlich keine effektivere Methode
zur Bekämpfung von Rost, abgesehen von regelmäßigem
Streichen.

Probieren Sie's selbst!

Eisen rostet – sogar im Wasser liegend – erst dann, wenn zusätzlich Sauerstoff vorhanden ist. Lassen Sie etwas Wasser
einige Minuten lang heftig kochen, um so den größten Teil
der in ihm gelösten Luft nach außen zu befördern. Das abge-
kochte Wasser lassen Sie nun über Nacht in einem Glaskrug
stehen. Füllen Sie einen ähnlichen Krug mit frischem Leitungswasser. Lassen Sie in beide Glaskrüge jeweils einen Nagel fallen, und warten Sie ein paar Tage. Der Nagel in dem abgekochten Wasser wird wesentlich langsamer rosten als der im
Leitungswasser. (Doch auch durch Abkochen kann nicht der
gesamte Sauerstoffgehalt beseitigt werden.)

Apropos ...

Warum läßt Salz Autos schneller rosten, ob nun durch salzhaltige Meeresluft oder im Winter durch Streusalz auf den Straßen?

Rost entsteht, wenn Eisen und Sauerstoff miteinander in Berührung kommen. Das ist im Grunde nichts anderes als eine Miniaturbatterie im Atom-Maßstab. Das heißt, die Sauerstoffmoleküle machen den Eisenatomen ihre Elektronen abspenstig – nichts anderes geht ja in einer Batterie vor sich. Auch hier werden die Elektronen der einen Substanz von einer anderen weggeschnappt (s. S. 59). Alles, was den Elektronenfluß von den Eisenatomen hin zu den Sauerstoffmolekülen fördert, treibt diesen Vorgang voran.

So auch Salz, da es in Wasser gelöst ein guter Elektronenleiter ist.

Wenn Sie's genauer wissen wollen

Auch im Zusammenhang mit den ziemlich komplizierten auf atomarer Ebene vonstatten gehenden Mechanismen, die schließlich Rost hervorbringen, hilft Salz dabei, geladene Eisenatome (Ionen) an ihr Ziel zu führen. Das im Salz enthaltene Natriumchlorid hat eine zusätzliche Wirkung auf das Eisen, auf die wir an dieser Stelle jedoch nicht eingehen wollen. Vertrauen Sie mir auch so! Fahren Sie Ihr Auto bloß nicht in Salzwasser!

Hilfe! Mein Frostschutzmittel ist gefroren!

Da wir einen außergewöhnlich kalten Winter bekommen sollen, habe ich das Kühlwasser meines Wagens ablaufen lassen
und sogleich unverdünntes Frostschutzmittel nachgefüllt, anstatt wie sonst eine Mischung aus 50 Prozent Frostschutzmittel und 50 Prozent Wasser. Nun erzählt mir ein Automechaniker, unverdünntes Frostschutzmittel gefriert schneller, das
heißt, bereits bei höheren Temperaturen als in verdünnter
Form. Wie ist das möglich?

So unglaublich es auch klingen mag, Ihr Automechaniker
hat recht. Eine Mischung aus Äthylenglykol und Wasser
gefriert erst bei −37° Celsius, während unverdünntes
Frostschutzmittel bereits bei −12° Celsius gefriert. Das
wollen wir uns mal genauer ansehen.

Es ist in der Tat so, daß sich der normale Gefrierpunkt
von Wasser (O° Celsius) senken läßt, indem man das
Wasser mit anderen Stoffen vermischt. Theoretisch
könnte das alles mögliche sein: Salz, Zucker, Ahornsi-
rup, Batteriesäure. All diese Stoffe hätten bis zu einem
bestimmten Punkt die gewünschte Wirkung, und doch
werden sie aus leicht verständlichen Gründen nicht emp-
fohlen.

Als das Automobil gerade erfunden worden war, ver-
wendete man tatsächlich Zucker und Honig als Frostschutzmittel. Später benutzte man Alkohol, aber der verdunstet zu schnell. Heutzutage verwenden wir eine farb-
lose flüssige Chemikalie, bekannt als Äthylenglykol, die
nicht verdunstet. Darüber hinaus enthält Frostschutzmittel heute meist Rosthemmstoffe und Farbstoffe, damit
mögliche Lecks im Kühlsystem schneller lokalisiert werden können, und natürlich auch, damit es technologisch
»ausgereifter« wirkt.

Die Gefrierschutzwirkung hat mit dem fundamentalen Unterschied zwischen Flüssigkeiten (wie Wasser) und Feststoffen (wie Eis) hinsichtlich ihrer jeweiligen molekularen Struktur zu tun.

Im Wasser wie in allen Flüssigkeiten gleiten die Moleküle frei umher. Es besteht eine leichte Affinität zwischen den einzelnen Molekülen, doch sind sie nicht gezwungen, in festen Positionen zu verharren wie bei den meisten Feststoffen. Deshalb kann man eine Flüssigkeit ausgießen, Feststoffe dagegen nicht.

Damit flüssiges Wasser gefriert, müssen die einzelnen Moleküle ihre Bewegung verlangsamen und sich da niederlassen, wo ihr Platz ist im Falle der Bildung eines Eiskristalls. Wenn ihnen genug Zeit bleibt, diese Positionen zu finden – das heißt, wenn die Temperatur stetig sinkt, gefriert Wasser zu relativ großen Eisstücken. Und genau das wollen wir nicht! Wasser dehnt sich aus, wenn es gefriert (s. S. 271), und durch den hieraus resultierenden Druck können die Kühlwasserkanäle im Motorblock platzen.

Fremde Moleküle im Wasser wie zum Beispiel Äthylenglykol machen diesem Prozeß einen Strich durch die Rechnung, und zwar auf zweierlei Weise: Erstens verhindern sie, indem sie sich überall verteilen, daß die Wassermoleküle sich an den Stellen ansiedeln können, wo sie für die Eiskristallbildung gebraucht werden. Das Ganze kann man sich wie einen Trupp Soldaten vorstellen, der im Begriff ist, sich zu formieren, während eine Schar von Zivilisten, die kreuz und quer auf dem Feld herumrennen, ihn daran hindert. Indem sie den Wassermolekülen ständig vor die Füße laufen, verhindern die fremden Moleküle, daß die Eiskristalle zu der Größe und Einheit heranwachsen, die sie anstreben. Selbst wenn das Wasser doch gefrieren sollte, wird es nie die Form eines einzigen großen Eisbrockens annehmen, der den Motor in Gefahr bringen könnte. Statt dessen bildet sich dann eine schlammige Masse kleinster Eiskristalle.

Die Hauptwirkung jedoch, die die fremden Moleküle auf gefrierendes Wasser ausüben, besteht darin, daß sie den Gefrierpunkt senken. Durch die Äthylenglykolmoleküle wird das Wasser »verdünnt« und somit die Zahl der Wassermoleküle, die sich zu einem Eiskristall zusammenschließen könnten, reduziert. Deshalb müssen wir, wenn wir eine ausreichende Anzahl von Wassermolekülen dazu bewegen wollen, sich zu einem Eiskristall zu formieren, immer mehr von ihnen dazu bringen, ihre Bewegungen zu verlangsamen, indem wir die Temperatur immer mehr senken.

Wie kommt es aber, daß reines Äthylenglykol bei einer höheren Temperatur gefriert als in verdünnter Form? Das liegt daran, daß die Äthylenglykolmoleküle durch die Wassermoleküle behindert werden, genauso wie umgekehrt die Wassermoleküle von den Äthylenglykolmolekülen. Dadurch senkt das Wasser den Gefrierpunkt des Äthylenglykols, während das Äthylenglykol den des Wassers herabsetzt, und deshalb gefriert Äthylenglykol vermischt mit Wasser nicht so schnell wie in seiner Reinform.

Ja, man könnte sogar sagen, daß Wasser das Frostschutzmittel am Gefrieren hindert.

Apropos ...

Auf der Frostschutzmittelverpackung steht, es verhindere nicht nur, daß die Kühlflüssigkeit gefriert, sondern auch, daß sie kocht. Was hat das eine mit dem anderen zu tun?

Indem sie den Wassermolekülen in die Quere kommen, bewirken die gelösten Substanzen nicht nur die Senkung des Gefrierpunkts. Sie heben auch den Siedepunkt an, indem sie es den Wassermolekülen erschweren, sich in die Luft zu erheben (s. S. 70). Um Kühlwasser, das mit Äthylenglykol vermischt ist, zum Kochen zu bringen, ist eine höhere Temperatur erforderlich als beim reinen Kühlwasser. Wasser, vermischt mit 50 Prozent Äthylenglykol, kocht erst bei 108° Celsius. In bezug auf das Kühlsystem eines Autos jedoch spielt dieser Vorzug heute eine geringere Rolle als früher. Das liegt daran, daß die neueren Kühlsysteme einem Dauerdruck ausgesetzt sind, und bei erhöhten Druckverhältnissen steigt sowohl die Siedetemperatur des Äthylenglykols wie auch die des Wassers auf einen Punkt, der weit über dem Siedepunkt bei atmosphärischen Druckverhältnissen liegt (s. S. 281).

Vorschlag für eine Kneipenwette

Im Kühlsystem eines Autos gefriert unverdünntes Frostschutzmittel schneller, als wenn es mit Wasser verdünnt wurde. Wasser verhindert, daß Frostschutzmittel gefriert.

Sand ist doch nicht das perfekte Streumittel

Ich lebe in einer Gegend mit kalten Wintern, und mein Haus hat eine steile, abschüssige Einfahrt. Wenn die Einfahrt vereist ist, streue ich Sand, um die Bodenhaftung der Autoreifen zu verbessern. Doch als ich das letzte Mal diese Methode anwandte (und es wird das letzte Mal gewesen sein), hat der

Sand seine Pflicht nicht getan. Er verhielt sich statt dessen
wie unzählige Kugellager unter meinen Reifen – mit höchst
unerfreulichen Folgen. Weshalb hat der Sand diesmal ver-
sagt?

Es war bestimmt ein extrem kalter Tag, stimmt's? Jedenfalls mindestens – 18° Celsius, nicht wahr? Und da liegt
auch das Problem. Ab einer bestimmten Minustemperatur
verweigert Sand den Gehorsam.

Um die Bodenhaftung zu verbessern, ist es notwendig,
daß die Sandkörner ein Stück weit in die Oberfläche des
Eises gelangen und somit der vorher glatten Oberfläche
kleinste Erhebungen beibringen – so, als machten sie
»Sandpapier« aus ihr. Normalerweise genügt der Druck
der Reifen auf den Untergrund, um diesen Effekt hervor-
zurufen. Wenn ein Reifen ein Sandkorn gegen das Eis
drückt, schmilzt ein Teil des Eises unterhalb des Sand-
korns, wodurch dieses ein kleines Stück tiefer sinkt. Das
Wasser um das Sandkorn herum gefriert dann sofort wieder.

Das Eis schmilzt unter diesem Druck, weil es im Vergleich zum Wasser ein größeres Volumen hat. Wird es zusammengedrückt, ist es quasi gezwungen, sein Volumen
zu reduzieren. Es verwandelt sich dann in flüssiges Wasser
(s. S. 284). Ohne diesen Druck-Schmelz-Effekt könnte der
Sand sich nicht im Eis verankern.

Das Problem ist nun folgendes: Je kälter das Eis ist, desto mehr Druck ist erforderlich, um es zum Schmelzen zu
bringen, da die Wassermoleküle im Eiskristall nun stärker
an ihrem Platz gebunden sind und nicht so leicht überredet
werden können, sich frei zu bewegen, wie es die Moleküle
einer Flüssigkeit tun. Obwohl ein Auto auf ein Sandkorn
großen Druck ausübt, reicht dieser Druck eventuell trotz-

dem nicht aus, um das Eis bei einer derartigen Kälte zum Schmelzen zu bringen.

Vielleicht ist es besser, Sie gehen zu Fuß. Ein Gummireifen ist aufgrund seiner Elastizität nicht besonders gut geeignet, Druck auszuüben. Da sind Ihre Schuhsohlen schon besser, und obwohl ich annehme, daß Sie weniger als ein Viertel Ihres Autos wiegen, üben Sie möglicherweise mehr Druck auf die Sandkörner aus als Ihr Auto, das heißt, mehr *Kilogramm pro Quadratzentimeter Sand.*

Bringt Salz Eis wirklich zum Schmelzen?

Wenn meine Einfahrt vereist ist, streue ich Salz, und das Eis schmilzt. Aber wie kann etwas anders als durch Wärmezufuhr schmelzen? Es hängt angeblich damit zusammen, daß Salz den Gefrierpunkt von (flüssigem) Wasser senkt. Aber was bedeutet das im Zusammenhang mit gefrorenem Wasser (sprich Eis)?

Die oft gehörte Behauptung, Eis würde durch Salz zum *Schmelzen* gebracht, ist tatsächlich falsch. Genauso falsch wäre es, zu sagen, daß Zucker in Kaffee oder Tee *schmilzt.* Viele verwechseln »schmelzen« mit »sich auflösen«. Der Unterschied besteht jedoch, wie Sie sagen, darin, daß ein Gegenstand oder eine Substanz nur durch Hitzezufuhr zum Schmelzen gebracht werden kann. Natürlich schmelzen Eis und Zucker durch Erwärmung. Aber Salz wirkt in anderer Weise auf Eis ein: Es *löst* das Eis *auf.*

Dieser Vorgang wird nur deshalb häufig als *Schmelzen* bezeichnet, weil die Leute sehen, daß Eis verschwindet und sich in Salzwasser verwandelt, wo doch das gleiche beim Schmelzen durch Wärme passiert. Chemie- und Physiklehrer, aber auch die entsprechenden Lehrbücher dürften allerdings nicht in diese sprachliche Falle gehen.

Wie vielen anderen, mag man auch Ihnen in der Schule beigebracht haben, daß Salz den Gefrierpunkt von Wasser senkt. Aber streng genommen ist auch diese Erklärung nicht ganz richtig. Wenn Sie Salz auf Ihre vereiste Einfahrt streuen, hat das wirklich nichts mit dem Gefrierpunkt von Wasser zu tun, derjenigen Temperatur – 0° Celsius – nämlich, bei der das gute alte H_2O entweder schmilzt oder gefriert (s. S. 91). Das war immer so, und das wird auch so bleiben. Chemie- und Physiklehrer oder Lehrbuchautoren sollten es besser so ausdrücken: Salzwasser gefriert bei einer niedrigeren Temperatur als reines Wasser (s. S. 130). Das klingt doch schon ganz anders, oder?

Das Salz, das Sie auf Ihre Einfahrt streuen, ist lediglich dazu da, das Eis in Salzwasser zu verwandeln. Dieses Salzwasser wiederum gefriert nun nicht mehr, da *sein* Gefrierpunkt – nicht der *reinen* Wassers – unterhalb der herrschenden Lufttemperatur liegt. Der Unterschied in dieser Erklärung mag Ihnen geringfügig erscheinen, er ist jedoch von entscheidender Bedeutung, wenn wir verstehen wollen, was tatsächlich vor sich geht.

Erstens, wie verwandelt Salz Eis in Salzwasser? Natrium- und Chloratome (eigentlich handelt sich um Natrium- und Chlorionen, aber wir wollen hier, wie schon angedeutet, keine Haarspalterei betreiben), aus denen Natriumchlorid (Salz) zusammengesetzt ist, besitzen eine starke Affinität zu Wassermolekülen. (Salzhersteller versetzen ihr Produkt mit einem Trennmittel, damit das Tafelsalz im Salzstreuer keine Luftfeuchtigkeit aufnehmen kann und somit nicht verklumpt.) Sobald ein Salzkristall auf einer Eisoberfläche landet, ziehen die Natrium- und Chloratome des Salzes einige Wassermoleküle nach oben. Dann lösen sie sich in diesem Wasser auf und bilden so oben auf der Eiskristallschicht eine kleine Salzwasserpfütze. Diese gefriert nun nicht mehr, da *ihr* Gefrierpunkt unterhalb der Temperatur der sie umgebenden Luft liegt.

Die im Salzwasser gelösten Natrium- und Chloratome machen sich nun daran, die Eisoberfläche langsam zu zersetzen, wie Piranhas, die sich über einen Fleischkloß hermachen.

Mit der Zeit löst sich immer mehr Eis in dem Salzwasser auf, wodurch immer mehr Salzwasser entsteht. Schließlich ist entweder kein Eis mehr vorhanden, oder die Salzwasserpfütze verwässert sich so sehr, daß ihr Gefrierpunkt über die Temperatur der Luft hinaus steigt, wodurch sie wieder gefriert. Salzwasser gefriert jedoch nur zu Eisschlamm, nicht zu festem Eis. In jedem Fall aber hat das Salz seinen Zweck erfüllt.

Vorschlag für eine Kneipenwette

Salz bringt Eis nicht zum Schmelzen.

Warum eine Ente niemals untergeht

Warum lassen sich Öl und Wasser nicht vermischen?

Grundsätzlich ist Wasser diejenige unter allen Flüssigkeiten der Welt, die sich am bereitwilligsten mit anderen Stoffen – nicht nur mit Scotch – vermischt. Es knüpft mehr intime Kontakte, das heißt, es löst mehr Substanzen in sich auf als jede andere Flüssigkeit. Darum wird es manchmal das universale Lösungsmittel genannt.

Und doch gibt es da eine Familie von Substanzen, die es verabscheut und prinzipiell meidet: die Familie der Öle. Wasser wagt sich nicht einmal nah genug an einen Öltropfen heran, um ihn zu benetzen, geschweige denn aufzulösen. Es perlt am Rücken einer Ente ab, denn ihr Gefieder ist mit einer dünnen Ölschicht bedeckt. Es wird nicht einmal dann naß, wenn die Ente taucht. Aber das wußten Sie bestimmt schon.

Wie Gäste bei einer Party müssen Moleküle wenigstens etwas miteinander gemein haben, um sich erfolgreich miteinander zu mischen. Und die Moleküle von Wasser und Öl haben praktisch nichts gemein. Wie Sie wissen, besteht Wasser aus kleinen Drei-Atom-Molekülen: zwei Wasserstoffatomen und einem Sauerstoffatom. Öle dagegen setzen sich aus großen Molekülen zusammen, die wiederum aus vielen Kohlenstoff- und Wasserstoffatomen bestehen, jedoch sehr wenig Sauerstoff enthalten. Wie nah die beiden sich auch kommen mögen, es ist nicht sehr wahrscheinlich, daß sie jemals eine Zweierbeziehung miteinander eingehen werden.

Was ist aber an Ölen so besonders, daß sie in der großen wunderbaren Welt des Wassers, der am weitesten verbreiteten Flüssigkeit der Erde, stets Außenseiter bleiben? Ist uns erst einmal klar, warum Wasser für so viele Substanzen ein derart effektives (Auf-)Lösungsmittel ist, dann werden wir auch leicht verstehen, warum Öle sich in Wasser einfach nicht auflösen.

Im reinen Wasser, wie in jeder anderen Flüssigkeit, werden die Moleküle durch eine Art wechselseitiger Anziehung zusammengehalten. Wäre dies nicht der Fall, dann würden sie in die Luft übergehen, und die Flüssigkeit wäre keine Flüssigkeit mehr; sie wäre ein Gas. Die Anziehungskräfte zwischen den einzelnen Wassermolekülen sind etwas Spezielles: Das liegt daran, daß Wassermoleküle zwei Pole haben. Sie ähneln kleinen Magneten, doch anstatt einer *magnetischen* Polung im Sinne von Nord-Süd besteht zwischen den beiden entgegengesetzten Enden eine *elektrische* Spannung, das heißt, das eine Ende ist positiv geladen, das andere negativ (s. S. 97).

Wenn Sie sich jetzt ein Glas Wasser als ein Glas voller kleiner aneinander haftender Magnete vorstellen, werden sie verstehen, warum Wassermoleküle kein besonders großes Interesse daran haben, sich mit einer Substanz, deren Moleküle nicht auch magnetisch »veranlagt« sind, zu verbrüdern. Magnete fühlen sich lediglich von anderen Magneten angezogen. Zugegeben, ein Magnet fühlt sich auch von einem gewöhnlichen Stück Eisen angezogen, aber das liegt daran, daß sich im Inneren dieses Eisenstücks unzählige kleinste Magnete befinden (s. S. 310).

Wasser wird nur von solchen Substanzen angezogen, die aus elektrisch gepolten Atomen oder Molekülen bestehen. Diese Anziehung zeigt sich darin, daß das Wasser die jeweilige Substanz zunächst benetzt, schließlich umschließt und auflöst. Viele Stoffe haben diese Eigenschaft und lassen sich leicht mit Wasser vermischen. Öl jedoch ist dazu nicht in der Lage, da seine großen langen Moleküle keinerlei elektrische Polarität aufweisen, und damit hat es nichts, was es für ein Wassermolekül attraktiver machen würde.

Wenn sich eine Substanz in einer anderen *auflöst*, so ist das die engste Verbindung, die es überhaupt gibt. Die Moleküle der einen Substanz verbinden sich eines nach dem andern mit den Molekülen der anderen Substanz. Wo es

also um ein Sich-ineinander-Auflösen geht, gilt der Satz:
»(Nur) gleich und gleich gesellt sich gern.« Chemiker, die
sich meistens weniger poetisch ausdrücken, würden sagen: Gleiches löst Gleiches auf. Das heißt, nur Substanzen
mit einer wasserähnlichen molekularen Struktur lassen
sich mit ihm vermischen. Dementsprechend verbindet sich
Öl am liebsten mit anderen ölartigen Substanzen.

Um die Verallgemeinerung noch etwas weiter zu treiben: Wenn eine Substanz überhaupt in der Lage (bzw.
dazu bereit) ist, sich in irgendeiner anderen Substanz aufzulösen, wird sie sich entweder in Öl oder in Wasser auflösen, auf keinen Fall jedoch in beiden. Diese Hypothese
bestätigt sich im allgemeinen. Salz und Zucker sind wasserlöslich; Benzin, Fette und Wachse sind öllöslich. Niemals jedoch umgekehrt.

Wenn Sie's genauer wissen wollen

Neben der Anziehung zwischen *polaren* Molekülen (oder
»elektrischen Magneten«) gibt es zwischen Wassermolekülen
eine weitere wichtige Form der Anziehung: die *Wasserstoffbrückenbindung*. An dieser Stelle sei nur so viel gesagt:
Sie kann entstehen, wenn sich beispielsweise an einem Ende
eines Moleküls sowohl ein Sauerstoffatom als auch ein Was-
serstoffatom − also eine sogenannte *Hydroxylgruppe (OH)* −
befindet. Wassermoleküle entsprechen dem, und so haften
sie sowohl durch Wasserstoffbrückenbindung als auch durch
polare Anziehung aneinander.

Nach der »gleiches-löst-gleiches-auf«-Theorie müßten
auch andere Substanzen, die den für eine Wasserstoffbrük-
kenbindung erforderlichen Aufbau besitzen, wasserlöslich
sein. Das ist in der Tat richtig. Zucker (Saccharose) ist ein be-
kanntes Beispiel. Er löst sich in Wasser auf, nicht weil seine

Moleküle »elektrische Magneten« wären, sondern weil sie die gleiche Hydroxylgruppe aufweisen wie das Wasser und so mit Wassermolekülen Wasserstoffbrücken bilden. Ein Saccharosemolekül enthält übrigens acht Hydroxylgruppen.

Wenn Ölmoleküle nicht polar sind und auch keine Wasserstoffbrücken bilden, was hält sie dann zusammen? Hier handelt es sich um eine andere Variante zwischenmolekularer Anziehung, die sogenannte *van-der-Waalsschen Anziehung*, über die wir uns nicht den Kopf zerbrechen wollen. Es sei lediglich gesagt, daß diese Art der Anziehung den Wassermolekülen genauso fremd ist wie elektrische Pole den Ölmolekülen. Sie sehen also, die Abneigung zwischen Wasser und Öl beruht auf Gegenseitigkeit.

Eine schlüpfrige Angelegenheit

Warum ist Öl ein so gutes Schmiermittel?

Offenbar hat das etwas mit seiner »schmierigen« Qualität zu tun. Was aber macht eine Substanz schmierig? *Jede* Flüssigkeit ist – wenn auch in verschiedenem Maß – schmierig. Ein nasser Fußboden oder eine Landstraße bei Regen sind wohlbekannte Gefahrenzonen, die Rechtsanwälten immer wieder zu viel Geld verhelfen. Und trotzdem ist Wasser als Gleitmittel in unseren Motoren und anderen Maschinen kaum brauchbar, weil es schlicht nicht schmierig *genug* ist und außerdem schnell verdunstet.

(Mineral-)Öl ist wesentlich schmieriger als Wasser, weil zwischen seinen Molekülen eine weitaus schwächere Anziehung besteht als zwischen Wassermolekülen (vgl.

S. 139. Die Anziehung zwischen Molekülen ist dann besonders stark, wenn diese Sauerstoffatome enthalten.

Wasser (H_2O) enthält Wasserstoff ('H') und Sauerstoff ('O'). Erdöl dagegen, dieser schmierige schwarze chemische Mischmasch, enthält nichts weiter als Wasserstoff- und Kohlenstoffatome, jedoch *keine* Sauerstoffatome. Seine Moleküle haften deshalb nicht sehr fest aneinander und können so leicht über einander »hinwegrutschen«. Mit anderen Worten: Sie sind gute Schmierstoffe.

Warum beim Pumpen Wärme entsteht

Wenn ich einen Fahrradreifen mit einer Fahrradpumpe aufpumpe, wird der Schaft des Ventils heiß. Ich vermute, das hat mit der Reibung zu tun, die dadurch entsteht, daß so viel Luft durch das enge Ventil hindurchgezwängt wird. Wenn ich denselben Reifen dagegen an einer Tankstelle mit Luft fülle, wird das Ventil nicht heiß. Wie ist das zu erklären?

Das kann mit der Reibung nichts zu tun haben, weil in beiden Fällen etwa die gleiche Menge Luft durch das Ventil hindurchgezwängt wird. Vielmehr verhält es sich so, daß Luft (oder ein anderes Gas) heiß wird, sobald sie zusammengedrückt, das heißt, in einen engeren Raum hineingezwungen wird.

Wenn Sie Ihre Handpumpe benutzen, pressen Sie die Luft im Inneren der Pumpe zusammen. Beziehen Sie Ihre Luft dagegen von der Tankstelle, dann verwenden Sie Luft, die bereits zu einem früheren Zeitpunkt zusammengepreßt wurde. Als sie in den Vorratstank hineingepreßt wurde, wurde auch diese Luft heiß. Doch bis Sie mit Ihrem halbplatten Fahrrad dort aufgekreuzt sind, hatte Sie reichlich Zeit, wieder abzukühlen. Sie zapfen in der Tat lediglich einen Teil dieser gespeicherten Luft ab. Hierbei wird keine Luft zusammengedrückt, und so entsteht auch keine Wärme.

Warum wird ein Gas heiß, sobald man es zusammenpreßt?

Nun, Gasmoleküle sind freie Gemüter; sie fliegen frei umher, so weit voneinander entfernt wie irgend möglich. Um Sie zu größerer Nähe zu zwingen, sie beispielsweise in das Innere eines Reifens hineinzuzwängen, ist es notwendig, ihrem Freiheitsdrang eine gewisse nach innen gerichtete Kraft entgegenzusetzen. Wenn Sie Ihre Pumpe bedienen, merken Sie an den Schweißperlen auf Ihrer Stirn, daß Sie tatsächlich einen Teil Ihrer eigenen Muskelkraft in das Gas hineinbefördern.

Aber wie reagieren die Moleküle auf diese Energiezufuhr? Da sie nun nicht mehr in der Lage sind, weit wegzufliegen, verwenden sie die Energie, die Sie ihnen zugeführt haben, um schneller zu fliegen. Und schnellere Moleküle sind wärmere Moleküle; Wärme ist nichts anderes als umherflitzende Partikel (s. S. 316). Das Gas in dem Reifen wird also durch Ihre Muskelenergie angeheizt.

Apropos ...

Wenn komprimierte Luft sich aufheizt, kühlt sie sich dann wieder ab, sobald sie sich erneut ausdehnt?

Ja, das stimmt. Und genau das passiert, wenn Sie an einer Tankstelle komprimierte Luft »tanken«. Sie ermöglichen es einem Teil der gespeicherten komprimierten Luft, sich in die Umgebung hinein auszudehnen.

Warum kühlt ein Gas ab, sobald es Gelegenheit hat, sich auszudehnen? Na ja – wenn eine Ansammlung umherfliegender Gasmoleküle sich plötzlich in einen weiteren Raum hinein ausdehnen darf, benötigen die Moleküle ein gewisses Maß ihrer Energie, um sich darin (gewöhnlich in der Atmosphäre) zu verteilen. Darum bewegen sie sich plötzlich langsamer. Ein Gas, dessen Moleküle sich plötzlich langsamer bewegen, hat eine niedrigere Temperatur.

Probieren Sie's selbst

Wenn Sie das nächste Mal eine Flugreise machen, beobachten Sie einmal die Tragfläche des Flugzeuges, während es abhebt – das ist nämlich der Zeitpunkt der maximalen Auftriebskraft. Vielleicht bemerken Sie, wie sich auf ihrer Oberfläche eine Nebelschicht bildet. Das ist ein Beispiel dafür, daß durch Ausdehnung Abkühlung eintritt. Im Gegensatz zur Luft auf der Unterseite dehnt sich die Luft oberhalb der Tragfläche aus. (Das hat etwas mit dem Bernoullischen Prinzip zu tun; Sie können den Piloten fragen.) Die ausgedehnte Luft oberhalb der Tragfläche kühlt möglicherweise sogar so stark ab, daß sich aus ihr Wasserdampf herauskondensiert, wodurch ein Nebelstreifen entsteht.

Zwei höchst bedrohliche Gase

Kohlenmonoxid und Kohlendioxid: Wo liegt der Unterschied? Ich nehme an, Monoxid bedeutet »*ein* Oxid« (was auch immer darunter zu verstehen ist), und *Di*oxid bedeutet zwei davon. So weit, so gut, aber sind beide wirklich giftig?

Was haben sie mit Autoabgasen, Kerosinöfen und Zigaretten-qualm zu tun?

Beides sind gefährliche Gase, jedoch auf höchst unter-schiedliche Weise.

Kleine Mengen von Kohlendioxid sind normalerweise immer in der Atmosphäre enthalten (s. S. 213). Es gelangt in Folge von Vulkanausbrüchen, der Zersetzung pflanz-licher und tierischer Stoffe, durch das Verbrennen von Kohle und Erdöl oder durch das Öffnen von Bierdosen dorthin, wobei letzteres sicherlich nicht die Hauptquelle ist, obgleich man das beim Anblick mancher Werbespots im Fernsehen fast annehmen könnte. Wie dem auch sei, jährlich werden in den Vereinigten Staaten allein etwa 5 Millionen Tonnen Kohlendioxid produziert, und ein großer Teil davon stammt aus den acht Milliarden Kisten kohlensäurehaltiger Getränke und den 180 Millionen Fässern Bier, die die Amerikaner jedes Jahr konsumieren.

Natürlich ist Kohlendioxid als solches nicht giftig. Das Problem besteht lediglich darin, daß es uns sowohl das Atmen als auch das Verbrennen von Stoffen erschwert (s. S. 179). Unter bestimmten Bedingungen kann es Feuer löschen und sogar Menschen töten. Da Kohlendioxid schwerer ist als Luft, sinkt es auf den tiefsten Punkt und verharrt dort wie eine unsichtbare Decke, es verdrängt die Luft und erstickt alles, was es bedeckt. Das passierte zum Beispiel 1986 in Afrika, in Kamerun, als der Niossee eine enorme, sechshundert Tonnen schwere Blase vul-kanischen Kohlendioxids ausstieß. Dieses Gas breitete sich über weite Teile des Landes aus und erstickte mehr als siebzehnhundert Menschen sowie unzählige Tiere.

Probieren Sie's selbst

Nehmen Sie eine geweihte Kerze – eine Kerze in einem kleinen Glasbehälter also –, und zünden Sie sie an. Zu beten brauchen Sie diesmal nicht. Stellen Sie nun eine kleine Menge Kohlendioxid her, indem Sie auf ein paar Teelöffel Backpulver in
einem Reagenzglas ein wenig Essig gießen. Sobald das Kohlendioxid aufschäumt und schließlich das ganze Glas füllt, lassen Sie die Blasen in das Glas mit der Kerze hineingleiten, so
als ob es eine unsichtbare Flüssigkeit wäre. (Achten Sie jedoch
darauf, daß Sie nichts von der richtigen Flüssigkeit mit ausgießen.) Die Kerze wird erlöschen, erstickt in einem See von un-
sichtbarem Gas.

Kohlenmonoxid ist selbst in kleinsten Mengen ein Zerstö-
rer. Wenn man es einatmet, gelangt es über die Lungen
sofort in die Blutbahn, wo es intensiv mit dem Hämoglobin reagiert und dieses von seiner lebensnotwendigen
Funktion abhält, die Zellen mit Sauerstoff zu versorgen. Sauerstoffmangel führt letztlich unweigerlich zu
einem Zustand, der gemeinhin als Tod bezeichnet wird.
Die meisten Vergiftungsfälle mit Todesfolge in den
Vereinigten Staaten werden durch Kohlenmonoxid verursacht.

Immer dann, wenn Substanzen, die Kohlenstoff enthalten, in der Luft verbrennen – ob nun Benzin beim Auto,
Kerosin in Heizgeräten oder Zigarettentabak –, wird eine
gewisse Menge Kohlenmonoxid erzeugt. Hätten diese
Stoffe einen unbegrenzten Luftvorrat zur Verfügung, würden sie vollständig zu Kohlendioxid verbrennen – zwei
Sauerstoffatome für jedes Kohlenstoffatom. In der Praxis
jedoch kann Sauerstoff sich nie schnell genug in das Innere
des Brandherdes vorarbeiten. So verbindet sich ein Teil
der Kohlenstoffatome zwangsläufig nur mit einem Sauer-

stoffatom anstatt mit zweien. Das Ergebnis: *Mon*oxid statt *Di*oxid.

Jährlich stoßen in den Vereinigten Staaten Automotoren etwa 150 Millionen Tonnen Kohlenmonoxid aus. Bei Stau kann der Kohlenmonoxidgehalt in der Luft krankmachende, wenn nicht gar lebensgefährliche Ausmaße erreichen (Ermüdungserscheinungen, Kopfschmerzen und Übelkeit sind die Folge). Kerosinheizgeräte, Gas- und Wasserheizungen, Gasbacköfen, Gasherde und -kocher, Holzöfen, Holzkohle-Grillgeräte ebenso wie Zigaretten – sie alle produzieren Kohlenmonoxid. Sie alle brauchen eine funktionierende Belüftung von außen oder können nur in gut belüfteten Räumen benutzt werden.

Also, rauchen Sie nicht im Auto, und erst recht nicht in einem geschlossenen Raum, der mit einem Kerosingerät beheizt wird!

Tausend Liter Taubenschweiß

Auf einem LKW-Rastplatz habe ich einmal beobachtet, wie ein Kraftfahrer mit einem Baseballschläger wie wild auf die Seiten seines Anhängers einhämmerte. Als ich ihn fragte, was er da tue, erklärte er mir: »Meine Ladung hat eintausend Pfund Übergewicht, ich transportiere nämlich zweitausend Pfund Tauben. Deshalb muß ich immer die Hälfte von ihnen in der Luft halten.« Nun, natürlich war das ein Scherz. Aber Scherz beiseite, würde es überhaupt funktionieren?

Dieser Witz ist in der Tat schon alt, und doch ist er aus naturwissenschaftlicher Sicht nicht ganz uninteressant.

Um es vorwegzunehmen: Nein, es würde nicht funktionieren.

Betrachten Sie das Ganze einmal folgendermaßen: Der Anhänger ist eine Kiste, die irgendeinen Inhalt hat. Die Kiste hat ein bestimmtes Gewicht, ganz gleich, ob sie Goldbarren, Sand, Gänsefedern, Tauben oder Schmetterlingen gefüllt ist. Bleibt die Frage: Kann man nun ihr Gewicht verändern, indem man auf sie einhämmert? Natürlich nicht. Das Gewicht einer Menge von Stoffen entspricht dem Gesamtgewicht aller darin enthaltenen Moleküle, unabhängig von ihrer Anordnung.

Wodurch sich viele jedoch irritieren lassen, ist die Tatsache, daß fliegende Schmetterlinge oder Tauben nicht – wie andere Ladungen – direkt auf dem Boden liegen. Wie kann ihr Gewicht dann aber einer Waage, die man unter den LKW stellen könnte, mitgeteilt werden?

Durch die Luft.

Luft ist immerhin eine Substanz, wenn auch eine sehr dünne und unsichtbare (s. S. 203). Sie besteht wie alles aus Molekülen und hat daher ein ganz bestimmtes Gewicht; um genau zu sein: *auf Meeresspiegelhöhe bei 0° Celsius 0,0012 Gramm pro Kubikzentimeter.* Die zu Tode erschreckte Taube, die unfreiwillig in die Höhe flattert, bleibt dadurch in der Luft, daß sie diese immer wieder mit ihren Flügeln nach unten drückt. (Das ist zugegebenermaßen eine vereinfachte Beschreibung des Vogelfluges, aber für unsere Zwecke reicht sie aus.)

Wenn der Flügel die Luft nach unten drückt, wird dieser Stoß – Molekül für Molekül – an den gesamten Luftraum weitergegeben. (Sie würden den Luftzug doch spüren, meinen Sie nicht?) Die nach unten gedrückte Luft wiederum übt auf alles, womit sie Kontakt hat, ihrerseits Druck aus, so auch auf die Wände, den Boden sowie die

Decke des Anhängers. Die Kräfte des Taubenflügelschlages bleiben in ihrer Wirkung vollständig innerhalb des Anhängers und verändern das Gewicht, das er auf die Waage bringt, nicht.

Jetzt könnte man fragen: Wird durch das Aufsteigen der Taube nicht ein gewisser Druck auf den Anhängerboden ausgeübt, wodurch er plötzlich schwerer, statt leichter, wird? Und auch wenn die Taube in der Luft ist: Stellen ihre Flügelschläge nicht eine zusätzliche nach unten gerichtete Kraft – mittels der Luft – dar, die doch eigentlich den Wagen auf der Stelle schwerer machen müßte?

In beiden Punkten haben Sie recht. Nach Aussage Sir Isaac Newtons jedoch ruft die Aktion eine gleichstarke Gegenaktion beziehungsweise Reaktion hervor. So wird der auf den Anhängerboden ausgeübte Druck nach unten durch einen ebenso starken Auftrieb der Taube exakt ausgeglichen. Wobei mir klar wird: Nur deshalb schlägt sie überhaupt mit den Flügeln.

Vielleicht wäre es sinnvoll gewesen, auf dem Boden des Anhängers einen Abfluß zu installieren und eine Katze zu den Tauben zu sperren. So könnte man den gesammelten Angstschweiß der Tauben abfließen und den Laster so leichter werden lassen.

Für besonders Wissensdurstige

Nein, Tauben schwitzen nicht.

Kapitel 4

Restaurants und Supermärkte

Ob am Straßenrand oder im prachtvollsten Kaufhaus – überall der gleiche Dschungel da draußen: Die einen verkaufen, die anderen kaufen. Die Verkäufer sind insofern stets im Vorteil, als *die* genau wissen, was sie verkaufen, während der Käufer immerzu auf der Hut sein muß. Das Problem besteht darin, daß der Käufer in vielen Fällen beim Kauf gar nicht genau weiß, was er da ersteht. Es ist ihm häufig nicht einmal möglich, den Dunst aus Reklame und Verpackung zu durchdringen und das Produkt selbst überhaupt in Augenschein zu nehmen.

In diesem Abschnitt werden wir genauer unter die Lupe nehmen, was sich hinter der Fassade mancher Produkte tatsächlich verbirgt. Wir werden in einen Supermarkt, ein Haushaltswarengeschäft, eine Drogerie gehen sowie ein Restaurant besuchen und dabei auch ein-, zweimal in der Kneipe vorbeischauen.

Der Trick mit der Schale

Wie funktionieren eigentlich »natürliche« Auftauschalen? Angeblich ziehen sie die Wärme direkt aus der Luft, damit Ihre tiefgekühlten Lebensmittel schnell auftauen, und doch sind sie weder mit Batterien ausgestattet, noch muß man sie an die Steckdose anschließen.

Ach ja, und besonders gut sind sie darin, Ihnen Ihr Geld aus der Tasche zu ziehen. Diese sogenannte Hightech-Sensation ist in Wirklichkeit nichts anderes als eine gewöhnliche Metallplatte.

Von allen Stoffen sind Metalle die besten Wärmeleiter. Wenn Sie also Ihren gefrorenen Hamburger auf eine Metallplatte legen, wird das Metall die Wärme des Raumes pflichtgetreu in den kalten Hamburger hineinleiten, und er wird in relativ kurzer Zeit auftauen. Mehr passiert da nicht. Dieser Prozeß ist auch nicht bemerkenswerter als die Tatsache, daß jedes Metall sich kalt anfühlt (daher der Ausdruck »kalt wie Stahl«), weil es die Wärme Ihrer Hände an den verhältnismäßig kälteren Raum abgibt. Die langsamste Auftaumethode für Ihre tiefgekühlten Lebensmittel ist daher, sie der normalen Raumtemperatur auszusetzen. Wärme wird nämlich von kaum einem Stoff so schlecht geleitet wie von der Luft.

Diese »sensationelle, natürliche« Auftauschale, die angeblich aus einer »neuartigen super-leitfähigen Legierung« besteht, ist nichts anderes als eine Aluminiumplatte. Aluminium leitet immerhin halb so gut wie Silber, der beste Wärmeleiter überhaupt (s. S. 55). Der Preis von Aluminium liegt bei etwa 40 Cents pro Pfund, aber Sie bezahlen 15–20 Dollar für diese zwei Pfund wiegende »sensationelle Auftauschale«.

Ach ja, noch ein kleines Detail: Nach der Bedienungsanleitung ist es erforderlich, die Platte zu »präparieren«, indem man vor Gebrauch und dann noch einmal zur Halbzeit des Auftauprozesses etwa eine Minute lang heißes Wasser darüber laufen läßt. Die Sache riecht nach Betrug, wenn Sie mich fragen.

Was viele jedoch ins Netz gehen läßt, ist das verblüffende Anschauungsbeispiel, das der Hersteller zur Nach-

ahmung anbietet: Man lege einen Eiswürfel auf die Wun-
derplatte, einen weiteren auf die Küchenplatte nebenan.
Und siehe da, der Eiswürfel auf der Platte schmilzt rasch,
während der andere auf der Ablage in peinlicher Starre
verharrt. Und es funktioniert tatsächlich.

Was geht da vor sich? Na ja, die Anbieter dieser Platten
gehen davon aus, daß Ihre Küchenablage aller Wahrscheinlichkeit nach aus Laminat, einer Steinplatte oder
Holz gefertigt ist – alles Stoffe, die Wärme so schlecht leiten, daß sie eigentlich als Wärmeisolierstoffe bezeichnet
werden müßten. Natürlich schmilzt Eis auf einem Isolier-
stoff weitaus langsamer als auf einem Wärmeleiter aus
Metall. Aber führen Sie den Versuch doch einmal auf folgende Weise durch: Legen Sie einen Eiswürfel auf die
Platte, den anderen auf eine nicht erhitzte schwere Bratpfanne aus Aluminium. Sie werden sehen, daß beide Eiswürfel genau dieselbe Zeit brauchen, um zu schmelzen.

Probieren Sie's selbst

Sie können Ihre tiefgekühlten Lebensmittel rasch auftauen,
indem Sie sie von ihrer Verpackung befreien und auf eine
nicht erhitzte schwere Bratpfanne legen. Wenn Sie diese mit
heißem Wasser (nicht jedoch auf dem Herd) erwärmen, läßt
sich der Vorgang sogar noch ein wenig beschleunigen. Brat-
pfannen (allerdings nicht die gußeisernen) werden bewußt als
gute Wärmeleiter gefertigt. Daher funktionieren alle schweren Pfannen (wohlgemerkt mit Ausnahme der gußeisernen)
genauso gut wie jene »Wunderschalen«. (Aluminium leitet
Wärme zwei mal so gut wie Eisen.)

Freilich, wenn Sie nur eine große Pfanne aus reinem Silber
zur Verfügung hätten ... Wie steht's denn mit dem Tee-

tablett aus Sterlingsilber, das Sie von Ihrer Großmutter geerbt haben? Es handelt sich um 92,5prozentiges Silber und funktioniert doppelt so gut wie dieses maßlos überteuerte Stück Aluminium.

Ein nebliger Tag in der Kneipe

Ich muß in meinem Leben an die tausend Bierflaschen geöffnet haben. Ich bin nämlich Barkeeper von Beruf. Oft tauchen Nebelschwaden im Flaschenhals auf, sobald ich den Deckel entferne, und manchmal steigen sie sogar hoch, weit über die Öffnung hinaus. Benebelte Gäste habe ich wahrlich genügend gesehen, aber was verursacht eigentlich den Biernebel?

Dieser Nebel entsteht wie jeder andere Nebel auch: Er besteht aus einer Ansammlung kleinster Wasserpartikel, die sich aufgrund von niedriger Temperatur aus der Luft verdichtet haben, jedoch zu klein sind, um wie Regen zu Boden zu fallen. Durch Luftmoleküle, die sie ununterbrochen bombardieren, werden sie in der Schwebe gehalten. Sie sehen weiß aus, weil sie alle Wellenlängen des Lichts gleichermaßen reflektieren (s. S. 64).

Ihre Verwirrung hängt offenbar damit zusammen, daß Sie im Inneren der Flasche vor dem Aufmachen keinen Nebel sahen – dabei ist sie vorher doch genauso kalt wie nachher. Wodurch wird also beim Öffnen der Flasche der Nebel erzeugt?

Bei ungeöffneter Flasche ist der Raum zwischen Bier und Deckel mit einer Mischung aus komprimiertem Kohlendioxid, Luft und Wasserdampf – allesamt Gase – angefüllt. Die Wassermoleküle im Wasserdampf sind ganz zu-

frieden mit ihrem Dasein als unsichtbares Gas – schön
weit auseinander, anstatt als Nebelpartikel aneinanderzu-
kleben. Sie gelangten überhaupt erst dorthin, indem sie
über die Oberfläche des Bieres hochgestiegen sind, und bei
der Temperatur des Bieres haben das nur einige wenige
von ihnen geschafft (s. S. 68). (Unter Fachleuten sagt man:
Der Wasserdampf ist bei der gegebenen Temperatur mit
der Flüssigkeit im Gleichgewicht.) In diesem Zustand verharren die Wassermoleküle, bis Sie daherkommen und alles durcheinanderbringen, indem Sie den Deckel entfernen
und den Druck freigeben.

Sobald der Druck weg ist, werden die komprimierten
Gase plötzlich in die Lage versetzt, sich auszudehnen, und
wenn sich Gase ausdehnen, verlieren sie einen Teil ihrer
Energie und kühlen ab (siehe S. 177). Nun sind sie ausreichend abgekühlt, so daß ein Teil des Wasserdampfes kondensiert, und das ist der Nebel, den Sie sehen.

Serviert man dem Gast das Bier, ohne es sofort einzu-
schenken, kann man vielleicht beobachten, wie ein Teil
des Nebels tatsächlich im Flaschenhals hochsteigt und
sich über die Theke ergießt. Das jetzt nicht mehr gefan-
gene Kohlendioxid dehnt sich aus, sobald es mit der wärmeren Luft an der Flaschenöffnung in Berührung kommt,
und steigt auf, wobei es einen Teil des Nebels nach oben
schiebt. Und da Kohlendioxid schwerer ist als Luft, fließt
es wie ein unsichtbarer Wasserfall über den Rand der
Flaschenöffnung hinweg und zieht einen Teil des Nebels
an der Außenwand der Flasche entlang mit sich hinab.

Nichts für ungut, aber wenn Sie beispielsweise in einem
feineren Etablissement arbeiten würden, könnten Sie beim
Öffnen von Champagnerflaschen denselben Nebeleffekt
bemerken.

Kalorien, Kalorien ...

Sämtliche Lebensmittel, die im Supermarkt erhältlich sind, werden mit Etiketten versehen, die darüber Auskunft geben, wie viele Kalorien sie enthalten. Ich weiß, was eine Kalorie ist – eine bestimmte Energiemenge –, aber wie legt man fest, wieviel Energie ein bestimmtes Lebensmittel tatsächlich enthält? Füttert man etwa Ratten damit, die man anschließend in ein Laufrad setzt, um zu messen, wie lang sie rennen können?

Energie in Lebensmitteln wird nicht nur für sportliche Aktivitäten genutzt. Die Energie, die wir aus unserer Nahrung beziehen, braucht unser Körper nicht nur für die Bewegung, sondern auch für Verdauung und Stoffwechsel, genauer gesagt, um den ständigen Verschleiß, dem unsere Zellen tagaus, tagein ausgesetzt sind, auszugleichen und um die zahllosen unglaublich komplexen chemischen Reaktionen in Gang zu halten, die dafür sorgen, daß alles intakt und im Gleichgewicht bleibt. Wie die Milliarden Dollar schwere Schlankheitsindustrie zeigt, nutzen die einzelnen Menschen ihre in der Nahrung enthaltenen Kalorien sehr unterschiedlich.

Eine Kalorie steht nach Definition der Ernährungsfachleute für das Maß an Energie, das notwendig ist, um einen Liter = 1000 g Wasser um 1° Celsius zu erwärmen. Die *k*alorie des Chemikers entspricht einem Tausendstel der *K*alorie des Ernährungswissenschaftlers. (Siehe auch die Übersicht auf S. 94).

Man sagt, durch sportliche Aktivität würden Kalorien »verbrannt«. Das ist freilich eine sehr ungenaue Ausdrucksweise. Energie brennt nicht, und anzünden kann man sie auch nicht. Doch wie jeder Koch bereits in seinem ersten Lehrjahr lernt, kann man eine *Speise* sehr wohl an-

brennen lassen. Beim Anbrennen wird die Energie einer
Speise freigesetzt, so wie auch brennende Kohle Energie
freisetzt. Und entsprechend bestimmt man den Kalorien-
gehalt eines Lebensmittels: Man verbrennt es wirklich,
um so messen zu können, wie viele Kalorien Wärme freigesetzt werden.

Wenn wir Kohle verbrennen, erzeugt die Kohle in Verbindung mit Sauerstoff Energie und Kohlendioxid. Ähnlich verbrennt auch unser Körper die Nahrung, allerdings
weniger schnell und zum Glück ohne Flammen (wir nennen das den »Stoffwechsel«). (Das Sod*brennen* zählt hier
nicht.) Und doch sind die Ergebnisse prinzipiell dieselben:
Nahrung plus Sauerstoff ergibt Energie und Kohlendioxid. Bemerkenswert ist dabei, daß wir durch den Stoffwechsel dieselbe Menge an Energie aus unserer Nahrung
freisetzen, als hätten wir sie in einem Feuer verbrannt.

Lebensmitteltechniker legen eine bestimmte Menge des
vorher getrockneten Produkts in eine unter Hochdruck
stehende, mit Sauerstoff angereicherte Stahlkammer und
tauchen das Ganze in Wasser, entzünden den Inhalt per
Steckdose und messen anschließend den Anstieg der Wassertemperatur. Hieraus ergibt sich die Anzahl der freigesetzten Kalorien: Für jeden Liter Wasser und jedes Grad
Celsius Temperaturanstieg wurde eine Kalorie Wärme
freigesetzt.

Während man zuerst jedes nur denkbare Lebensmittel
auf diese Weise verbrannt hatte, erkannte man schließlich,
daß jedes Gramm Eiweiß dieselbe Menge Kalorien enthielt, egal um welche Art von Eiweiß es sich handelte oder
welchem Nahrungsmittel es entstammte. Das gleiche er-
gab sich für Fette und Kohlenhydrate. Man fand heraus,
daß Proteine und Kohlenhydrate vier gebundene potentielle Energie-Kalorien je Gramm enthalten, während es

bei Fetten neun Kalorien je Gramm sind. Und so kommt es, daß heutzutage niemand sich mehr damit aufhält, Lebensmittel zu verbrennen. Chemiker analysieren sie in Bezug auf ihren Grammgehalt an Eiweiß, Fett und Kohlenhydraten, um hieraus wiederum ihre Gesamtkalorienzahl zu errechnen.

Wenn Sie's genauer wissen wollen:

Es ist schon bemerkenswert: Wenn eine Mahlzeit zusammen mit Sauerstoff in Energie und Kohlendioxid umgewandelt wird, spielt es bei dieser Umwandlung keine Rolle, auf welche Weise sie sich vollzieht, sei es in Form eines langwierigen Stoffwechselvorgangs wie beim menschlichen Organismus oder durch eine lautstarke Explosion in einem Laborkessel aus Stahl. Die freigesetzte Energie, das heißt die Anzahl der Kalorien, ist immer die gleiche.

Es ist ein allgemeingültiges Prinzip der Chemie: In jedem chemischen Prozeß, bei dem sich der Zustand einer Chemikalie von A nach B verändert, ganz gleich, *wie* das passiert, ist diese Veränderung in bezug auf die chemische Energie insgesamt dieselbe. Die freigesetzte Energie läßt sich messen wie ein Höhenunterschied: Je mehr Energie, desto mehr Höhe. Wenn Sie von einem Berg der Höhe A aus einen anderen Berg der Höhe B besteigen, haben Sie Ihre Höhe (und damit Ihr Energiepotential) um die Differenz von B minus A verändert, egal wie viele Umwege Sie auch gemacht haben.

Wieviel Zucker enthält ein Maiskorn?

Wenn ich die Zutaten auf den Lebensmitteletiketten lese, stolpere ich immer wieder über Begriffe wie »Maissirup«, »Fruktose-Maissirup« oder »Getreidesüßstoffe«. Wenn ich aber sogenannten »süßen« Mais im Laden kaufe, ist der nie besonders süß, wie sehr der Verkäufer mir das auch einzureden versucht. Wie schafft man es aber dann, dem Mais soviel »Süßigkeit« zu entlocken?

Sicher werden Sie nicht bestreiten, daß Mais einen großen Stärkeanteil hat. Und Stärke ist der Schlüssel zum Maissirup. Durch die Zauberkraft der Chemie wird die Stärke in Zucker verwandelt.

Abgesehen von dem Wasseranteil eines Maiskorns besteht es zu etwa 82 Prozent aus Kohlenhydraten, natürliche organische Verbindungen, die verschiedene Zucker, Stärken und Cellulose mit einschließen. Die Cellulose, ein festes Material, aus dem die Zellwände der meisten Pflanzen zusammengesetzt sind, befindet sich in der Schale des Maiskorns. An Zucker besteht, wie Sie richtig vermuten, kein Überfluß. Da bleibt dann also nur noch die Stärke als Hauptbestandteil eines Maiskorns.

Insgesamt produzieren die Vereinigten Staaten ungefähr fünftausendmal so viel Mais wie Zuckerrohr. Und da ein großer Teil des Zuckers, den wir importieren, aus tropischen Ländern stammt, die nicht gerade als politisch stabil und amerikafreundlich gelten, wäre es doch nicht schlecht, wenn amerikanische Lebensmittelhersteller in der Lage wären, Stärke einfach in Zucker zu verwandeln. Nun, sie sind dazu in der Lage.

Zucker und Stärken sind chemisch eng verwandt. Tatsächlich bestehen Stärkemoleküle aus Hunderten, ja Tausenden von Glukosemolekülen, die alle aneinander haften, und Glukose ist ein Grundbaustein von Zucker. Wenn man also prinzipiell die Stärkemoleküle des Mais in kleinere Teile zerlegen könnte, erhielte man auf diese Weise eine große Menge freier Glukosemoleküle. Außerdem würde man Maltosemoleküle erzeugen – eine weitere Zuckerart, deren Moleküle aus zwei noch zusammenhängenden Glukosemolekülen bestehen. Schließlich erhielte man etliche sogar noch größere Bruchstücke, bestehend aus Dutzenden von zusammenhängenden Glukoseeinheiten. Da diese größeren Moleküle nicht so leicht wie kleine Moleküle aneinander vorbeifließen können, wäre die Mixtur, die Sie nun vorfinden würden, dick und sirupartig.

Es zeigt sich, daß fast jede Säure ebenso wie eine Reihe pflanzlicher und tierischer Enzyme das Kunststück beherrschen, Stärkemoleküle in einen Sirup aus verschiedenen Zuckerarten zu verwandeln. Im Speichel enthaltene Enzyme tun dieses fast ununterbrochen. (Ein Enzym ist eine natürliche Substanz, die dafür sorgt, daß bestimmte chemische Reaktionen stattfinden können. Viele wichtige Lebensprozesse würden ohne Enzyme nicht funktionieren.)

Probieren Sie's selbst

Wenn Sie einige Minuten lang auf einem stärkehaltigen salzigen Keks herumkauen, wird er anfangen, süß zu schmecken.

Glukose und Maltose sind jedoch weniger süß als Saccharose (70 beziehungsweise 30 Prozent so süß). Den wunderbar süßen Zucker aus Zuckerrohr bezeichnen wir gewöhnlich als reinen Zucker. Wenn Sie also Maisstärke auf die beschriebene Weise zerlegen, wird das Ergebnis nur zu etwa 60 Prozent dem Süßegrad des »echten« Zuckers entsprechen. Lebensmittelhersteller lösen dieses Problem, indem sie ein weiteres Enzym verwenden, das einen Teil der Glukose in Fruktose umwandelt – ein Zucker, der noch süßer ist als Saccharose. Daher kommt die Bezeichnung »*Maissirup mit hohem Fruktoseanteil*«, die Sie manchmal auf dem Etikett lesen können.

Da gibt es jedoch noch ein weiteres Problem. Maissirup aus Glukose, Maltose und Fruktose mag – ökonomisch gesehen – ein großer Segen für die amerikanische Lebensmittelindustrie sein. Doch leider ist er nicht ganz so schmackhaft wie die gute alte Saccharose. Eingemachtes Obst oder süße Getränke beispielsweise sind nicht mehr das, was sie einmal waren, bevor die Lebensmittelhersteller den Rohrzucker zugunsten billigerer und leichter verfügbarer Süßstoffe aus Mais aus dem Programm nahmen. Als aufmerksamem Konsumenten bleibt Ihnen jetzt nur noch, darauf zu achten, daß Sie solche Produkte auswählen, die den höchsten Saccharoseanteil aufweisen, auf deren Etikett also lediglich »Zucker« steht.

Übrigens, sollten Sie zufällig jemals auf eine Coca Cola-Flasche aus der Zeit vor 1980 stoßen, werden Sie schnell begreifen, wovon ich spreche. In jenem Jahr nämlich ging der Hersteller Coke in seinen amerikanischen Fabriken von reinem Zucker zu Süßstoffen über, die aus Mais hergestellt werden. In Ländern, in denen Zuckerrohr billig ist, wird Coca Cola zweifellos immer noch mit Zucker hergestellt. Wenn Sie also das nächste Mal nach Mexiko reisen, bringen Sie doch ein paar Flaschen mit.

Heiß und Kalt

Als ich einmal beim Softball-Spielen meinen Knöchel verrenkt hatte, lief jemand schnell zur Apotheke und kaufte dort ein sogenanntes »Cool-Pack«. Dann wurde es gedrückt und geschüttelt, woraufhin es sich in eine Kaltkompresse verwandelte. Was ist im Inneren dieses Päckchens verborgen, das es plötzlich abkühlt?

Das »Cool-Pack« enthält Ammoniumnitratkristalle sowie einen dünnen, leicht reißenden Wasserbeutel. Wenn das Kissen nun gedrückt wird, reißt der Wasserbeutel, und das Ammoniumnitrat löst sich (wenn man ein bißchen schüttelt) im Wasser auf.

Wenn ein chemischer Stoff sich in Wasser auflöst, absorbiert er Wärme (und kühlt es dabei ab), oder aber er setzt Wärme frei (und erwärmt es). Ammoniumnitrat gehört zu denjenigen Chemikalien, die Wärme absorbieren. Also entzieht es dem Wasser sofort seine Wärme und kühlt es dadurch ab, und zwar erheblich. Das »Cool-Pack« kann fast bis auf 0° Celsius abkühlen.

Da Ärzte nie zufrieden sind, gibt es auf dem Markt fast ebenso viele Wärmekompressen wie Kühlkompressen. Die Wärmekompressen enthalten immer einen chemischen Stoff, der Wärme abgibt, sobald er sich in Wasser auflöst, meistens werden Calciumchloridkristalle oder Magnesiumsulfat verwendet.

Warum aber wird Wärme von einer Chemikalie absorbiert oder abgegeben, nur weil sie sich gerade in Wasser auflöst? Lösen wir bei uns zu Hause nicht ständig die Kristalle zweier chemischer Stoffe – Salz und Zucker – in Wasser auf? Trotzdem beobachten wir nie, daß Zucker beispielsweise unseren Kaffee abkühlt oder unseren Eistee aufwärmt. Na ja – Zucker und Salz sind in der Tat Ausnahmen (siehe unten).

Wenn eine chemische Substanz sich in Wasser auflöst, vollzieht sich dieser Prozeß in zwei Schritten: Zunächst wird die feste kristallförmige Struktur des Stoffes aufgelöst; sodann findet zwischen den aufgelösten chemischen Bestandteilen und dem Wasser eine Reaktion statt. Der erste Schritt zieht unweigerlich einen Kühlungseffekt nach sich, während der zweite Schritt wärmende Wirkung hat.

Wenn die Temperatur beim ersten Schritt stärker absinkt, als sie beim zweiten Schritt wieder ansteigt, ist das Gesamtergebnis eine Kühlung. Im umgekehrten Fall jedoch – wie etwa beim Calciumchlorid oder Magnesiumsulfat – steigt die Temperatur insgesamt an. Im Fall von Salz oder Zucker sind beide Schritte in etwa gleich, so daß sie einander aufheben und die Temperatur sich nur geringfügig verändert.

Wenn Sie's genauer wissen wollen

Wenn Feststoffkristalle sich im Wasser auflösen, vollzieht sich dieser Prozeß auf folgende Weise:

Ein Kristall ist eine streng-dreidimensionale geometrische Anordnung von Partikeln, die Atome, Ionen (geladene Atome) oder Moleküle sein können, je nach dem, um welche Substanz es sich handelt. Hier nennen wir sie Partikel.

Schritt 1: Damit die Partikel frei im Wasser umhertreiben können, müssen sie sich zunächst aus ihren festen Positionen innerhalb des Kristalls lösen. Um eine starre Struktur zu zerbrechen, ist immer ein gewisser Energieaufwand vonnöten; irgend jemand oder irgend etwas muß schließlich den Preßlufthammer zur Verfügung stellen, mit dessen Hilfe die Struktur zerstört wird. Also leiht man sich zu diesem Zweck einen

Teil der Wärmeenergie des Wassers, woraufhin dieses sich dementsprechend abkühlt.

Schritt 2: Die befreiten Partikel schwimmen nun nicht einfach in fröhlicher Selbstgenügsamkeit umher, nein, zwischen ihnen und den Wassermolekülen herrscht eine starke wechselseitige Anziehung (s. S. 72). Gäbe es diese Anziehung nicht, wären sie gar nicht erst daran interessiert gewesen, sich aufzulösen. Kaum finden sie sich in einem Getränk wieder, werden sie auch schon buchstäblich von den Wassermolekülen attackiert, die nun heraneilen, um sie zu umzingeln wie schwimmende Magneten ein U-Boot. Wenn ein Magnet (oder ein Molekül) von etwas angezogen wird, nutzt er seine gesamte Energie, um sein Ziel schnellstmöglich zu erreichen. Durch diese Energie wird das Wasser erwärmt.

Die Frage ist nun lediglich: Welcher Effekt ist stärker? Der Kühleffekt, der aus der Zersetzung der Kristalle resultiert, oder der Erwärmungseffekt, der mit der wechselseitigen Anziehung zwischen den Partikeln und den Wassermolekülen zusammenhängt? Ist der Kühleffekt stärker, wird das Wasser sich insgesamt abkühlen, während der Feststoff sich auflöst. So verhält es sich beim Ammoniumnitrat. Das Gegenteil ist der Fall, und der Erwärmungseffekt ist stärker, zum Beispiel bei Calciumchlorid und Magnesiumsulfat.

Bei Salz oder auch bei Zucker ist es, wie gesagt, zufällig so, daß beide Wirkungen ungefähr gleich sind und einander so aufheben. Deshalb bleibt die Temperatur von Wasser auch bei Zusatz von Salz oder Zucker in etwa gleich. (Um genau zu sein: Wenn Salz in Wasser aufgelöst wird, kühlt dieses sich geringfügig ab.)

Probieren Sie's selbst

Ammoniumnitrat ist ein verbreitetes Düngemittel und Calciumchlorid ist ein verbreitetes Trockenmittel, mit dem feuchte Kammern und Keller trockengelegt werden können. Vielleicht haben Sie diese Chemikalien bei sich zu Hause. Geben Sie ein wenig Ammoniumnitrat in ein Glas Wasser, und Sie werden sehen: Das Wasser wird sehr kalt. Wenn Sie dagegen Calciumchlorid in ein Glas Wasser schütten, dann wird sich letzteres schnell erhitzen. Ein paar Eßlöffel der Chemikalien genügen jeweils. (Es ist nicht ratsam, die Flüssigkeit zu bedecken und zu schütteln, denn durch die Hitze spritzt sie möglicherweise in der Gegend herum.)

Feuer im Gefrierfach

Wer hat eigentlich diesen lächerlich widersinnigen Begriff »Gefrierbrand« erfunden? Und was soll man darunter verstehen?

Natürlich ist der Begriff in sich unlogisch, und trotzdem ist er nicht ganz falsch. Sehen Sie sich mal das uralte Schweinekotelett genau an, das Sie für den Notfall in Ihrem Gefrierschrank aufbewahren. Sieht es mit seiner verdorrten und runzligen Oberfläche nicht irgendwie versengt aus? Ob Sie's glauben oder nicht: »Versengt« kann auch etwas anderes als »verbrannt« heißen; es kann auch »ausgetrocknet« oder »welk« bedeuten. Und genau das ist mit dem Stück Fleisch in ihrem Gefrierschrank passiert: Es ist ausgetrocknet.

Wie können Lebensmittel durch Kälte austrocknen? Betrachten Sie bitte einmal die »Brand«flecken auf diesem erbärmlich aussehenden Schweinekotelett. Sie werden sicher bemerken, daß sie trocken und versengt aussehen, so als ob dem Fleisch sämtliches Wasser entzogen worden wäre. Und genau das ist passiert. Aber in welcher Form existiert Wasser in gefrorenen Nahrungsmitteln? Richtig – als Eis. Wir müssen also daraus schließen, daß die Eismoleküle (die natürlich Wassermoleküle sind) auf wundersame Weise von der Oberfläche des unglückseligen Koteletts vertrieben worden sind, während es – viel länger als Sie es für möglich gehalten hätten – in Ihrem Gefrierschrank vor sich hin schmachtete.

Wie ist es aber zu erklären, daß Wassermoleküle, die als Eiskristalle so fest verankert sind, ihren angestammten Platz verlassen? Es stellt sich heraus, daß sie, sofern sich eine Gelegenheit dazu bietet, auf der Suche nach einem freundlicheren Klima spontan auswandern. Für ein Wassermolekül bedeutet das, einen Ort zu finden, der möglichst kalt ist, denn hier braucht es am wenigsten Energie, und Mutter Natur ist doch immer bemüht, ihren Partikelchen die Bedingungen zu bieten, die ihnen erlauben, auf einem möglichst niedrigen Energieniveau zu leben. (Sie wissen ja, daß man Wassermoleküle durch Hitze vertreiben kann.)

Wenn also die Verpackung nicht absolut »wassermoleküldicht« ist, werden Wassermoleküle durch sie hindurch oder um sie herumwandern, von den Eismolekülen in der Oberfläche des Nahrungsmittels hin zu einem Ort, an dem es kälter ist, wie zum Beispiel die Wände des Gefrierschranks. Das Ergebnis: Das Wasser verläßt das Stück Fleisch und wird schließlich durch die Abtaumechanismen des Gefrierschranks beseitigt. Und dabei bleibt die Oberfläche des Koteletts versengt, runzlig und farblos zurück.

Natürlich vollzieht sich dieser Vorgang nicht von heute auf morgen. Es ist ein sehr langsamer Prozeß, und man kann ihn sogar völlig aufhalten, indem man das Nahrungsmittel eng mit einer Folie umwickelt, die für Wassermoleküle auf Wanderschaft undurchlässig ist. Es gibt da bessere und nicht so gute Folien. Am besten geeignet sind vakuumverschlossene dicke Gefrierbeutel, die nicht nur wasserdampfundurchlässig sind, sondern außerdem zwischen Produkt und Verpackung keinen Zwischenraum lassen. Wenn in einer Verpackung ein gewisser Luftraum besteht, wandern die Wassermoleküle sofort durch ihn hindurch und lassen sich an den Innenwänden der Verpackung als Eis nieder, und zwar aus denselben Gründen, aus denen sie sich – bei günstiger Gelegenheit – an den Innenwänden des Gefrierschranks niederlassen. In beiden Fällen ist Gefrierbrand die Folge.

Lektion Nr. 1: Um Gefrierbrand auch über lange Zeitspannen hinweg zu vermeiden, (a) verwende man spezielle Gefrierbeutel, da sie für Wassermoleküle undurchlässig sind. Außerdem (b) verpacke man das Produkt sehr sorgfältig, damit keine Lufttaschen entstehen.

Lektion Nr. 2: Achten Sie beim Kauf von Gefrierprodukten darauf, ob es möglicherweise Eiskristalle auf der Innenseite der Verpackung gibt. Sie stammen nämlich von dem Produkt selbst, das entweder zu lange aufbewahrt oder schon einmal aufgetaut und dann wieder eingefroren wurde. Sie sollten lieber den Laden wechseln.

Der Vorzug gemahlener Austernschalen

Wie mir scheint, wird ein Großteil der in Bioläden erhältlichen Calciumpräparate aus gemahlenen »natürlichen Austernschalen« gewonnen. Ist das Calcium aus Austernschalen denn besser als andere Sorten?

Wäre Gertrude Stein Chemikerin gewesen, hätte sie es möglicherweise so ausgedrückt: »Calciumcarbonat ist Calciumcarbonat ist Calciumcarbonat.«

Freilich, Muscheln und Austern bilden ihre Schalen aus Calciumcarbonat. Chemisch gesprochen ist es jedoch vollkommen gleichgültig, ob das Calciumkarbonat in Tablettenform, das Sie im Supermarkt kaufen, von einer Austernbank stammt oder aus Kalkstein gewonnen wird, der immerhin auch reines Calciumcarbonat ist. Keines von beiden ist »natürlicher« als das andere (was auch immer man darunter verstehen mag). Austernschalen enthalten neben dem Calciumcarbonat jedoch geringe Mengen nicht-mineralischer Substanzen. Produkte, die aus anderen Quellen stammen, sind also vielleicht etwas reiner.

Es gibt auch Calciumtabletten, die eine andere chemische Zusammensetzung als Calciumcarbonat haben (sehen Sie sich die Beipackzettel an). Diese enthalten jedoch effektiv weniger Calcium als das Calciumcarbonat und dabei sind Sie doch gerade hinter dem Element *Calcium* her. Die restlichen Bestandteile können Sie getrost vergessen. Calciumcarbonat enthält 40 Prozent Calcium pro Gewichtseinheit, während Calciumcitrat 21 Prozent, Calciumlactat gar nur 9 Prozent Calcium enthält.

Jetzt können Sie an Ihren Fingern abzählen, welches Produkt Ihnen für Ihr Geld das meiste Calcium bietet.

Wie unsere Geschmackszellen ausgetrickst werden

Was ist eigentlich Mononatriumglutamat, und welche Wirkung hat es auf Lebensmittel? Es wird als »Geschmacksverstärker« bezeichnet, aber wie kann der Geschmack einer Speise – egal, um welche Geschmacksrichtung es sich jeweils handelt – durch Zugabe einer bestimmten Substanz verbessert werden?

Es klingt vielleicht komisch, aber es ist was dran. Allerdings bedeutet »Geschmacksverstärker« nicht, daß etwas *besser* schmeckt, sondern daß der Geschmack (gut, neutral oder richtig eklig) intensiviert wird.

Wie funktionieren Geschmacksverstärker? Fachleute sprechen von einer *synergetischen* Wirkung, einer Situation also, in der zwei Akteure durch Kooperation ein Maß an Wirkung erzielen, das die Summe ihrer Einzelwirkungen übersteigt. Mit anderen Worten: Das Ganze ist größer als die Summe seiner Teile. Ein Geschmacksverstärker mag nur wenig oder überhaupt keinen Eigengeschmack besitzen, aber in Kombination mit etwas, das einen Geschmack hat, wird der Gesamtgeschmack intensiver wahrgenommen als ohne »Verstärker«.

Dem Geheimnis, wie ein Geschmacksverstärker es anstellt, unsere Geschmackszellen zu überlisten, versuchen die Forscher immer noch auf die Spur zu kommen. Nach einer Theorie unterstützen Geschmacksverstärker bestimmte geschmacksauslösende Moleküle darin, länger und intensiver mit den Rezeptoren auf unserer Zunge verhaftet zu bleiben. Mononatriumglutamat scheint besonders dafür geeignet zu sein, salzige und bittere Aromen zu intensivieren.

Es ist ein Derivat der Glutaminsäure, einer der Aminosäuren, aus denen Proteine bestehen. Aber es ist nicht der einzige Geschmacksverstärker. Der Handel bietet zwei andere Chemikalien, die dieselbe Wirkung haben. Chemiker nennen sie *Dinatriuminosinsäure* und *Dinatriumguanylsäure,* kurz 5'–IMP und 5'–GMP. Alle drei sind Derivate natürlicher Aminosäuren, ihrerseits beispielsweise in Pilzen und Algen enthalten.

Die geschmacksverstärkenden Eigenschaften dieser pflanzlichen Stoffe sind seit Tausenden von Jahren bekannt. Die Japaner zum Beispiel verwenden Algen schon seit jeher bei der Zubereitung zarter, feinwürziger Suppen, deren Geschmack dadurch gehoben und intensiviert wird. Japan ist auch weltweit der größte Produzent von reinem Mononatriumglutamat. Es handelt sich dabei um ein weißes kristallines Puder, das bereits seit Jahrzehnten tonnenweise vertrieben wird. Es wird hauptsächlich im Zusammenhang mit der Herstellung von Fertiggerichten eingesetzt, obwohl chinesische Restaurants es oft auch als normales Würzmittel beim Kochen verwenden.

Kürzlich erlitt das Mononatriumglutamat allerdings leider einen leichten Ansehensverlust, als es nämlich bei einigen Menschen unangenehme Reaktionen hervorrief. Alles weist jedoch daraufhin, daß das Problem schlicht darin besteht, daß manche Menschen ultrasensibel auf Mononatriumglutamat reagieren, was nicht bedeutet, daß das Mononatriumglutamat grundsätzlich gesundheitsgefährdend wäre, es sei denn, in riesigen Mengen genossen. Aber fast alles ist gesundheitsgefährdend, wenn man es in zu hoher Dosis zu sich nimmt.

Das FDA (U.S. Food and Drug Administration) hat bislang nicht gefordert, den Natriumglutamatgehalt von Lebensmitteln separat auszuweisen. Wenn Sie's aber doch genau wissen wollen, können sie das Präparat oder einen seiner chemischen Verwandten auf dem Etikett von Suppen oder Knabberprodukten aufspüren. Sie verbergen sich meist hinter Decknamen wie *Kombuextrakt, Glutavene, Aji-no-moto* (auf japanischen Produkten) oder *hydrolisiertes Gemüseprotein.* Letzteres ist ein Pflanzenprotein, das in seine Aminosäurenbestandteile – einschließlich der Glutaminsäure – zerlegt wurde.

Eine ganze Reihe weiterer geschmacksverstärkender Verbindungen werden aus Hefe gewonnen. Einer der Produzenten bietet der Nahrungsmittelindustrie mehr als zwei Dutzend auf Hefe basierende »Geschmacksverstärker« an, speziell maßgeschneidert, um bestimmte Geschmacksrichtungen – von Käse bis Wurst – zu intensivieren. Auf den Etiketten werden sie gewöhnlich als »Hefeextrakt«, »Hefenährstoffe« oder »natürliche Geschmacksstoffe« bezeichnet, obwohl es strenggenommen keine Geschmacksstoffe sind. Auf der anderen Seite handelt es sich auch nicht um Natriumglutamat.

Nicht alles, was rot ist, ist Blut

Ich esse gerne kurzgebratene Steaks. Was soll ich aber diesen Fanatikern antworten, die mir vorwerfen, ich äße »blutiges« Fleisch?

Am besten gar nichts. Immer schön lächeln. Diese Leute haben nämlich Unrecht.

Natürlich steht es denen frei, lieber »durch«gebratene Steaks zu essen, auch wenn es wieder andere Leute gibt, die *das* als Verbrechen bezeichnen. Womit die ersten je-

doch Unrecht haben, ist die Behauptung, Ihr Steak sei blu-
tig. Es ist praktisch überhaupt kein Blut in ihm enthalten.

Vielleicht sollten Sie sie höflich darauf hinweisen, daß
Blut jene rote Flüssigkeit ist, die durch die Venen und Ar-
terien eines lebenden Tieres zirkuliert. Nicht, daß ich Ih-
nen den Appetit verderben will, aber sobald ein Tier im
Schlachthaus zu Boden geht, läßt man den leblosen Kör-
per sofort ausbluten, abgesehen von einem Rest, der in der
Lunge und im Herzen bleibt, aber ihre gastronomischen
Interessen richten sich ja auch (hoffentlich) auf andere
Körperteile.

Wenn Sie also ein Steak bestellen, bestellen Sie eigentlich ein Stück Muskelgewebe, keinen Bestandteil des
Herz-Kreislauf-Systems. Blut ist rot, weil es *Hämoglobin*,
ein Sauerstoff transportierendes Protein, enthält. Die rote
Farbe der Muskeln wird dagegen von einer chemischen
Verbindung namens *Myoglobin* erzeugt – einem Protein,
das Sauerstoff sofort an Ort und Stelle (das heißt, im Muskel selbst) aufnimmt und bis zu dem Zeitpunkt »hortet«,
wo er für einen plötzlichen Energieausbruch benötigt
wird. Zufällig sind beide Verbindungen rot, und beide
verfärben sich beim Kochen braun. (Na ja, in Wirklichkeit
gibt es in der Natur keine Zufälle; alles passiert aus einem
bestimmten Grund – in diesem Fall, weil sowohl Hämoglobin als auch Myoglobin sehr ähnliche eisenhaltige Proteine sind.)

Unterschiedliche Fleischsorten enthalten unterschiedliche Mengen an Myoglobin, weil die unterschiedlichen
Tierarten nicht den gleichen Bedarf an Sauerstoffdepots in
ihren Muskeln für den Fall eines kurzzeitigen Leistungs-
ausbruchs haben. Schweinefleisch enthält weniger Myoglobin als Rindfleisch, Hühnerfleisch noch weniger, und
Fisch schließlich am wenigsten (s. S. 82). Deshalb gibt es

rotes und (relativ) weißes Fleisch. Jetzt sollen Ihre Kritiker mal erklären, was das mit Blut zu tun haben soll.

Vorschlag für eine Kneipenwette

Ein kurzgebratenes Steak enthält kein Blut, auch wenn es so aussieht.

Das Problem mit der Ketchupflasche

Diese Frage betrifft ein klassisches mechanisches Problem. Wie kriegt man das Ketchup am besten aus der Flasche?

Wie David Letterman einst eindrucksvoll demonstrierte, besteht die beste Methode darin, die Flasche an ihrem unteren Ende festzuhalten, um sie wie ein Lasso um den Kopf kreisen zu lassen. Natürlich wird das Ketchup sich überall im Raum verteilen, aber Sie hatten ja auch nur danach gefragt, wie man es am schnellsten aus der Flasche kriegt.

Es gibt aber noch eine andere Methode, die zwar völlig aussichtslos ist, die man aber in Restaurants immer wieder beobachten kann: Man schlägt einige Male auf den Flaschenboden. Das bewirkt allerdings höchstens, daß sich Isaac Newton in seiner Gruft in Westminster Abbey vor Grauen herumdreht. Lehrte er uns doch (oder zumindest dachte er, er hätte sie uns gelehrt) seine drei Gesetze zur Bewegung, die Grundgesetze der Mechanik nämlich, die erklären, wie die Dinge sich bewegen. Hätte er damals schon Ketchup gekannt (welches erst nach seinem Tod im Jahr 1727 nach England kam), so hätte er ein viertes Gesetz formuliert: »Wer auf das Hinterteil einer Ketchupflasche einhämmert, treibt das Ketchup nur tiefer in die Flasche hinein.« Und dabei wollen Sie doch das Gegenteil erreichen!

Trotzdem kann man Lettermans Methode eigentlich als newtonianisch bezeichnen, da sowohl das Ketchup wie auch die Flasche der Zentrifugalkraft ausgesetzt werden, wobei jedoch die Flasche (hoffentlich) festgehalten wird, während das Ketchup frei nach außen driftet.

Was jedoch würde Sir Isaac auf die Frage antworten, wie man die Sauce ohne ein derartiges Spektakel am besten aus der Flasche befreien kann? Da gibt es zwei Möglichkeiten.

Die erste Möglichkeit besteht darin, die Methode der Zentrifugalkraft leicht zu modifizieren, indem Sie die Flasche horizontal halten und sie mehrmals im Halbkreis so nach unten schlagen, daß der Flaschenhals sich in gleichmäßigen Abständen im Bogen nach unten neigt. Wie bei der Lettermanschen Methode wird das Ketchup der Zentrifugalkraft erliegen, wodurch es langsam nach außen, das heißt in Richtung auf den Flaschenhals getrieben wird, der hoffentlich auf Ihren Teller und nicht auf einen Tischnachbarn gerichtet ist. Letzteres kann passieren, wenn Sie den Bogen ein klein wenig zu hoch über dem Teller ansetzen.

Probieren Sie's selbst

Die zweite – und sicherere Sir-Isaac-erprobte Technik besteht darin, der nach unten geneigten Flasche entlang ihrer Achse einen Stoß zu versetzen, wobei Sie direkt auf den Teller zielen, jedoch kurz vorher abbremsen.

Bei diesem Manöver wird das Ketchup im Innern der Flasche ausgetrickst. Es wird sich auch dann weiter in Richtung Teller bewegen, wenn die Flasche bereits zum Stillstand gekommen ist, genau wie ein Autofahrer sich weiter in Richtung Windschutzscheibe bewegt, obwohl sein Wagen durch die Kollision mit einem Telefonmast abrupt zum Stehen gekommen ist.

Oder, um in der Sprache Sir Isaacs zu sprechen: »Ein Körper, der sich in Bewegung befindet, wird seine Bewegung fortsetzen, bis er durch einen Zusammenstoß mit einer Windschutzscheibe oder einem Teller Pommes zum Stehen kommt.«

Sollte es sich um eine neue beziehungsweise eine gerade nachgefüllte Flasche handeln (in Restaurants wird das manchmal gemacht), lockern Sie das Ketchup zunächst, indem Sie eine Messerklinge ein paarmal ringförmig an der Innenseite des Flaschenhalses entlanggleiten lassen.

Das einzige Problem besteht nun darin, daß Sie im Sitzen nicht weit genug vom Teller entfernt sind, um zu einem ordentlichen, flinken Dolchstoß ausholen zu können. Dann stehen Sie einfach auf!

Was haben Öl, Margarine und Kerzen gemein?

Bestimmt haben Sie auf dem Etikett von Margarine und anderen Produkten schon einmal die Bezeichnung »teilweise hydriertes pflanzliches Öl« gelesen. Wenn Öl schon unbedingt hydriert werden muß – was auch immer das bedeuten mag –, warum dann nur teilweise?

Als Hydrierung bezeichnet man verständlicherweise den Vorgang, bei dem einem bestimmten Stoff Wasserstoff zugesetzt wird. Wasserstoff ist das leichteste unter allen bekannten Elementen, und doch wird Öl dicker und fester, wenn es hydriert wird. Wenn wir es mit der Hydrierung nur weit genug treiben, wird Öl irgendwann so hart wie Kerzenwachs. Ihre Margarine wäre dann so hart, daß Sie sie nicht mehr aufs Brot streichen könnten.

Alle Öle, ob Erdöl oder Pflanzenöle, bestehen aus Molekülen, die zwischen den einzelnen Atomen sogenannte »Bindungslücken« aufweisen. Das sind keine echten Lücken im räumlichen Sinn, sondern Bereiche, in denen die chemische Bindung nicht vollständig ist (unter Fachleuten *Doppelbindungen* genannt). An diesen Stellen der Moleküle wird die Sehnsucht der Atome, sich mit anderen Atomen zu verbinden, nicht vollständig befriedigt. Die Atome besitzen immer noch gewisse ungenutzte Kapazitäten, die sie dazu nutzen könnten, um andere Atome festzuhalten, wenn nur die richtigen des Weges kämen. (Solche unbefriedigten Moleküle werden in der Fachsprache als *ungesättigt* bezeichnet. Hat das Molekül nur eine unbefriedigte Stelle, nennt man es *monoungesättigt.*)

Wasserstoff ist hervorragend geeignet, die Verbindungswünsche dieser unbefriedigten Atome zu erfüllen. Da es das allerkleinste Atom ist, kann es sich an fast jeder Stelle eines zusammengefalteten Moleküls, an der es gebraucht wird, festsetzen, besonders dann, wenn es durch starken Druck dazu gezwungen wird. Und das ist die Methode, wie man Öle hydriert. Indem sie die Lücken schließen, erfüllen die Wasserstoffatome die Sehnsucht der Moleküle nach Bindung. (In der Fachsprache heißt das: Vollständig gebundene Moleküle sind *gesättigte* Moleküle.)

Wie wirkt sich dies nun auf das Öl aus? Sobald ihre

»Bindungslücken« geschlossen worden sind, nehmen die gesättigten Moleküle eine kompaktere Form an, da sie nun »flexibler« sind. (Unter Fachleuten heißt das: Doppelbindungen sind starrer als Einfachbindungen.) Sie können sich besser aneinander anschmiegen und nehmen so eine festere Form an. Bei Wärmezufuhr verharrt die Substanz länger in dieser festen Form. Das heißt, sie schmilzt erst bei höheren Temperaturen. (Immer dann, wenn ein Öl bei Raumtemperatur hart ist, sprechen wir von einem Fett anstatt von Öl. Tatsächlich ist *Fett* die technische Bezeichnung für sie alle, ob flüssig oder fest.)

Pflanzliche Öle zum Beispiel, aus denen Margarine hergestellt werden soll, müssen halbfest sein. Sie dürfen andererseits aber nicht zu fest sein, damit das Ergebnis noch streichfähig ist. Was ich über das Kerzenwachs sagte, war übrigens kein Scherz. Kerzenparaffin ist tatsächlich eine Mischung aus vollständig gesättigten Ölen; sie werden jedoch aus Erdöl – nicht aus Pflanzensamen – gewonnen.

Pflanzliche Öle sind im allgemeinen meist ungesättigt und bei Raumtemperatur flüssig, während tierische Fette normalerweise gesättigt und fest sind. Pflanzliche Öle bestehen zu etwa 15 Prozent aus gesättigten Molekülen. Damit man sie zu Margarine verarbeiten kann, müssen sie so lange hydriert werden, bis sie 20 Prozent enthalten. Butter ist zu etwa 65 Prozent gesättigt.

Ungesättigte Öle zersetzen sich leicht und erzeugen schon bei niedrigen Temperaturen Qualm. Auch werden sie schnell ranzig, da Sauerstoffmoleküle aus der Luft sich in die Lücken zwischen den Atomen drängen und so mit dem Molekül reagieren können (Oxidation). Durch Hydrierung werden Öle deshalb widerstandsfähiger, da die Doppelbindungen bereits durch die Wasserstoffatome abgesättigt sind.

Das ist der große Vorteil bei der Hydrierung. Von
Nachteil ist, daß gesättigte Fette beim Menschen schnell
einen Anstieg des Blutcholesterinspiegels zur Folge haben
und damit das Herzinfarktrisiko erhöhen. Darum sind die
Hersteller unermüdlich damit beschäftigt, den Anteil an
gesättigten Fetten so gering wie möglich zu halten, damit
sie sich damit brüsten können, wie gesund ihr Produkt
doch sei. Gleichzeitig sind sie jedoch gezwungen, ihre Öle
ausreichend zu hydrieren, um ihnen die gewünschte Konsistenz zu verleihen.

Der Schwindel mit dem Nebel

Warum ist Trockeneis trocken? Und was verursacht diese
Rauchschwaden, die es umgeben?

Es ist kein Rauch, sondern Nebel. Obwohl Trockeneis
reines Kohlendioxid ist, besteht der Nebel selbst nicht –
wie einige Menschen fälschlicherweise annehmen – aus
Kohlendioxid. Der Nebel über dem Trockeneis ist reines
Wasser, das sich aufgrund der niedrigen Temperatur des
Trockeneises aus der natürlichen Feuchtigkeit der Luft
herauskondensiert hat.

Trockeneis ist Kohlendioxid in seiner festen Form, genauso wie normales Eis die feste Form von Wasser ist.
Wasser gefriert bei 0° Celsius zu Eis, während Kohlendioxid erst bei −78,5° Celsius fest wird. Deshalb ist gefrorenes Kohlendioxid (Trockeneis) viel kälter als gefrorenes
Wasser.

Das übliche Eis ist deshalb naß, weil es sich in flüssiges
Wasser verwandelt, sobald es schmilzt. Trockeneis ist

trocken, weil es nicht schmilzt. Es verwandelt sich direkt in Gas, ohne vorher das Stadium der Flüssigkeit zu durchlaufen. Unter normalen atmosphärischen Druckverhältnissen kann Kohlendioxid als Flüssigkeit einfach nicht existieren. Auch in seiner festen Form als Trockeneis, die für Kohlendioxid noch unnatürlicher ist, bemüht es sich unentwegt, sich so schnell wie möglich wieder in ein Gas zu verwandeln.

Kohlendioxid fühlt sich als Gas wohler, da seine Moleküle in dieser Form so weit wie möglich voneinander entfernt sind, und die Moleküle des Kohlendioxids mögen sich gegenseitig nicht besonders. Das heißt, sie haften nicht so gut aneinander wie etwa Wassermoleküle. Die Moleküle von Flüssigkeiten haften, während sie aneinander entlang- und umeinander herumrutschen, relativ gut aneinander, während Kohlendioxidmoleküle einfach nicht die notwendige Haftfähigkeit besitzen, um sich in eine Flüssigkeit zu verwandeln, es sei denn, Sie pferchen sie so eng zusammen, daß sie sich miteinander verbinden *müssen*. Mit anderen Worten: Kohlendioxidgas verflüssigt sich nur, wenn es *muß*, das heißt, unter hohem Druck. In dieser Form – nämlich als Flüssigkeit in Hochdruck-Stahltanks – wird Kohlendioxid durchs Land gekarrt.

CO_2-Feuerlöscher sind nichts anderes als mit flüssigem Kohlendioxid gefüllte Tanks, die mit einem Druckventil versehen wurden. Sobald man einen Teil des Drucks freisetzt, indem man den Druckknopf betätigt, kommt Kohlendioxid durch den Trichter geschossen – und zwar als ein Strahl sehr kalten Gases (s. unten), vermischt mit »Schnee« aus festem Kohlendioxid. Wenn es möglich wäre, genug von diesem Schnee zu sammeln, um ihn zu einem »Schneeball« zusammenzudrücken, bevor er verdunstet, hätten Sie am Ende einen Klumpen Trockeneis in der Hand. Genau nach diesem Prinzip wird – in größerem Maßstab – aus flüssigem Kohlendioxid Trockeneis hergestellt.

Ein Feuerlöscher erfüllt zwei wichtige Funktionen: Durch die Kälte seines Inhalts kann die Temperatur unter den Zündungspunkt des Brennstoffes gesenkt werden, während das Kohlendioxid das Feuer erstickt. Es ist nämlich ein schweres Gas, das den Sauerstoff ins Abseits drängt.

Am Filmset benutzt man Trockeneis, um Nebel zu erzeugen. Es wirkt auch wie Nebel, da er aus mikroskopisch kleinen, in der Luft schwebenden Wassertröpfchen besteht. Doch ist der Schwindel leicht zu entlarven: Da das Wasser durch das Trockeneis sehr kalt ist, legt sich der Nebel wie ein Tuch über den Boden – es sei denn, er wird durch einen im Bild nicht sichtbaren Ventilator nach oben geblasen. Wogegen echter, witterungsbedingter Nebel relativ bewegungslos in der Luft hängt.

Bei der Filmproduktion wird Trockeneis außerdem verwendet, um kochendes Wasser zu simulieren. Man braucht nur etwas Trockeneis in einen Kessel zu werfen – und während das feste Kohlendioxid sich in gasförmiges Kohlendioxid verwandelt, steigt dieses Gas in Form von nebelgefüllten Luftblasen hoch und durchbricht schließlich die Oberfläche. Das soll dann wie Wasserdampf aussehen. Wenn man jedoch genau hinsieht, ist auch dieser Schwindel schnell zu durchschauen: Die mikroskopisch kleinen Wassertröpfchen im Nebel reflektieren Licht und sehen weiß aus: echter Wasserdampf jedoch besteht aus größeren Wassertropfen, die fast durchsichtig sind. Außerdem strebt Wasserdampf immer in die Höhe, da Wärme nach oben steigt; während der kalte Nebel aus

Trockeneis knapp über dem Kessel in der Luft hängenbleibt.

Da wir gerade beim Thema Film und Schwindel sind:
Wie werden eigentlich die Szenen simuliert, in denen
Schiffe von Stürmen hin- und hergeworfen werden? Sind
das nicht in Wirklichkeit Miniaturmodelle in einer mit
Wasser gefüllten großen Wanne, die im Zeitlupenverfah-
ren gefilmt werden? Es gibt eine todsichere Methode, dies
im Einzelfall nachzuweisen. Prüfen Sie, wie groß die Wassertropfen sind, die von den Wellen hochspritzen. Sollten
sie so groß sein wie etwa ein Bullauge oder eine Kanonen-
kugel, dann handelt es sich mit Sicherheit um ein Minia-
turmodell in einer Wanne. Wassertropfen sind nun einmal
nicht so groß wie Kanonenkugeln!

Apropos ...

Warum ist der Strahl des schneeähnlichen Gases, das aus
CO_2-Feuerlöschern herausströmt, so kalt, obwohl der
Feuerlöscher möglicherweise schon seit Monaten im Raum
herumsteht?

Wenn das flüssige Kohlendioxid in der Flasche sich in Gas
verwandelt, kühlt es so weit ab, daß ein Teil seiner Moleküle zu »Schnee« gefriert. Aber wie ist das zu erklären?
Das bislang komprimierte Kohlendioxidgas dehnt sich
doch lediglich in den Raum hinein aus, sobald wir ihm die
Möglichkeit dazu bieten. Kühlen Gase sich automatisch
ab, wenn sie sich ausdehnen? Ja, und zwar aus folgendem
Grund:

Die Moleküle in einem sich schlagartig ausdehnenden
Gas sind doch in der Lage, Dinge wegzublasen, nicht
wahr? Denken Sie mal an den mächtigen Windstoß, der

erzeugt wird, wenn wir einen Feuerlöscher bedienen. Wenn man nicht aufpaßt, wird das ganze Feuer in die nächste Ortschaft hinübergeblasen. Die Moleküle eines sich ausdehnenden Gases können einen Gegenstand sogar wegschleudern – selbst wenn es sich bei diesem »Gegenstand« lediglich um Luft handelt –, indem sie mit den Molekülen des anderen Gegenstandes zusammenstoßen. (Womit auch sonst sollten sie zusammenstoßen?) Um den Molekülen eines Gegenstandes einen kräftigen Schubs zu versetzen, verbrauchen die Gasmoleküle einen Teil ihrer eigenen Energie und drosseln damit ihr Tempo – genauso wie eine Billardkugel ihr eigenes Tempo verringert, wenn sie eine andere Kugel angestoßen hat. Und langsamere Gasmoleküle bedeuten *kühlere* Gasmoleküle (s. S. 316).

Das Kohlendioxid im Feuerlöscher steht unter derart hohem Druck, daß es sich enorm ausdehnt, sowie es freigesetzt wird – was einen entsprechend enormen Temperatursturz bewirkt.

Mehr als Haut und Knochen

Man wollte mir doch tatsächlich einreden, Götterspeise – diese wundervolle, durchsichtig schimmernde Köstlichkeit aus meinen Kindertagen – werde aus Schweineschwarte, Rinderknochen, -hufen und -häuten hergestellt! Welch ekelerregende Vorstellung! Das ist doch nicht wahr, oder etwa doch?

Natürlich nicht. Zwar werden tatsächlich Häute und Knochen verwendet, nicht aber die Hufe. Götterspeise und ähnliche Desserts bestehen zu 87 Prozent aus Zucker, zu 9 bis 10 Prozent aus Gelatine. Dazu kommen Ge-

schmacks- und Farbstoffe. Kinder lieben vor allem drei
Dinge an diesem Zeug: Es hat leuchtende Farben, ist sehr
süß, und es wackelt und zittert unentwegt. Mütter haben
nichts dagegen, denn Gelatine ist reines Protein.

Die Gelatine, die natürlich das ständige Wackeln bewirkt, stammt in der Tat aus der Haut von Schweinen und
Rindern sowie aus Rinderknochen. Aber sie brauchen sich
nicht weiter vor Ekel zu krümmen. Immerhin stellen Sie ja
selbst Gelatine aus Hühnerhaut oder Rinderknochen her
– und zwar immer dann, wenn Ihre Suppe oder Brühe im
Kühlschrank eine geleeartige Konsistenz annimmt.

Haut, Knochen und Bindegewebe eines Wirbeltieres
enthalten ein faseriges Protein, das *Kollagen*. In Hufen,
Haaren oder Hörnern ist es jedoch nicht enthalten. Behandelt man Kollagen mit heißen Säuren (normalerweise
Salz- beziehungsweise Schwefelsäure) oder einer Alkalie
(normalerweise Kalk), verwandelt es sich in Gelatine, ein
etwas anderes, wasserlösliches Protein. Die Gelatine wird
dann in heißes Wasser extrahiert, verkocht und gereinigt.

Zu Beginn des Reinigungsvorgangs bietet Gelatine keinen angenehmen Anblick, geschweige denn ein appetitan-
regendes Geruchserlebnis. Zu dem Zeitpunkt jedoch, an
dem sie die Fabrik verläßt, ist sie bereits mehrmals gründlich gewaschen worden, um die Säure oder die Alkalie zu
entfernen. Schließlich wird sie gefiltert, entionisiert (eine
Methode, um chemische Unreinheiten zu beseitigen) und
sterilisiert. Das Endprodukt ist ein blaßgelber, spröder,
plastikartiger Feststoff in Form von Bändern, Nudeln,
Scheiben oder Puder. Wird diese feste Gelatine in kaltes
Wasser getaucht, nimmt sie einen Teil des Wassers auf
und schwillt an; wird das Wasser erwärmt, löst sie sich
auf, um mit dem Wasser einen dickflüssigen Brei zu bilden, der bei Abkühlung geliert.

Als Protein ist Gelatine sicherlich nahrhaft, obwohl sie kein *vollständiges* Protein ist, wie Ernährungswissenschaftler es nennen. Was die Sache jedoch spannend macht, ist die Tatsache, daß sie sich – in Wasser aufgelöst – bei kalten Temperaturen in eine geleeartige Substanz, bei hohen Temperaturen dagegen in eine Flüssigkeit verwandelt. Sie »zergeht förmlich auf der Zunge«. Das ist das Hauptmerkmal, mit dem sie Süßigkeiten wie Marshmallows oder Gummibären ausstattet, deren gummiartige Konsistenz mit ihrem hohen Gelatineanteil (8 bis 9 Prozent) zu tun hat. Und jetzt raten Sie mal, wodurch die kleinen weißen Verzierungen oben auf Pralinen kleben bleiben! Genau, Gelatine wird auch als »Klebstoff« verwendet.

In den Vereinigten Staaten hergestellte Gelatine – mehr als fünfzig Millionen Kilogramm pro Jahr – wird hauptsächlich in Form von gelatinehaltigen Nachspeisen vernascht. Man findet sie aber auch in Suppen, Milch- und Joghurtshakes, Fruchtgetränken, Dosenfleisch, Molkerei- und Gefrierprodukten, Backzutaten und im Zuckerguß. Diese einzigartige Substanz wird jedoch nicht nur bei der Herstellung von Nahrungsmitteln verwandt. Auch die »zweiteiligen« Kapseln, die Medizin enthalten, bestehen aus Gelatine – ungefähr 30 Prozent Gelatine zu 65 Prozent Wasser. Streichholzköpfe sind eine Mischung aus Chemikalien, die ebenfalls durch ein Bindemittel aus Gelatine zusammengehalten werden.

Und dann ist da auch noch die Fotografie. Die dünne lichtempfindliche Schicht auf einem Film oder auf Filmpapier besteht aus getrockneter Gelatine, die wiederum die lichtempfindlichen Chemikalien enthält. Seitdem Gelatine 1870 zum erstenmal für die Fotografie benutzt wurde, hat man nichts Besseres gefunden. Ist das nicht be-

eindruckend, wenn man bedenkt, daß Astronauten mit
Hilfe einer primitiven Substanz, die aus Tierhaut und
-knochen hergestellt wird, ihre Aufnahmen machen?

Hier riecht's nach Fisch

Warum hat Fisch einen »fischigen« Geruch?

»Dumme Frage«, werden Sie jetzt vielleicht denken. Mag
sein, aber sie eröffnet uns verschiedene interessante
Aspekte.

Viele neigen dazu, den starken Fischgeruch auf Märkten oder in Restaurants als unvermeidliches Übel hinzu-
nehmen, da sie meinen, daß Fisch naturgemäß nach Fisch
riechen muß. Weit gefehlt. Fisch muß überhaupt nicht
nach Fisch riechen. Zumindest dann nicht, wenn er wirklich frisch ist.

Fische und Schaltiere, die man erst vor ein paar Stunden
ihrem Element entrissen hat, haben praktisch überhaupt
keinen Geruch. Sie duften höchstens ein wenig nach Mee-
resfrische, auf keinen Fall jedoch auch nur im geringsten
unangenehm. Meerestiere fangen erst dann an, nach Fisch
zu riechen, wenn ihre Zersetzung einsetzt. Und Fisch zersetzt sich viel schneller als andere Fleischarten.

Fisch – das heißt, sein Fleisch und Muskelgewebe – setzt
sich aus einem anderen Protein zusammen als Rind- oder
Hühnerfleisch (s. S. 82). Es zersetzt sich schneller, nicht
nur beim Kochen, sondern auch durch die Aktivität von
Enzymen und Bakterien. Mit anderen Worten: Fisch wird
schneller schlecht, und Fischgeruch stammt von den Produkten der Zersetzung – vor allem Ammoniak, verschie-

denen Schwefelverbindungen sowie als Amine bezeichne-
ten chemischen Substanzen, die aufgrund des Zerfalls von
Aminosäuren entstehen.

Die menschliche Nase reagiert empfindlich auf diese
Chemikalien. Lange bevor die Mahlzeit tatsächlich unge-
nießbar wird, sind bereits Gerüche wahrnehmbar. Ein
leichter Fischgeruch bedeutet also nichts anderes, als daß
der betroffene Fisch nicht mehr ganz so frisch oder lecker
ist, wie er es idealerweise sein könnte. Das heißt aber
nicht, daß sein Verzehr zwangsläufig in irgendeiner Weise
gefährlich ist.

Amine und Ammoniak sind Basen, denen Säuren entge-
genwirken. Deshalb werden mit einem Fischgericht oft
säurehaltige Zitronenstücke serviert. (Wenn Sie Muscheln
kaufen, die auch nur andeutungsweise schlecht riechen,
schwenken Sie sie vor dem Kochen zunächst in Zitronen-
saft oder Essig. Lassen Sie sie jedoch nicht zu lange darin,
denn Muscheln saugen Wasser auf wie ein Schwamm
und würden so zuviel Dampf erzeugen, wenn Sie sie grillen oder braten.) Die beste Methode, Fisch oder andere
Meerestiere auf ihren Frischegrad hin zu überprüfen, ist,
so höflich wie möglich darum zu bitten, vor dem Kauf
kurz an der Ware schnuppern zu dürfen, obwohl man Ihnen das auf den Märkten am Mittelmeer, die immer ganz
frische Ware haben, als schwere Beleidigung auslegen
wird.

Ein zweiter Grund dafür, daß Fisch schneller schlecht
wird als anderes Fleisch, liegt darin, daß Fische in ihrer
natürlichen Umgebung die häßliche Gewohnheit besitzen,
kleinere Fische zu verschlucken. (Das Meer ist ein
Dschungel.) Sie sind daher mit bestimmten Verdauungs-
enzymen ausgestattet, dazu prädestiniert, Fischfleisch
rasch zu zersetzen. Nachdem der Fisch ins Netz gegangen

ist, hat ein Teil dieser Enzyme aufgrund allzu grober Behandlung durch den Menschen möglicherweise die Gelegenheit erhalten, aus den Innereien des Fisches zu entfliehen – und dann stürzen sie sich sofort auf das Fleisch des Fisches, für den sie bis dahin gearbeitet haben. Deshalb sind ausgenommene Fische länger haltbar.

Ein dritter Grund: Die Bakterien, die die Zersetzung im und am Fisch bewerkstelligen, sind in ihrer Arbeit effizienter als ihre Landverwandten, da sie darauf ausgerichtet sind, ihre Arbeit im Meer zu verrichten, wo die Temperaturen wesentlich niedriger sind als an Land. Erwärmt man sie auch nur geringfügig, dann sind sie durch nichts mehr aufzuhalten. Um sie also in der Verrichtung ihres schmutzigen Geschäfts aufzuhalten, müssen wir den Fisch schneller und effizienter kühlen, als wir es tun würden, um warmblütiges Fleisch haltbar zu machen.

Darum ist Eis des Fischers bester Freund. Er braucht viel – ja sehr viel Eis. Eis drosselt nicht nur die Temperatur, sondern verhindert auch, daß der Fisch austrocknet. Selbst wenn sie schon tot sind, mögen Fische keine Trockenheit.

Grund Nummer vier: Fisch enthält gewöhnlich mehr ungesättigte Fette (s. S. 175) als das Fleisch von Landtieren. Das ist einer der Gründe, warum wir in diesen Zeiten des allgemeinen Cholesterinterrors Fischgerichte so sehr schätzen. Ungesättigte Fette werden (durch Oxidation) aber viel schneller ranzig als gesättigte Fette, die den deliziösen Geschmack von Rindfleisch ausmachen. Durch Oxidation verwandeln sich Fette in faulriechende organische Säuren, die ihrerseits zu jenem unangenehmen Aroma beitragen.

Wenn Sie also das nächste Mal einen Fischladen betreten und es riecht »fischig«, sollten Sie lieber unverzüglich

die Flucht ergreifen und statt dessen auf Hamburger um-
satteln.

Wieviel Alkohol enthält
eine Flasche Wein?

Etiketten auf Wein- oder Whiskeyflaschen geben den jeweiligen Alkoholgehalt in der Einheit »Prozent Alkohol *pro* Volumen (% Vol.)« an. Was versteht man aber unter »den Prozen-
ten« (im Engl. »*proof*« = *Normal*stärke) beziehungsweise der
Bezeichnung »pro Volumen«?

Die englische Einheit »*proof*« (= *Normalstärke*) hat man
im 17. Jahrhundert geprägt, als man den Alkoholgehalt
verschiedener Whiskeysorten festzustellen suchte, indem
man Kanonenpulver damit befeuchtete und anschließend
zündete. (Und ich schwöre Ihnen, das ist nicht gelogen.)
Entstand eine langsam und gleichmäßig brennende
Flamme, bedeutete dies, daß der fragliche Whiskey den
erwünschten ungefähr 50prozentigen Alkoholgehalt auf-
wies. Wenn die Flamme jedoch hektisch zischte, war dies
ein Zeichen dafür, daß der Whiskey zu stark verdünnt
worden war.

Wie soll man den Alkoholgehalt eines Likörs aber er-
mitteln, wenn man gerade kein Kanonenpulver zur Hand
hat? Am einfachsten wäre es wohl, ihn in Prozentzahlen
anzugeben: Besteht ein Getränk zur Hälfte aus Alkohol,
würde man sagen, es handele sich um 50prozentigen Alkohol. Dann könnte ein ganz Schlauer aber fragen: »50
Prozent wovon? Beziehen sich die 50 Prozent Alkohol auf
das *Gewicht* des Likörs oder auf sein *Volumen*?« Und wir

wüßten nicht, was wir antworten sollen, da der prozen-
tuale Alkoholanteil (besonders wenn es sich um eine Mischung aus Alkohol und Wasser handelt) je nach Gewicht
oder Volumen sehr stark variiert. Hierfür gibt es zwei
Gründe.

Erstens ist Alkohol leichter als Wasser. Technisch gesprochen heißt das, sie haben eine unterschiedliche
Dichte. Eine bestimmte Menge reinen Alkohols entspricht
ihrem Gewicht nach nur etwa 79 Prozent der gleichen
Menge Wassers.

Angenommen, wir wollen eine exakt hälftige Mixtur
aus Alkohol und Wasser haben. Wenn wir nun beide Flüssigkeiten getrennt auswiegen, bis sie das gleiche Gewicht
(in Gramm) haben, und dann miteinander vermischen
würden, würden wir feststellen, daß wir hinsichtlich des
Volumens mehr Alkohol als Wasser benötigen. Bezogen
auf das Gewicht, enthält die Mischung gewiß 50 Prozent
Alkohol, bezogen auf das Volumen dagegen wird der Alkoholanteil 50 Prozent übersteigen. (Man kann von etwa
56 Prozent ausgehen.)

Jetzt raten Sie mal, welche der beiden Prozentangaben
die Hersteller auf ihren Etiketten angeben. Genau, natürlich diejenige, die einen höheren Alkoholgehalt sugge-
riert: Prozent pro Volumen. Und da Steuern gewöhnlich
auf der Grundlage des prozentualen Alkoholgehalts be-
rechnet werden, profitiert auch die Steuer von diesem
Schwindel.

Der zweite Grund, weshalb man den Alkoholgehalt von
Weinen und Likören auf diese Weise mißt, liegt darin, daß
beim Mischen von Alkohol und Wasser etwas ganz
Außergewöhnliches passiert: Das Volumen der Endmix-
tur ist geringer als die Summe der beiden Ausgangsvolu-
men. Mit anderen Worten: Die Flüssigkeiten schrumpfen.

Wenn Sie einen Liter Wasser mit einem Liter Alkohol vermischen, erhalten Sie anstatt der erwarteten zwei Liter nur etwa 1,93 Liter dieser Mischung. Das liegt daran, daß Wasser- und Alkoholmoleküle Wasserstoffbrückenbindungen miteinander ausbilden (s. S. 140), die es ihnen ermöglichen, enger zusammenzurücken als in ihrer ursprünglichen (getrennten) Form.

Wie Sie sich vorstellen können, wird das Konzept »Prozent Alkohol pro Volumen« hierdurch in Frage gestellt. Woran soll man sich nun orientieren? An dem Prozentsatz, der sich aus der Summe der Einzelvolumen vor der Mischung ergeben würde, oder aber an dem Prozentsatz des Gesamtvolumens danach? Die Hersteller haben beschlossen, sich an dem kleineren Volumen zu orientieren, nämlich dem Volumen *nach* der Mischung. Das ist natürlich insofern richtig, als wir das Produkt in diesem Zustand kaufen. Dennoch werden Sie schnell erkennen – vorausgesetzt, Sie haben das Kopfrechnen nicht ganz verlernt –, daß diese Berechnungsmethode im Ergebnis einen noch höheren Alkoholgehalt ergibt. Würden wir also so rechnen, wie es die Methode des Herstellers vorsieht, würde die ursprüngliche, von uns so sorgfältig nach Gewicht bemessene 50prozentige Mixtur auf dem Etikett als etwa 57 % Vol. ausgezeichnet werden.

Vorschlag für eine Kneipenwette

Ich kann einen Liter Alkohol mit einem Liter Wasser vermischen und erhalte eine Mixtur, deren Alkoholanteil pro Volumen mehr als 50 Prozent beträgt.

Apropos ...

Wenn Gesundheitsexperten über die Vor- und Nachteile des Alkoholkonsums diskutieren, sprechen sie davon, wieviel Gramm Ethylalkohol (Ethanol) jemand konsumiert. Woher weiß ich aber, wieviel Gramm Alkohol in einem Getränk enthalten sind?

Multiplizieren Sie die Anzahl der in Ihrem Getränk enthaltenen Unzen Schnaps oder Wein mit dem prozentualen Alkoholgehalt pro Volumen (die Hälfte seiner Normalstärke). Multiplizieren Sie das Ergebnis mit 0,233. So erhalten Sie die Grammanzahl des in Ihrem Getränk enthaltenen Ethylalkohols. Ein Schuß Whiskey von eineinhalb Unzen und einer Normalstärke von 80 beispielsweise, enthält 14 Gramm Alkohol ($1,5 \times 40 \times 0,233 = 14$).

Kapitel 5

Unter freiem Himmel

Gehen Sie doch für einen Augenblick mit mir nach draußen und lassen Sie einmal all das beiseite, was von Menschenhand geschaffen wurde. Betrachten Sie die Luft, die Sonne am Himmel, die Wolken. Und denken Sie mal über all das nach: Wie kann etwas Substanzloses wie Luft so etwas wie »Luftdruck« auf uns ausüben? Warum fühlt sich die Sonne zu bestimmten Tageszeiten heißer an als zu anderen? Warum sind manche Wolken schwarz? Warum wird es wärmer, wenn Schnee fällt? Und wenn Sie jemals am Meer waren – haben Sie sich nie gefragt, warum die Wellen immer auf die gleiche Weise heranrollen, ob die Küste nun nach Osten, Norden, Süden oder Westen verläuft?

Um mit den Worten Charles Dudley Warners zu sprechen (nein, es war nicht Mark Twain): Niemand ändert das Wetter, alle reden nur davon. Besser als davon zu reden ist allerdings, es zu *verstehen*. Und wenn wir es verstehen wollen, müssen wir es zunächst genau beobachten und uns darüber Gedanken machen. In diesem Abschnitt werden wir uns mit den Phänomenen Sonnenschein, Wolken, Wind und Schnee beschäftigen. Auf unserem Exkurs werden wir außerdem hin und wieder einen Abstecher machen und bei der Gelegenheit zwei vom Menschen geschaffene »Freilichterscheinungen« genauer beleuchten: die Freiheitsstatue und das Feuerwerk zum Vierten Juli.

Am Meer

Jedesmal wenn ich an der Küste bin, kommt es mir so vor, als
ob vom Meer her eine kühle Brise ins Landesinnere wehte.
Bilde ich mir das nur ein oder ist es in Küstengebieten grundsätzlich kühler und windiger als anderswo?

Sie vermuten richtig. »Meeresbrise« ist nicht nur der
Name unzähliger Strandhotels. Jener leichte Wind, der
vom offenen Meer her landeinwärts weht, ist etwas Rea-
les, das dem Küstengebiet ein kühleres Klima verschafft
als dem Landesinneren – jedenfalls nachmittags, dann,
wenn die meisten Menschen ohnehin ein wenig Erfri-
schung benötigen. Den Tag über weht eine kühle Brise
ziemlich gleichmäßig vom Meer her landeinwärts, nie jedoch in umgekehrter Richtung. Sie setzt einige Stunden
nach Sonnenaufgang ein, erreicht etwa um die Mittagszeit
ihren Höhepunkt, um sich schließlich gegen Abend davonzumachen.

Und das geschieht auf folgende Weise: Wenn die Sonne
morgens aufgeht, fallen ihre Strahlen gleichermaßen auf
das Festland und das Meer. Das Meer wird hierdurch jedoch kaum erwärmt, da es so kalt und weitläufig ist, daß
sein Appetit auf Wärmeenergie gleichsam unstillbar ist. So
verschlingt es die Strahlen gierig, ohne sich auch nur um
einen Grad zu erwärmen. Das Festland dagegen wird
durch die Sonneneinstrahlung erheblich erwärmt. Boden,
aber auch Pflanzenblätter, Gebäude, Straßen etc. heizen
sich schnell auf. (Unter Fachleuten heißt das, sie haben im
Vergleich zum Wasser geringe Wärmekapazitäten.) Während das Festland sich nun aufwärmt, erwärmt sich auch
die Luft über ihm. Sie dehnt sich aus und steigt schließlich
nach oben. Die kühlere, dichtere Luft oberhalb der Was-

seroberfläche schiebt sich nun – nicht ohne über den Strand zu streichen und dabei die Sonnenanbeter abzukühlen – unter der Warmluftschicht entlang weiter ins Landesinnere. Daß die Badenden hierdurch abgekühlt werden, liegt jedoch nicht allein daran, daß die Brise kalt ist, sondern weil sie dazu beiträgt, daß der Schweiß verdunstet (s. S. 238).

Wenn die Wellen brechen

Warum brechen Wellen immer parallel zur Küste, unabhängig davon, in welcher Richtung die Küstenlinie verläuft?

Wellen wissen ganz genau, wann sie sich der Küste nähern. Sie rollen ihr sogar in strenger Formation entgegen.

Selbstverständlich verdanken sie ihre Existenz dem Wind, der über die Wasseroberfläche hinwegweht. Aber er kann sie unmöglich – Welle für Welle – stets auf dem kürzesten Weg auf die Küste zutreiben, wo er doch draußen auf hoher See meist in alle möglichen Richtungen gleichzeitig bläst. Diejenigen Wellen, die wir an unseren Küsten beobachten können, sehen wir nur deshalb, weil sie sich zufällig mehr oder weniger gleichmäßig in unsere Richtung bewegen. Und doch nähern sich die meisten Wellen der Küstenlinie von der Seite her. Dann allerdings – so unglaublich es auch klingen mag – »spürt« jede herannahende Welle die Küste und verändert ihre Position sofort so, daß ihre Längsseite der Küstenlinie zugewendet ist, bis sie sich schließlich an ihr bricht. Sobald sie sich gebrochen hat, verläuft auch der Schaumstreifen, den sie hinterläßt, parallel zur Küste.

Natürlich stellen sich hier folgende Fragen: »Woher weiß eine Welle, daß sie sich der Küste nähert?« und »Was veranlaßt sie, sich in letzter Sekunde zu drehen?«

Solange eine Welle – die wir uns als eine Art langgezogenen Hügel auf der Wasseroberfläche vorstellen können – sich noch über tiefem Wasser befindet, gibt es nichts, was sich ihr in den Weg stellen könnte. Sie läßt sich treiben, in welche Richtung der Wind sie auch bläst. Sobald sie jedoch in flacheres Wasser gerät, beginnt der untere Teil der Welle am Grund entlangzuschleifen, wodurch sich ihr Tempo insgesamt verringert. Jetzt weiß sie, daß sie sich der Küste nähert und ändert deshalb ihre Richtung.

Stellen wir uns vor, wir reiten auf einer Welle, die sich in einem bestimmten Winkel auf die Küste zu bewegt, während die Küste links von uns liegt. Die Welle wird das flachere Wasser zuerst mit ihrem linken Ende erreichen. An dieser Stelle wird sie sich auch zuerst am Meeresboden reiben und ihr Tempo verringern. Der restliche Teil der Welle – der Mittelteil und das rechte Ende – bewegt sich in ungeminderter Geschwindigkeit weiter fort. Das hat nun zur Folge, daß die Welle sich schließlich insgesamt nach links, auf die Küste zu dreht. (Wenn Sie mit einer Seifenkiste fahren und Ihren linken Fuß am Boden schleifen lassen, driften Sie doch auch nach links ab, oder?) Dadurch, daß dieses Ziehen und Zerren sich schließlich über die ganze Länge der Welle ausdehnt, wird die gesamte Welle allmählich nach links gedreht. Ihre Rückenlinie erstreckt sich nun parallel zur Küstenlinie, und bis sie bricht, wird sie diese Position nicht mehr verändern.

Etwas Ähnliches passiert, wenn eine Welle bricht. Irgendwann wird das Wasser so flach, daß das Unterteil der Welle sich nicht mehr weiterbewegen kann und schließlich von ihrem Oberteil überrumpelt wird. Bei diesem

Aufprall entsteht entlang der sich überschlagenden Welle ein Schaumstreifen – ebenfalls parallel zur Küstenlinie.

Probieren Sie's selbst

Wenn Sie das nächste Mal über eine Küstenlinie mit Windungen fliegen, achten Sie auf die weißen Linien vom Schaum der gebrochenen Wellen. Sie werden sehen, sie sind immer parallel zur Küste, wie sehr diese sich auch hin- und herwinden mag.

Wie man am schnellsten einen Sonnenbrand bekommt

Warum sagt man, das Risiko, einen Sonnenbrand zu bekommen, sei zwischen 12 und 14 Uhr am größten? Klar – zu diesem Zeitpunkt steht die Sonne genau über unserem Kopf, aber was hat das mit der Intensität ihrer Strahlung zu tun? Sie ist doch immer gleich weit von uns entfernt, oder nicht?

Ganz recht. Die Entfernung zwischen Sonne und Erde beträgt konstant einhundertfünfzig Millionen Kilometer. Es ist der Sonne auch egal, wann wir unser Mittagessen zu uns nehmen oder zu welcher Tageszeit wir gewöhnlich unseren Strandspaziergang machen. Und dennoch scheint die Sonne nicht immer gleich *stark* – obwohl sie immer gleich weit von Ihrer leicht errötenden Nase entfernt ist. Dafür gibt es zwei Gründe – einen, der mit der Atmosphäre zu tun hat, und einen geometrischen.

Stellen Sie sich die Erde als eine von einer Luftschicht umgebene Kugel vor. Diese Luftschicht – die Atmosphäre

– ist mehrere hundert Kilometer stark. Wenn die Sonne sich nun direkt über unseren Köpfen befindet, fallen ihre Strahlen senkrecht auf die Atmosphäre und durch sie hindurch auf den Erdboden. Auf diese Weise durchqueren die Sonnenstrahlen die Atmosphäre auf direktem Wege. Wenn die Sonne jedoch tiefer am Himmel steht, fallen ihre Strahlen schräg, fast horizontal auf die Erde, wobei sie eine längere Strecke der Atmosphäre durchqueren, bevor sie schließlich zu uns gelangen. Aus der Tatsache, daß die Atmosphäre einen Teil des Sonnenlichts zerstreut und absorbiert, läßt sich folgende Schlußfolgerung ziehen: Je mehr Atmosphäre die Strahlen durchdringen müssen, desto mehr büßt sie an Intensität ein. Deshalb ist die Einstrahlung bei hochstehender Sonne intensiver, als wenn sie tiefer steht, mittags dreihundertmal so stark wie bei Sonnenauf- beziehungsweise -untergang.

Doch selbst wenn die Erde keine Atmosphäre hätte, wäre das Sonnenlicht bei tiefstehender Sonne schwächer. Das hat einen rein geometrischen Grund: Die Strahlen fallen schräg – also nicht senkrecht – auf die Erde. Was das bedeutet, läßt sich am besten mit einer Taschenlampe und einer Orange veranschaulichen.

Probieren Sie's selbst

Strahlen Sie in einem abgedunkelten Raum die Oberfläche einer Orange mit einer kleinen Taschenlampe an. Die Lampe ist die Sonne, die Orange ist die Erde. Halten Sie die Taschenlampe zunächst direkt über den Äquator, also in der Mittagszeit-Position, und sie werden einen kreisrunden Sonnenstrahl auf der Erde landen sehen. Lassen Sie die Sonne die Erde nun aus einem schiefen Winkel bestrahlen, ohne jedoch die Entfernung zwischen beiden zu verändern. Die Sonne ist nun ein

wenig weiter links (= westlich) als vorher, also in der Spätnachmittagsposition. Jetzt werden Sie auf Ihrer Apfelsine
einen ovalen Lichteinfall feststellen, der so aussieht, als sei der
Kreis verwischt worden. Und so ist es auch. Die gleiche Menge
Licht muß sich jetzt auf einer größeren Fläche verteilen. Folglich ist seine Intensität an einer bestimmten Stelle geringer.

Wenn Sie sich das nächste Mal am Strand aufhalten, achten Sie einmal auf die schwarzgebrannten Sonnenanbeter,
die den eben beschriebenen Effekt für ihre Zwecke (und
zum Vorteil ihrer Dermatologen) ausnutzen. Zu jeder Tageszeit bescheint uns die Sonne, wenn wir uns auf den Boden legen, in einem mehr oder weniger schiefen Winkel,
da sie sich nie direkt über uns befindet – es sei denn am
Äquator. Unsere olympiareifen Bräunungsexperten drehen sich also zur Sonne hin und setzen sich leicht auf, damit die Strahlen möglichst senkrecht auf ihre Haut treffen.

Wenn Sie's genauer wissen wollen

Diesen geometrischen Effekt könnte man auch als »Cosinuseffekt« bezeichnen. Wenn Sie dieses Problem mit Hilfe der
Trigonometrie angehen, stellt sich heraus, daß die Intensität
der Sonneneinstrahlung auf den Erdboden dem Kosinus des
Winkels zwischen der Position der Sonne und der Senkrechten
entspricht. Die Intensität (samt Cosinus) reduziert sich von der
Höchstform, die die Sonne nur mittags am Äquator erreicht,
bis auf Null, wenn sie beim Untergehen den Horizont berührt.

Apropos ...

Ist das nicht der Grund, warum es im Winter kälter ist als im Sommer?

Ganz recht. Wenn auf dem Teil der Erde, auf dem Sie leben (der nördlichen beziehungsweise südlichen Hemisphäre), Winter ist, neigt sich Ihre Hemisphäre gerade ein wenig von der Sonne weg. Die Erdachse schwankt nämlich. Deshalb ist auf der Nordhalbkugel in den Wintermonaten der Nordpol weiter von der Sonne entfernt als der Südpol. Da sich Ihre Hemisphäre gerade von der Sonne wegneigt, treffen die Sonnenstrahlen hier schräger auf den Erdboden. Je spitzer der Winkel, desto weniger intensiv die Sonneneinstrahlung – und natürlich die Wärme. Und was schließen wir daraus? Im Winter ist das Risiko, sich einen Sonnenbrand zu fangen oder einen Hitzschlag zu erleiden, geringer als im Sommer.

Tolle Hunde und Engländer

Im Sommer – immer dann, wenn mich jemand damit beeindrucken möchte, wie warm es draußen ist – heißt es meist: Wir haben 32 Grad (Celsius) im Schatten. Aber ich kann mich doch nicht ständig im Schatten aufhalten. Deshalb will ich genauso wissen, wie heiß es in der Sonne ist. Ist es irgendwie möglich, eine »Temperatur im Schatten« in die entsprechende »Temperatur in der Sonne« umzurechnen?

Leider nein. Während die Temperatur »im Schatten« noch eine einigermaßen nachvollziehbare Größe ist, ist bei der Temperatur »in der Sonne« immer entscheidend, um wessen Temperatur es geht.

Unterschiedliche Gegenstände einschließlich unterschiedlicher Menschen in unterschiedlicher Kleidung werden bei Sonneneinstrahlung unterschiedlich warm. Das liegt daran, daß sie unterschiedliche Mengen an Licht aus unterschiedlichen Bereichen des Sonnenlichtspektrums absorbieren (s. S. 64). Helle Kleidung absorbiert weniger Sonnenstrahlen – das heißt, sie reflektiert mehr Licht – als dunkle. Deshalb wird uns in heller Kleidung auch nicht so schnell warm.

Mit der menschlichen Haut verhält es sich genauso: Einer hellhäutigen Person ist es in der Sonne möglicherweise nicht so warm wie jemandem mit dunklerer Haut. Als in manchen Regionen der Welt – mit vorwiegend dunkelhäutiger Bevölkerung – der britische Imperialismus noch ungebrochen herrschte, hat Noël Coward diese Tatsache in seinem Lied »Mad Dogs and Englishmen / Go out in the Mid-day Sun« (»Nur tollwütige Hunde und Engländer wagen sich in der Mittagssonne nach draußen«), verewigt.

Im Schatten, also abseits jeder direkten Sonneneinstrahlung, hängt die Temperatur eines freischwebenden Gegenstandes – eines Gegenstandes also, der mit keiner Wärmequelle und auch keinem Wärmeabsorbierer in Berührung steht – allein von der Temperatur der ihn umgebenden Luft ab. Das ist die Temperatur, von der die Wetterleute im Fernsehen immer reden; das »im Schatten« lassen sie einfach weg. Direkt in der Sonne jedoch hängen die Temperaturen nicht allein von der Lufttemperatur ab, sondern auch davon, wie viele der Hitzestrahlen von einem Gegenstand oder einer Person absorbiert beziehungsweise reflektiert werden. Diese Faktoren können sehr stark variie-

ren, je nachdem, um welchen Gegenstand unter welchen
Bedingungen es sich handelt.

Jedenfalls gibt es kein physikalisches Gesetz, nach dem
das Lenkrad eines Autos, sollten Sie letzteres in der Sonne
geparkt haben, von Natur aus heißer wird als irgend etwas
anderes. Es ist vielmehr so, daß das Lenkrad aufgrund seiner Position der Sonne in besonderem Maße ausgesetzt ist.
Außerdem kommen Sie mit ihm beim Fahren zwangsläufig am intensivsten in Berührung.

Grüne Haut und blaues Blut

Erinnern Sie sich an diese bläulich-grünen Dächer alter Kir-
chen und Rathäuser? Sie sollen aus Kupfer sein. Noch nie
habe ich jedoch beobachtet, daß Kupfer irgendwo sonst seine
Farbe derart verändert hätte. Könnte sich zum Beispiel ein
Pennystück grün färben?

Diese Kupferdächer sind der Witterung über sehr viel längere Zeiträume ausgesetzt als beispielsweise ein geliehener
Rasenmäher. Überlegen Sie mal, wie lange es her ist, daß
die Menschen es sich noch leisten konnten, ihre Dächer
mit diesem beständigen und wunderschönen rötlichen
Metall zu decken. Heutzutage ist Kupfer selbst für die Un-
terbringung von Politikern und Priestern zu teuer. Es ist
sogar zu teuer, um Pennies daraus herzustellen; ein Stück
Kupfer vom Gewicht eines Pennies ist heute mehr wert als
ein Cent. Seit 1982 werden Pennies aus Zink hergestellt.
Um der guten alten Zeiten willen versieht man sie mit
einer dünnen Kupferschicht. Und doch – wenn Sie unbedingt wollen – brauchen Sie einen Penny nur etwa fünfzig

Jahre lang im Freien liegenzulassen. Er wird schließlich so grün anlaufen wie die Dächer. Leider gibt es keine schnellere und einfachere Methode.

Tatsächlich zeigt sich hierin, warum Kupfer sich zum Decken von Dächern so gut eignet: Es zersetzt sich nur sehr langsam – wesentlich langsamer jedenfalls als Eisen rostet (s. S. 126). Schon nach ein paar Wochen wird das anfänglich glänzende Kupfer aufgrund einer dünnen Schicht aus schwarzem Kupferoxid nachdunkeln. Anschließend reagiert es im Laufe der Jahre mit dem in der Luft enthaltenen Sauerstoff, Wasserdampf und Kohlendioxid und entwickelt dadurch die bläulich-grüne Patina, die Chemiker als basisches Kupfercarbonat bezeichnen. Diese Patina verändert jedoch nicht nur die Farbe von Dächern, sondern auch die der amerikanischen Freiheitsstatue, die aus dreihundert zusammengeschraubten dicken Kupferplatten gefertigt wurde und seit 1886 der New Yorker Luft ausgesetzt ist.

Übrigens, das Grün der Pennies, die von Glückssuchern irgendwann in Springbrunnen geworfen und die von nächtlichen Straßenkehrern aus irgendeinem Grund übersehen wurden, hat – chemisch gesehen – nicht den gleichen Ursprung wie das Grün von Kupferdächern. Es entsteht durch andere Kupferverbindungen wie Kupferchlorid und Kupferhydroxid, die nicht dieselbe bläulich-grüne Farbe besitzen und auch nicht besonders gut auf dem Metall haften.

Sie können die Patina von Kupfer selbst erzeugen, indem Sie ein billiges Schmuckstück aus Messing kaufen. Messing ist eine Legierung aus Kupfer und Zink. Tragen Sie zum Beispiel ein paar Monate lang einen unlackierten Ring oder einen Armreif aus Messing. Das Kupfer wird mit dem Salz und den Säuren Ihrer Haut reagieren und so

Kupferchlorid und andere Verbindungen erzeugen. Dabei wird sich Ihre Haut so grün verfärben wie die der Miss Liberty, wenn auch nicht in genau derselben Schattierung.

Viele Statuen auf öffentlichen Plätzen, sind aus Bronze, einer Legierung aus vornehmlich Kupfer und Zinn. Wenn sie verwittern, erhalten sie eine dunkelgrüne Patina, die der von Kupfer ähnelt. (Die weißen Kleckse auf ihren Köpfen sind allerdings anderen Ursprungs.)

Im Zusammenhang mit Kupfer ist auch interessant, daß Hummer und andere große Krustentiere blaues hämocyaninhaltiges Blut besitzen. Menschliches Blut enthält rotes Hämoglobin, das ein Eisenatom pro Molekül aufweist. Hämocyanin ähnelt dem Hämoglobin, enthält jedoch anstelle des Eisen- ein Kupferatom pro Molekül. Haben die alten Revolutionäre, die behaupten, Blaublütige gehörten zu den niedersten Lebensformen, vielleicht doch nicht ganz unrecht?

Apropos ...

Wie steht es mit Armreifen aus Kupfer? Helfen sie wirklich, Gelenkleiden zu heilen?

Das ist purer Unfug. Hinter solchem Voodoo-Kram scheint folgende Denkweise zu stehen (wobei »Denken« wohl hochgegriffen ist): 1. Kupfer ist ein guter Elektrizitätsleiter (diese Annahme ist in der Tat richtig). 2. Die Luft enthält elektrische Energie (was auch immer man darunter verstehen mag). 3. Ein Kupferarmreif *zieht* diese Energie folglich *an* und leitet sie zu Ihren schmerzenden Knochen. Und wie wir alle wissen, ist diese »Energie« gut für uns.

Die einzige Energie allerdings, die solch ein Armreif hervorbringt, ist die Energie, die Sie aufwenden müssen, um die grünen Flecken von Ihrem Handgelenk abzurubbeln. (Versuchen Sie's doch mal mit etwas Essig!)

Weshalb können wir durch Luft hindurchsehen?

Das ist ganz einfach. Die Luftmoleküle liegen so weit auseinander, daß wir eigentlich durch einen leeren Raum hindurchblicken. Um überhaupt etwas sehen zu können, müßten wir schon in der Lage sein, die einzelnen Moleküle wahrzunehmen. Luftmoleküle sind jedoch etwa tausendmal kleiner als alles, was wir noch mit bloßem Auge – sogar mit Mikroskop – erkennen können.

Natürlich sprechen wir hier von reiner unverschmutzter Luft. Zur dreckigen kommen wir später.

Luft besteht zu 99 Prozent aus Stickstoff- und Sauerstoffmolekülen, die etwa gleich groß sind. Die Abbildung (s. S. 204) zeigt maßstabgetreu, wie weit sie – auf Meeresspiegelhöhe – voneinander entfernt sind. Bedenken Sie, daß all die Zwischenräume absolut leer sind! Da ist es kein Wunder, daß das Licht, das von einem Gegenstand ausgeht, sich völlig unbehindert seinen Weg zu unseren Augen bahnen kann. Besser kann man das Phänomen der Lichtdurchlässigkeit nicht erklären.

Doch selbst wenn sichtbares Licht auf eines der Stickstoff- oder Sauerstoffmoleküle treffen sollte, wird es nicht absorbiert. Im Gegensatz dazu absorbieren viele andere Arten von Molekülen das Licht bestimmter Wellenlängen oder Farben. Wenn eine bestimmte Farbe aus dem Licht

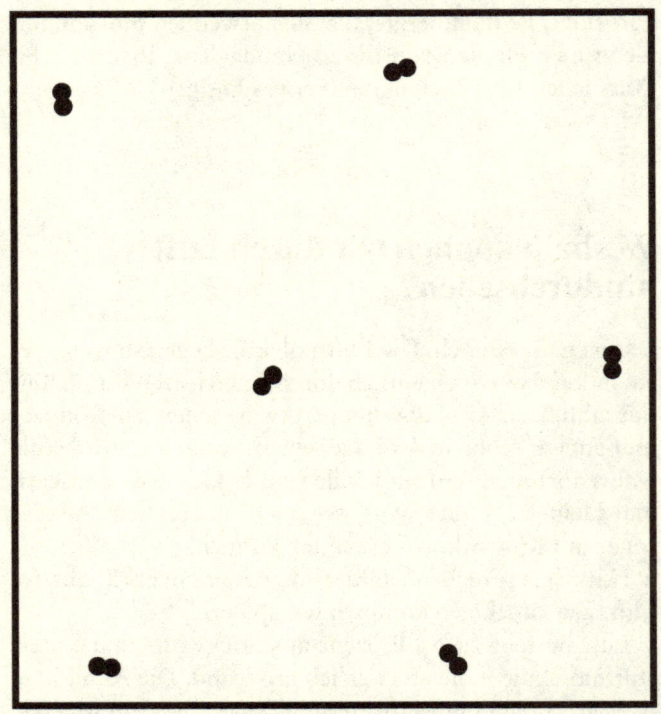

Maßstabgetreue Zeichnung der Luftmoleküle (Meeresspiegelniveau)

absorbiert wird, erscheint uns das verbleibende Licht, dem diese Farbe nun fehlt, wiederum in anderer Farbe (s. S. 64). Deshalb sehen manche Gase für uns farbig aus.

Chlorgas zum Beispiel ist grün. Würden Sie einen Glasbehälter mit Chlorgas füllen, könnten Sie trotzdem durch ihn hindurchsehen, denn selbst hier liegen die Moleküle immer noch weit genug auseinander. Das Licht, das unsere Augen aufnehmen würden, wäre jedoch leicht grünlich gefärbt. Lichtdurchlässigkeit und Farbe sind also zweierlei, obwohl doch viele Leute »farbloses« Plastik als »durchsichtig« bezeichnen. Getöntes Plastik ist zwar farbig, und doch können Sie durch es hindurchsehen; es ist lichtdurchlässig.

Nun zum Thema Luftverschmutzung. Wenn Sie jemals das Vergnügen hatten, mit dem Flugzeug in einer Stadt wie Los Angeles, Denver oder Mexiko City zu landen, haben Sie möglicherweise jenen gelblich-braunen Brei bemerkt, der über der Stadt hängt. Genauer gesagt, handelt es sich um stickoxidhaltige Luft, ein braunes, unangenehmes Gas, das durch die Reaktion von Stickoxiden aus Autoabgasen mit dem Sauerstoffanteil der Luft entsteht.

Wenn der Schadstoffgehalt der Luft einschließlich Rauch und chemischen Dämpfen so dick wird, daß eine Reihe von Lichtwellenlängen absorbiert werden, ist die Luft insgesamt weniger durchlässig. Zwar liegen die Moleküle immer noch weiter auseinander, doch absorbieren so viele von ihnen Licht, daß insgesamt weniger Licht bei uns ankommt. Es gibt in der Tat viele Orte auf der Erde, an denen die »Sicht« während nur einer Generation dermaßen abgenommen hat, daß man Berggipfel, die man als Kind noch deutlich sehen konnte, heute, als Erwachsener, schon nicht mehr erkennen kann.

Wie schön für uns, daß die Luft lichtdurchlässig ist, wenn auch nicht mehr in dem Maße wie früher.

Unter Druck stehen

Warum wird Luftdruck neben den Maßeinheiten Pascal, Torr und Millibar auch in Zentimetern Quecksilber angegeben? Wie kann man Druck in Zentimetern messen? Und was soll das überhaupt heißen: »Ein Zentimeter Quecksilber?«

Zunächst wäre ja wohl die Frage zu beantworten, welche Art von »Druck« Luft ausüben könnte. Atmosphärischer Druck wird dadurch erzeugt, daß Luftmoleküle unablässig mit dem kollidieren, womit sie gerade in Kontakt geraten. Wann immer ein Luftmolekül (vor allem Stickstoff oder Sauerstoff) mit der Oberfläche eines festen oder flüssigen Stoffes zusammenprallt, übt es einen Druck aus. Die Druckstärke richtet sich danach, wie oft diese Kollisionskräfte pro Sekunde auf jeden Quadratzentimeter einer Oberfläche einwirken. Und das ist wahrhaftig nicht unbeträchtlich; in Höhe des Meeresspiegels erreichen unzählige Molekülkollisionen einen Druck von insgesamt 1,03 Kilogramm pro Quadratzentimeter.

Natürlich wäre es ein schwieriges Unterfangen, Druck messen zu wollen, inden man die Anzahl der molekularen Kollisionen zählt. Doch da die Atmosphäre auf alles, womit sie in Kontakt ist, Druck ausübt, ist für uns die Kraft, die die Atmosphäre auf jeden beliebigen Gegenstand ausübt, das Standardmaß.

1643 bestimmte Evangelista Torricelli in Florenz, daß der atmosphärische Druck in der Lage sein müßte, Wasser bis zu einer bestimmten Höhe in eine leere Röhre hineinzutreiben und daß die Höhe dieser Wassersäule als Maßstab zur Messung des atmosphärischen Drucks gelten sollte. So entstand das erste Barometer der Welt. Es zeigte sich, daß der normale Luftdruck eine Wassersäule von ca.

10 Meter Höhe trägt. Aber solche Barometer sind leider allzu unhandlich.

Heute verwenden wir eine wesentlich schwerere Flüssigkeit, nämlich das Quecksilber – ein silbernes flüssiges Metall, das sich auf Meerespiegelhöhe lediglich um 760 Millimeter in die Höhe treiben läßt.

Anders ausgedrückt heißt das: Die Atmosphäre übt denselben Druck aus, den wir empfinden würden, wenn man uns 10 Meter tief ins Wasser beziehungsweise in einen 760 Millimeter tiefen Quecksilberteich tauchen würde.

Probieren Sie's selbst

Um eine ungefähre Vorstellung davon zu gewinnen, wieviel Druck die Atmosphäre auf uns ausübt, schieben Sie Ihre Zehen unter ein Stuhlbein. Legen Sie dann einen fünf Kilogramm schweren Sack Kartoffeln auf die Sitzfläche des Stuhls. Hierdurch wird auf Ihre Zehen ein Druck von 750 bis 1000 Gramm pro Quadratzentimeter ausgeübt – wohlgemerkt, zusätzlich zu den 1030 Gramm pro Quadratzentimeter, die die Atmosphäre ohnehin auf sie ausübt. Nur das nehmen Sie nicht wahr, da der atmosphärische Druck gleichmäßig auf Ihren ganzen Körper ausgebübt wird. Ob Fische wohl wissen, daß sie sich unter Wasser befinden? Wir jedenfalls sind »unter Luft«.

Kein Silberstreifen am Horizont!

Warum sind Wolken weiß, außer wenn es sich um Sturmwolken handelt – dann sind sie ja schwarz?

Alles hängt damit zusammen, wie groß die Wassertröpfchen sind.

Wolken sind schließlich nichts anderes als Ansammlungen kleinster Wassertröpfchen. Diese Tröpfchen sind so klein, daß sie durch das unablässige Bombardement der Luftmoleküle in der Schwebe gehalten werden und sich nicht, wie es die Schwerkraft gebieten würde, niederlassen – es sei denn, es regnet, versteht sich. Die Tröpfchen jedoch verdunsten und bilden sich immer wieder neu. Darum ändern Wolken ständig ihre Form.

Probieren Sie's selbst

Wenn Sie das nächste Mal wuschelige weiße Wolken am klaren blauen Himmel vorbeiziehen sehen, legen Sie sich doch mal auf eine Wiese und beobachten Sie die Wolken! Sie werden feststellen, daß sie sich, während sie mit dem Wind weiterziehen, ständig verformen. Die Wassertröpfchen an ihren Rändern verdunsten und rekondensieren an anderer Stelle. Dadurch verändert die Wolke immer wieder ihre Gestalt.

Die Wassertröpfchen, aus der eine weiße Wolke besteht, sind wie kleine Kristallkugeln. Das heißt, sie reflektieren und zerstreuen das Licht in alle Richtungen. Ebenso wie die anderen Wasserformen – Eis und Schnee – reflektieren und zerstreuen sie alle Wellenlängen (Farben) des Lichts gleichermaßen. So behält das reflektierte Sonnenlicht, bis es uns erreicht, seine volle weiße Farbe. (Wenn die Tröpfchen noch kleiner sind, kleiner noch als die Wellenlängen des Lichts, tragen sie zu der blauen Farbe des Himmels bei. s. S. 49)

Auf der anderen Seite enthalten Sturmwolken, wie Sie richtig vermuten, große Wassermengen, die nur darauf warten, Ihnen Ihr Picknick zu verderben. Die Wassertropfen dieser Wollken sind so dick, daß das Sonnenlicht sie nicht durchdringen kann. Deshalb erscheinen die Wolken im Vergleich zu dem ansonsten klaren Himmel relativ dunkel. In Wirklichkeit jedoch sind sie nicht richtig schwarz, jedenfalls nicht schwärzer als ein Schatten.

Sind Grillen die besseren Wetterfrösche?

Ich habe irgendwo gelesen, daß man die Temperatur am Zirpen von Grillen »ablesen« kann. Wie ist das möglich?

Sie zählen einfach, wie oft sie zirpen.

Alle Kaltblüter sind bei höheren Temperaturen aktiver. Vergleichen Sie nur, wie schnell Ameisen sich bei kühlem beziehungsweise heißem Wetter fortbewegen. Grillen sind da keine Ausnahme. Sie zirpen in einem Tempo, das sich jeweils nach den gegebenen Temperaturverhältnissen richtet. Um ihre Mitteilungen auch wirklich zu verstehen, benötigt man lediglich die Übersetzungsformel.

Es handelt sich hierbei jedoch weniger um ein biologisches als um ein chemisches Phänomen. Alles Leben wird von chemischen Reaktionen geleitet, und chemische Reaktionen vollziehen sich gewöhnlich bei höheren Temperaturen schneller. Das liegt daran, daß chemische Sub-

stanzen nicht miteinander reagieren können, wenn sie
nicht miteinander in Kontakt kommen, wenn nicht Moleküle mit anderen Molekülen zusammenstoßen. Je höher
die Temperatur, desto schneller bewegen sich die Moleküle (s. S. 316), desto öfter stoßen sie zusammen und reagieren miteinander. Chemiker berufen sich gerne auf die
Faustregel, daß die Geschwindigkeit, in der sich eine chemische Reaktion vollzieht, sich immer dann verdoppelt,
wenn die Temperatur um 10° Celsius gestiegen ist.

Glücklicherweise halten wir warmblütigen Kreaturen
stets eine konstante Temperatur und damit auch ein relativ konstantes Lebenstempo aufrecht. Grillen dagegen zirpen, wie erwähnt, schneller, wenn sie sich erwärmen.

Und so läßt sich aus dem Zirpen einer Grille die Temperatur ableiten: Zählen Sie, wie oft die Grille in acht Sekunden zirpt, und addieren Sie fünf. Bedenken Sie aber, daß
die Grille die Temperatur für genau den Platz angibt, an
dem *sie* sich gerade befindet. Wenn Sie nicht zufällig auch
auf dem Baum sitzen oder im Gras liegen, weicht die Temperatur um Sie herum möglicherweise geringfügig von der
der Grille ab.

Wer auf einem Glasplaneten lebt, sollte besser keine Kohle verbrennen

Neulich betrat ich ein Gewächshaus und war überrascht, wieviel wärmer es dort war als draußen. Ist es immer wärmer in
Gewächshäusern? Und, wenn ja, warum?

Ja, Gewächshäuser – auch Treibhäuser oder Glashäuser
genannt – sind von Natur aus immer wärmer, ohne daß

diese Wärme auf künstliche Weise erzeugt werden müßte. Aber das hat nichts, wie Sie vermuten mögen, mit dem sogenannten »Treibhauseffekt« zu tun.

Ein Treibhaus ist nichts anderes als ein geschlossener Glasbehälter für Pflanzen. Während das Glas es dem Sonnenlicht, das die Pflanzen für ihr Wachstum brauchen, erlaubt, in das Innere des Gewächshauses einzudringen, wehrt es Störfaktoren wie Wind, Hagel oder Tiere ab. Es verhindert auch den Verlust von Feuchtigkeit und erhält so eine hohe Luftfeuchtigkeit aufrecht. Was Ihnen beim Eintreten entgegenschlug, hat vor allem mit der Luftfeuchtigkeit zu tun. Ein solches Glashaus funktioniert jedoch hauptsächlich als eine Art Hitzeventil, indem es verhindert, daß die Pflanzen einen Teil ihrer Eigenwärme an die grausame und kalte Außenwelt verlieren.

Eine Pflanze – wie übrigens alles andere auch – kann ihre Wärme verlieren, und zwar auf dreierlei Weise: durch Wärmeableitung, Übertragung oder Strahlung (s. S. 39). Die Leitung ist hier nicht das Problem, da die Blätter mit nichts in Kontakt sind, das ihre Wärme ableiten könnte – etwa mit einer Metallplatte. Es bleibt also nur noch die Möglichkeit der Übertragung beziehungsweise der Strahlung. Ein Gewächshaus vereitelt beides.

Übertragung bedeutet Zirkulation warmer Luft oder warmen Wassers. Da Luft nach oben steigt, ist sie in der Lage, Wärme vom Blatt einer Pflanzen weg mit sich nach oben zu tragen. Alles, was die warme Luft daran hindert, vollständig zu entweichen, verhindert gleichzeitig den Verlust von Wärme insgesamt. Und jedes in sich geschlossene Gebäude erfüllt diesen Zweck. Das ist der Haupteffekt eines Gewächshauses. Es verhindert den Wärmeverlust durch zirkulierende Luftströme. Selbstverständlich würde kein Gärtner ein Gewächshaus konstruieren, das nicht möglichst viel Sonne hereinließe – und so wurden Glaswände und Glasdecken erfunden.

Ein Nebeneffekt von Glas, von dem bei der Erfindung von Treibhäusern niemand etwas wußte, ist, daß es auch den Wärmeverlust durch Strahlung vereitelt. Und das hat allerdings tatsächlich etwas mit dem sogenannten »Treibhauseffekt« zu tun. Er funktioniert so:

Die Photosynthese, die das Überleben und Wachstum von Pflanzen sichert, nutzt die ultraviolette Strahlung der Sonne und gibt den Rest dieser Energie als infrarote Strahlung, die ein niedrigeres Energieniveau besitzt, wieder ab (s. S. 292). Diese kann nun von anderen Gegenständen absorbiert werden. Wenn ein Gegenstand aber infrarote Strahlung absorbiert, erhöht sich das Energieniveau seiner Moleküle, und er erwärmt sich (s. S. 314). Wir können die von Pflanzen ausgehende infrarote Strahlung also als eine Form von Wärme betrachten, die sich auf der Suche nach einem Gegenstand, den sie aufheizen kann, durch die Luft bewegt.

Was passiert nun, wenn infrarote Strahlung auf eine Glaswand oder -decke stößt? Obwohl Glas für ultraviolettes Licht durchlässig ist, ist es das für infrarotes Licht nicht vollständig. So hält das Glas einen Teil der infraroten Strahlung davon ab, aus dem Treibhaus zu entweichen, und diese eingefangene Strahlung erwärmt allmählich alles, was sich im Inneren des Gewächshauses befindet.

Natürlich kann sich dieser Aufwärmvorgang nicht unendlich fortsetzen; es ist noch von keinem Fall bekannt, in dem ein Treibhaus einfach geschmolzen wäre. Ab einem bestimmten Punkt gleicht das letztlich unvermeidliche Heraussickern von Wärme aus dem Glashaus den Zuwachs an Infrarotstrahlung im Inneren aus, und die

Temperatur pendelt sich wieder auf ein gemäßigtes Wärmeniveau ein; sie ist allerdings höher, als wenn Glas für infrarote Strahlung vollständig durchlässig wäre.

Apropos ...

Was versteht man eigentlich unter dem »Treibhauseffekt« im Zusammenhang mit der Erwärmung des Erdballs?

Infrarote Strahlung wird auch von der Erdatmosphäre zurückgehalten. Auch hier handelt es sich um einen »Treibhauseffekt«. Wie der Stau infraroter Strahlung im Inneren eines Gewächshauses die Temperatur erhöht, so kann sich durch infrarote Strahlung auch die Durchschnittstemperatur an der Oberfläche des gesamten Globus erhöhen.

Die Durchschnittstemperatur der Erdoberfläche – das heißt, unter Berücksichtigung aller jahreszeitlichen und klimatischen Unterschiede – ist abhängig von dem subtilen Gleichgewicht zwischen dem Maß an Sonneneinstrahlung, das uns erreicht, und dem Maß, das in den Weltraum zurückgestrahlt wird. Etwa ein Drittel der Sonnenenergie, die die Erde erreicht, wird reflektiert; der Rest wird von Wolken, Meeren, dem Festland oder von Sonnenanbetern absorbiert. Der größte Teil der absorbierten Energie verwandelt sich schon bald in Wärme oder infrarote Strahlung, genau wie bei den Pflanzen im Gewächshaus.

Über der Wärme abstrahlenden Erdoberfläche hängt ein lichtdurchlässiges Schutzdach, ähnlich dem Glasdach in einem Treibhaus. Nur, daß es sich nicht um Glas handelt. Es handelt sich vielmehr um eine Luftschicht – auch Atmosphäre genannt. Wie Glas ist auch die Erdatmosphäre für den Großteil der einfallenden Sonnenstrahlen durchlässig. Bestimmte Gase in der Erdatmosphäre,

hauptsächlich Kohlendioxid und Wasserdampf, absorbieren jedoch die infrarote Strahlung weitgehend. Genau wie
das Glas eines Treibhauses verhindern diese Gase, daß ein
Teil der Infrarotstrahlung entweicht, und halten sie statt
dessen an der Erdoberfläche zurück. Deshalb wird die
Erde wärmer, als wenn in der Atmosphäre kein Kohlendioxid oder Wasserdampf vorhanden wäre.

Die Prozesse auf der Erde, bei der Strahlen aufgenom-
men und wieder reflektiert werden, haben sich bisher immer ungefähr die Waage gehalten. (In neuerer Zeit hat
sich das jedoch aufgrund von menschlichen Aktivitäten
geändert. Seit dem Beginn der industriellen Revolution
vor etwa hundert Jahren verbrennen wir ständig mehr
Holzkohle, Naturgas und Erdölprodukte. Beim Verbrennungsprozeß geben sie Kohlendioxid an die Luft ab (s.
S. 144). Deshalb hat sich der Kohlendioxidgehalt der Atmosphäre in den letzten hundert Jahren um 30 Prozent
erhöht. Mehr Kohlendioxid bedeutet mehr auf die Erde
zurückgedrängte Infrarotstrahlung und damit höhere
Temperaturen.

Es ist schwer abzuschätzen, in welchem Maß sich die
Erde durch eine bestimmte Menge Kohlendioxid in der
Atmosphäre erwärmen wird. Auf der einen Seite verringern Meere und Wälder diesen Effekt, indem sie Kohlendioxid aus der Luft in sich aufnehmen. Auf der anderen
Seite werden die großen Regenwälder der Welt durch Verbrennung und Abholzung zunehmend zerstört, wodurch
sich das Problem insofern noch verschärft, als so noch
mehr Kohlendioxid in die Luft gelangt. Obwohl wir nicht
genau sagen können, wie stark sich die Erde durch das
vom Menschen produzierte Kohlendioxid erwärmen
wird, gilt es als gesicherte Erkenntnis, *daß* die Durchschnittstemperatur der Erde in den letzten hundert Jahren

in unnatürlichem Maße gestiegen ist und daß sie in den nächsten hundert Jahren möglicherweise um weitere 1,5–4,5° Celsius ansteigen wird, da sich der Kohlendioxidgehalt der Luft bis dahin verdoppelt haben wird. Schon ein geringer Temperaturanstieg könnte jedoch katastrophale Auswirkungen nach sich ziehen. Wenn sich das Klima der Arktis und der Antarktis auch nur geringfügig erwärmt, würde dies riesige Eismengen zum Schmelzen bringen, was wiederum die Anhebung des Meeresspiegels wie auch die Überschwemmung unzähliger Küstenstädte auf der ganzen Welt zur Folge hätte. Zumindest würde das Klima auf der Erde erheblich durcheinandergebracht – mit beträchtlichen Auswirkungen auf die Nahrungsmittelproduktion und die Wasservorräte.

Offenbar ist das atmosphärische Treibhaus unseres Planeten tatsächlich so zerbrechlich, als wäre es aus Glas.

Zauberei?

Ich habe beobachtet, daß Schnee über einen Zeitraum von ein bis zwei Wochen langsam dahinschmilzt, auch dann, wenn die Temperatur in dieser Zeit nie den Gefrierpunkt übersteigt. Was passiert da mit dem Schnee?

Der Schnee schmilzt nicht; in Wirklichkeit geht er als Wasserdampf direkt in die Luft über, ohne vorher zu Wasser geworden zu sein.

Wir könnten versucht sein zu sagen, der Schnee sei verdunstet. Wissenschaftler verwenden den Begriff »verdunsten« jedoch nur im Zusammenhang mit Flüssigkeiten. Wenn aber ein Feststoff »verdunstet«, dann nennen sie diesen Vorgang *Sublimation*. In unserer Alltagserfahrung haben wir selten Gelegenheit, die Sublimation von Feststoffen zu beobachten, da dieser Vorgang normalerweise wesentlich langsamer vonstatten geht als das Verdunsten von Flüssigkeiten.

Sublimation vollzieht sich folgendermaßen: Die Moleküle an der Oberfläche eines Festkörpers sind nicht so fest verbunden wie die Moleküle in seinem Inneren. Während die Moleküle im Inneren des Körpers nach allen Richtungen mit ihren Geschwistern verbunden sind – nach oben, nach unten, nach allen Seiten –, sind die Oberflächenmoleküle in alle Richtungen verankert, außer nach oben.

Wenn Sie bedenken, daß Moleküle ohnehin nie völlig bewegungslos sind (s. S. 316), werden Sie sich leicht vorstellen können, daß Oberflächenmoleküle sich gelegentlich losreißen und in die Luft entweichen. Solche Moleküle sind sublimiert. Da Flüssigkeitsmoleküle lockerer miteinander verbunden sind als die Moleküle von Feststoffen, ist die Wahrscheinlichkeit, daß ein Molekül einer Flüssigkeit sich losreißen könnte, wesentlich größer. Deshalb verdunsten Flüssigkeiten im allgemeinen viel schneller, als Feststoffe sublimieren.

Schnee ist ein guter Sublimationskandidat, da er aus komplizierten spitzen Kristallen mit einer großen Oberfläche besteht; und je mehr Oberflächenmoleküle es gibt, desto mehr Moleküle können sublimieren. Sie können allerdings auch feste Eisbrocken bei der Sublimation beobachten. Sie haben doch bestimmt einmal erlebt, daß ältere Eiswürfel im Gefrierfach schrumpfen, oder?

Nicht alle Feststoffe sind gleichermaßen geneigt zu sublimieren, da sie aus unterschiedlichen Atomen oder Molekülen bestehen, die wiederum unterschiedlich fest aneinander haften. Glücklicherweise haften die Atome von

Metallen sehr fest aneinander. Deshalb sublimieren Gold und Silber überhaupt nicht. Andererseits sind die Moleküle von etlichen organischen Feststoffen nur sehr locker miteinander verbunden und haben deshalb die ausgeprägte Neigung, als Dampf in die Luft überzugehen. Mottenkugeln und Geruchsbeseitigungsprodukte zum Beispiel werden gewöhnlich aus Paradichlorbenzol hergestellt, einem organischen Feststoff, der sozusagen sehr sublimationsfreudig ist. Sein stark riechender Dunst verbreitet sich rasch, tötet Motten und nimmt uns gleichzeitig unsere Fähigkeit, Faulgerüche wahrzunehmen.

Probieren Sie's selbst

Messen Sie während einer Kältewelle die Länge eines beliebigen Eiszapfens! Ein oder zwei Tage später messen Sie ihn noch einmal! Stellen Sie sicher, daß die Temperatur in der Zwischenzeit nicht über den Gefrierpunkt gestiegen ist, so daß für den Eiszapfen kein Anlaß besteht zu schmelzen. Sie werden feststellen, daß er sich durch Sublimation verkleinert hat.

Apropos ...

Wie wird gefriergetrockneter Kaffee hergestellt?

Durch die Sublimation von Eis.

Gefriergetrockneter Kaffee wird anders als normaler löslicher Kaffee hergestellt. In beiden Fällen wird zunächst unglaublich starker Kaffee in ca. 1000-Kilogramm-Schüben gebraut. Für die Herstellung von herkömmlichem löslichen Kaffee wird dieses dickflüssige Gebräu nun im Schnellverfahren getrocknet, indem man es sich in einer stark erhitzten Kammer setzen läßt. Das gesamte Wasser verdunstet, und nur der puderförmige Feststoff setzt sich am Boden ab. Leider geht ein Teil der geschmackreichsten Kaffeeinhaltsstoffe durch die Hitze verloren.

Für gefriergetrockneten Kaffee wird das Gebräu zu Blöcken aus festem Kaffeeis gefroren. Diese werden dann pulverisiert und in einer Vakuumkammer gelagert, wo durch Sublimation die Wassermoleküle aus dem Eis herausgezogen werden. Die meisten Instantkaffeekenner sind davon überzeugt, daß gefriergetrockneter Kaffee im Vergleich zum herkömmlichen löslichen Kaffee einen weitaus besseren Geschmack hat.

Warum sich die Luft bei Schneefall erwärmt

Ich weiß, es klingt unglaublich, aber ich schwöre Ihnen, es ist wahr. Ich bin viel draußen im Winter, und jedesmal, wenn es zu schneien beginnt, stelle ich fest, daß sich die Luft erwärmt. Dabei würde man doch annehmen, daß die Luft bei Schneefall kälter wird und nicht wärmer. Was passiert da?

Sie sind ein guter Beobachter. Die Luft erwärmt sich tatsächlich, wenn es zu schneien beginnt.

Betrachten Sie die Sache einmal so: Um eine große Menge Eis oder Schnee zum *Schmelzen* zu bringen, müßten Sie Wärme zuführen. Wenn große Wassermengen jedoch zu Eis oder Schnee *gefrieren* sollen, was der umgekehrte Vorgang ist, muß die gleiche Wärme doch wieder frei werden. So ist es auch. Und in der Tat heizt diese Wärme die Luft auf. Die Frage ist nur, *warum* die Wärme freigesetzt wurde.

Zunächst ist festzuhalten, daß Wasser erst bei Temperaturen unter 0°C zu Schneeflocken gefriert. Oder haben Sie schon mal eine Wettervorhersage gehört: »Temperaturen um 15°C mit gelegentlichen Schneeschauern«? Der notwendige Abkühlungsprozeß, den Sie zu Recht erwarten, hat sich zu dem Zeitpunkt, an dem sich die erste Schneeflocke bildet, bereits vollzogen. Daran ist nichts besonders Bemerkenswertes.

Sobald jedoch Wasser zu Schnee gefriert, setzt ein neuer Prozeß ein. Die Moleküle in einem Tropfen flüssigen Wassers sind relativ locker miteinander verbunden; sie gleiten frei und ungezwungen umeinander herum. Sobald dieser Tropfen aber zu einem wunderschön geformten Eiskristall, das wir Schneeflocke nennen, gefriert, ordnen sich die Wassermoleküle gezwungenermaßen in einer starren kristallinen Struktur an (s. S. 271). In diesem Zustand besitzen Sie weniger Energie als in der chaotischen flüssigen Form von vorher − als ob ein Lehrer eine Horde wilder Kinder zu bändigen versucht, indem er sie sich in einem Flur der Reihe nach aufstellen läßt. Wenn die Wassermoleküle der Schneeflocke nun weniger Energie besitzen als vorher − als diese noch ein Wassertropfen war −, muß die nun fehlende Energie doch irgendwo geblieben sein. Und so ist es auch. Sie ist in Form von Wärme in die Luft übergegangen.

Für jedes Gramm Wasser, das zu einem Gramm Eis oder Schnee gefriert (ein Gramm Schnee würde einen Schneeball in der Größe einer Murmel ergeben), werden 80 kalorien Wärme freigesetzt. Würde diese Wärmeenergie in jenem Gramm Wasser bleiben, reichte das aus, um die Temperatur von 0 auf 80° Celsius zu erhöhen! Aber natürlich bleibt die Wärme nicht im Wasser, sonst würde es ja nie gefrieren. Sie zieht sich deshalb in die kühle Luft der Umgebung zurück.

Wenn sich also ein Gramm Wasser in Schneeflocken verwandelt, bekommt die es umgebende Luft 80 kalorien Wärme geschenkt. Multiplizieren Sie dies mit den unzähligen Gramm Wasser, die zu Beginn eines Schneefalls gefrieren, ist es wohl kaum erstaunlich, daß Ihnen wärmer wird.

Apropos ...

Warum besprühen viele Leute, wenn Frost droht, ihre Tomatenpflanzen mit Wasser?

Das Wasser auf den benetzten Blättern wird zuerst gefrieren und dabei seine 80 Kalorien Wärme pro Gramm freisetzen. Die Blätter werden diese Wärme absorbieren und darum wärmer bleiben, als sie es sonst wären. Es stimmt nicht, was Gartenfachbücher behaupten, daß nämlich das gefrorene Wasser als Dämmstoff fungiert und so die Blätter vor Frost schützt. Die Dämmfähigkeit einer dünnen Eisschicht ist gleich Null.

Vorschlag für eine Kneipenwette

Bei Schnee steigen die Temperaturen.

Man muß nur wissen, wie ...

Als Skifahrer muß ich mich manchmal mit künstlichem Schnee begnügen, dem Schnee, der mit Spezialmaschinen hergestellt wird. Pumpen die einfach einen Wasserstrahl in die Höhe, um ihn dann gefrieren zu lassen, oder wie funktioniert das?

Nein. Das würde bestimmt nicht sehr gut funktionieren, außer vielleicht bei extrem kalter Witterung. Übrigens erzeugen die Maschinen keine echten Schneeflocken; sie erzeugen kleine Eiskügelchen, von denen jedes einen Durchmesser von etwa einem Fünfundzwanzigtausendstel Zentimeter hat. Die Methode, einfach einen Wasserstrahl gefrieren zu lassen, funktioniert nicht, weil Wasser, wenn es gefriert, immer etwas Wärme nach außen abgibt (s. S. 215). Dies geschieht, weil Wassermoleküle, die sich von einer Flüssigkeit in einen Feststoff verwandeln, plötzlich nicht mehr umherwandern können, sondern gezwungen sind, bestimmte vorgegebene Positionen einzunehmen. So muß die Bewegungsenergie, die die Moleküle vorher noch hatten, ja irgendwo landen. Wenn große Mengen versprühten Wassers in Bodennähe gefrieren sollen, erwärmt die freigesetzte Energie die Luft erheblich und erzielt so den gegenteiligen Effekt; der Ersatzschnee wäre dann naß und nicht sehr kalt.

Wenn sich dagegen in der Natur echter Schnee bildet, wird die Wärme bereits weit oben in der Luft abgegeben – dort, wo der Schnee sich gebildet hat. Dadurch werden unsere geliebten Abhänge jedoch nicht spürbar erwärmt. Darum verrichten in vielen Skigebieten die Schneemaschinen ihre Sprüharbeit von hohen Türmen aus und geben so dem Wind die Möglichkeit, die Wärme abzuleiten.

In jedem Fall ist zusätzliche Kühlung notwendig. Die Maschinen erreichen dies, indem sie nicht nur Wasser versprühen, sondern eine Mischung aus Wasser und Hochdruckluft (ungefähr 8 Kilogramm pro Quadratzentimeter). Wenn komprimierte Luft – oder auch jedes andere Gas – plötzlich die Gelegenheit erhält, sich auszudehnen, kühlt sie auf der Stelle ab. Indem sie die Atmosphäre und alles andere, was ihnen im Wege ist, zur Seite drängen, verbrauchen solche Gase einen Teil ihrer Energie (s. S. 180). Die Kälte der sich ausdehnenden Luft gleicht die durch das gefrorene Wasser freigesetzte Wärme aus. Und zusätzlich werden die versprühten Wassertropfen noch durch Verdunstung gekühlt (s. S. 238).

Seltsamerweise jedoch gefriert Wasser, wie kalt es auch sein mag, nicht spontan oder einfach so. Jeder sagt zwar, daß Wasser bei 0° Celsius gefriere. Man müßte jedoch hinzufügen: »... vorausgesetzt, irgend etwas stimuliert den Beginn des Gefrierprozesses.« Wassermoleküle hüpfen nicht automatisch in ihre vorgeschriebenen, starren Positionen innerhalb eines Eiskristalles. Sie brauchen dazu eine Art Startschuß.

Tatsache ist, daß Wasser weit unter seinen normalen Gefrierpunkt hinaus abgekühlt, das heißt erheblich *unterkühlt* werden kann, ohne zu gefrieren. Dies zu Hause auszuprobieren, wäre viel zu kompliziert. Unter Laborbedingungen jedoch kann Wasser bis auf 40° unter Null abgekühlt werden, ohne zu gefrieren.

Schon eine leichte mechanische Erschütterung kann die Moleküle unterkühlter Wassertropfen dazu ankurbeln, ihre angestammten Stellungen in einem Eiskristall einzunehmen. Im Falle der Schneemaschine wird diese Erschütterung durch einen Strahl von unter Hochdruck stehender Luft ausgelöst, der die mikroskopisch kleinen Wassertröpfchen fast mit Schallgeschwindigkeit aus den Düsen herausschießt.

Ein interessanter neuer Trick dabei ist, daß man der Sprühmischung aus Wasser und Luft eine bestimmte harmlose Bakterienart hinzufügt. Man hat nämlich herausgefunden, daß diese Bakterien, die fast überall auf Pflanzenblättern zu finden sind, das Wasser dazu bringen, schneller zu gefrieren. Womöglich kann man sie auch zum

Frostschutz von Pflanzen einsetzen (s. S. 220). Jedenfalls sorgen sie im Zusammenhang mit Schneemaschinen für eine größere Ausbeute an künstlichem Schnee, da sie die Wassertröpfchen zum Gefrieren bringen, bevor diese überhaupt eine Gelegenheit haben zu verdunsten.

Was einen Schneeball zusammenhält

Ich habe mich neulich mit einem Freund über die Frage gestritten, wodurch ein Schneeball zusammengehalten wird. Er sagt, das liege daran, daß Schneeflocken sich ineinander verzahnen. Das leuchtet mir nicht ein. Oder hat er etwa recht?

Die Idee ist ganz hübsch, und Schneeflocken haben tatsächlich wunderbar komplexe Formen, mit scharfen Kanten, Spitzen usw. Aber die Vorstellung von ineinandergreifenden Haken und Ösen zeugt in der Tat von großer Phantasie und hat mit der Wirklichkeit nicht viel zu tun. Außerdem sind Schneeflocken viel zu zerbrechlich; wenn man sie zusammenpfercht, fühlen sie sich leicht erdrückt.

Die Antwort liegt in der Tatsache, daß gefrorenes Wasser – ob Eis oder Schnee – durch Druck zum Schmelzen gebracht werden kann (s. S. 284). Wenn man Schnee leicht zusammendrückt, schmelzen durch den Druck bestimmte Teile der Flocken. Auf dem sich daraus ergebenden Wasserfilm können sie dann übereinander hinweggleiten, und der Ball wird nicht fest. Da aber die Temperatur des ursprünglichen Schnees sich weitgehend immer noch unterhalb des Gefrierpunktes befindet, gefrieren die geschmolzenen Teile sofort wieder. Dieses wiedergefrorene Eis wirkt nun wie Zement und hält das Ganze zusammen.

Wenn Sie unerschrocken genug sind, Schneebälle mit
ihren bloßen Händen zu formen, schmilzt durch Ihre Körperwärme eine dünne Schicht auf der Außenseite des
Schneeballs. Sobald diese Schicht wieder gefriert, haben
Sie eine extraharte Waffe. Trotz des strikten Verbots der
Genfer Konvention tunken einige Kämpfer ihre Schneebälle sogar in Wasser, um sie noch härter zu machen.

Probieren Sie's selbst

Stellen Sie einen dunkelblauen oder schwarzen Teller ins Gefrierfach und warten Sie auf den nächsten Schnee. Wenn es
dann zu schneien beginnt (dann sind die Flocken nämlich am
größten), nehmen Sie den Teller und ein Vergrößerungsglas –
das stärkste, das sie auftreiben können –, und gehen Sie nach
draußen. Ein kaltes Mikroskop mit einem Objektglas wäre
noch besser geeignet. Lassen Sie ein paar Schneeflocken auf
den Teller oder das Objektglas fallen und nehmen Sie sie sogleich unter die Lupe. Welch wunderschöne Kristalle! Sollte
der Schnee Sie unvorbereitet antreffen, so können Sie auch
ein Stück kalten, dunklen Stoff als Schneeflockenfänger verwenden.

Apropos ...

Kann es mal zu kalt sein, um Schneebälle zu formen?

Ja. Jedes Kind aus dem Norden weiß, daß man mit nassem
Schnee die besten Schneebälle »bauen« kann. Das liegt
daran, daß Schnee, dessen Temperatur nicht allzu weit unter dem Gefrierpunkt liegt, durch Druck leicht zum
Schmelzen gebracht werden kann und sich so in ein effektives Geschoß verwandeln läßt. Wenn der Schnee jedoch

zu kalt ist, wird die Kraft selbst des kampflustigsten Rauf-
boldes nicht ausreichen, die Flocken durch Druck zum
Schmelzen zu bringen. Und so wird der Schnee in nutzlose
Schrapnellkügelchen zerfallen.

Welch ein prächtiges Feuerwerk!

Aber wie kommen all diese Farben zustande?

Man fügt den Explosionsgemischen bestimmte Chemikalien hinzu, die wiederum bei Erwärmung bestimmte Lichtfarben abgeben. Sollten Sie der Meinung sein, daß ein grünes Feuer beispielsweise romantischer ist, könnten Sie ja
einige dieser Chemikalien in Ihren Kamin werfen.

Wenn Sie ein Atom ins Feuer werfen, kann es einen Teil
der Energie des Feuers in sich aufnehmen, indem die Bewegung seiner Elektronen beschleunigt wird. Aber diese
»heißen« Elektronen können es nicht erwarten, zu ihrem
relativ trägen normalen Energiezustand (unter Fachleuten
heißt das *Grundzustand*) zurückzukehren. Die einfachste
Methode (für ein Elektron), dies zu tun, besteht darin, sich
dieser überschüssigen Energie in Form eines Lichtstrahls
zu entledigen. Wenn genügend Atome in einem Feuer
gleichzeitig Wärmeenergie aufnehmen und diese sogleich
in Form von Licht wieder abstoßen, dann sehen wir in der
Tat ein sehr strahlendes Licht.

Jeder Atom- oder Molekültyp hat einen spezifischen
Elektronensatz und nimmt im Feuer jeweils sein eigenes
Maß an Energie auf, um es anschließend wieder abzusto-
ßen. Das heißt, unterschiedliche Atome und Moleküle geben unterschiedliche Wellenlängen oder Lichtfarben ab.

(Fachleute sagen: Jedes Atom oder Molekül hat sein spezifisches *Emissionsspektrum*.) Pech für die Feuerwerkshersteller, daß die meisten Atome und Moleküle ihr Licht in Farben aussenden, die der Mensch nicht wahrnehmen kann, und zwar im ultravioletten oder infraroten Bereich des Spektrums. Allerdings geben die Atome von einigen Elementen ein Licht ab, dessen prächtige Farben für uns sichtbar sind.

Hier nun einige Arten von Atomen, die in Form einer chemischen Verbindung für Feuerwerkskörper verwendet werden: *Rottöne:* Strontium (am häufigsten verwendet) erzeugt dunkelrotes Licht, Calcium gelblich-rotes, und Lithium karminrotes Licht. *Gelbtöne:* Natrium sorgt für strahlendes reines Gelb. *Grüntöne:* Barium (am häufigsten verwendet) erzeugt gelblich-grünes, Kupfer smaragdgrünes, Tellur grasgrünes, Thallium wiesengrünes und Zink blaßgrünes Licht. *Blautöne:* Kupfer (am häufigsten verwendet) erzeugt Azurblau, Arsen helles Blau, Blei und Selen ebenfalls helles Blau. *Violettöne:* Cäsium bringt bläuliches Lila, Kalium dagegen rötliches Lila hervor. Rubidium schließlich erzeugt violettes Licht.

Probieren Sie's selbst

Wenn Sie das nächste Mal vor Ihrem Kamin oder am Lagerfeuer sitzen, streuen Sie ein wenig gemahlenes Tafelsalz oder Natriumbicarbonat in Pulverform in das Feuer, und Sie werden eine strahlend gelbe Flamme erleben, wie sie nur durch Natrium erzeugt wird. Sollte in Ihrer Küche zufällig eines der Salzersatzprodukte – für eine natriumfreie Diät – herumstehen, können Sie auch das benutzen. Anstatt Natriumchlorid enthält es Kaliumchlorid. So werden Sie auch die für Kalium typische rötlich-lila gefärbte Flamme erhalten. Wenn Ihnen Ihr

Arzt gegen Ihre manisch-depressiven Zustände gerade Lithium verschrieben hat, so können Sie mit Ihrer Medizin die prächtigsten roten Flammen erzeugen, die Sie je gesehen haben.

Apropos ...

Wie werden eigentlich die Farben von Neonreklame hergestellt? Handelt es sich etwa um gefärbtes Glas?

Nein. Die Farben sind in Wirklichkeit »glühende« Atome, die durch Elektrizität angeregt wurden. Im Grunde werden diese Farben ähnlich wie die in Feuerwerkskörpern hergestellt: Sobald die Atome durch Energie angeheizt werden, streben sie danach, diese überschüssige Energie loszuwerden, indem sie Licht in ihrer eigenen charakteristischen Farbe abgeben. Es gibt (glücklicherweise) ein paar Unterschiede zwischen Feuerwerkskörpern und Neonleuchtzeichen. Im letzteren Fall hat man Atome in Gasform in Glasröhren untergebracht, die so geformt wurden, daß sie bestimmte Wörter oder Bilder ergeben. Anstatt durch Explosionen werden die Gasatome hier durch Hochspannungsstrom stimuliert, der durch die Röhre hindurchfließt. Sollte es sich bei dem Gas zufällig tatsächlich um Neon handeln, wird es jenes typische Orangerot erzeugen, das wir alle kennen.

Andere Gase geben die für sie typischen Lichtfarben ab, sobald sie durch den Strom dazu angeregt werden. Helium zum Beispiel ergibt rosa-violettes Licht. Argon erzeugt bläuliches Lila, Krypton ein blasses Violett und Xenon einen Blaugrünton. Andere Farben werden durch Mischung der Gase hergestellt, oder dadurch, daß die Innenseite der Röhren mit einer Schicht aus bestimmten Feststoffen versehen ist, die in ihrer jeweils spezifischen Farbe glühen. Bislang konnte noch niemand die Leute davon abbringen, alle diese Röhren als »Neonröhren« zu betitulieren, ganz gleich, um welches Gas es sich im Einzelfall auch handeln mag.

Vorschlag für eine Kneipenwette

Die blaue Neonbierreklame da drüben enthält überhaupt kein Neon!

Über den Wolken

Was passiert mit einem mit Helium gefüllten Ballon, sobald man ihn draußen freiläßt? Und warum steigen Heliumballons überhaupt in die Höhe? Wirkt die Schwerkraft auf Helium nicht genauso ein wie auf alles andere auch? Wenn etwas nach oben steigt, muß es da nicht eine nach oben treibende Kraft geben? Und wie nennt man diese Kraft? Antischwerkraft?

Antischwerkraft? Das Wort werden Sie in diesem Buch nicht finden. Die Science-fiction-Abteilung befindet sich zwei Regale weiter links.

Überraschenderweise gibt es keine Kraft, die Dinge *nach oben* treibt. Es ist nur so, daß die *nach unten* wirkende Kraft auf das Helium weniger stark wirkt als auf die Luft, die es umgibt. Das liegt daran, daß Heliumgas leichter ist als Luft (s. S. 320). Die Schwerkraft zieht an den Heliumatomen weniger kräftig als an den schwereren Luftmolekülen. Daher wird die Luft an dem Helium vorbei nach unten gezogen. Oder anders ausgedrückt: Das

Helium treibt an der Luft vorbei nach oben. Säßen Sie im Inneren eines Heliumballons, würden Sie sich vielleicht fragen: Wieso schießt all diese Luft an mir vorbei nach unten?

Wenn Sie ein Stück Holz unter Wasser halten und dann plötzlich loslassen, wundern Sie sich doch auch nicht darüber, daß es an die Wasseroberfläche zurückstrebt. Das hat wahrscheinlich damit zu tun, daß für uns Wasser und Holz vertrautere Materialien sind. Wir wissen ja, daß Holz auf Wasser treibt (s. S. 243).

Über Helium oder Luft dagegen weiß man im allgemeinen nicht so gut Bescheid. Handelt es sich doch weder um Feststoffe noch um Flüssigkeiten; das heißt, man kann sie weder sehen noch verschütten, festhalten oder wegwerfen. Und doch sind sie *Substanzen*, aus kleinsten Partikeln bestehend, die von dem Gravitationsfeld der Erde nach unten gezogen werden. Also reagieren sie auch auf die gleiche Weise wie Feststoffe und Flüssigkeiten. Die Schwerkraft entspricht in ihrer Stärke der Masse der jeweiligen Partikel, seien es nun Feststoffe, Flüssigkeiten oder Gase.

Wenn Sie einen Heliumballon also im Freien aufsteigen lassen, passiert verschiedenerlei: Beim Aufsteigen trifft er auf wechselnde Bedingungen, sowohl in bezug auf den Luftdruck wie auch auf die Lufttemperatur. Was den Luftdruck anbelangt, so fällt der mit steigender Höhe stetig ab. Das liegt daran, daß die Atmosphäre eine die Erde umgebende Luftschicht ist, die ihrerseits durch die Schwerkraft eng an den Erdball gebunden ist. Je höher Sie innerhalb dieser Schicht aufsteigen, das heißt, je weniger davon sich über Ihnen befindet, desto weniger werden Sie nach unten gedrückt. Deshalb verspüren Sie weniger Luftdruck – genau wie der Ballon.

Ein Gummiballon hat immer eine bestimmte Größe, da der sich nach außen richtende Druck des Gases im Inneren des Ballons auf den Widerstand des nach innen gerichteten Drucks der Atmosphäre gegen seine Außenseite trifft. (Dazu kommt natürlich noch die Kontraktionstendenz des Gummimaterials.) Wenn der atmosphärische Druck nun abnimmt, gewinnt die Expansionstendenz des Heliumgases möglicherweise die Oberhand, und der Ballon dehnt sich aus. Deshalb wird der Ballon in größerer Höhe sich immer mehr ausdehnen. Merken Sie sich diesen Umstand einstweilen.

Wie wirkt sich nun der Temperaturabfall aus? Wir wissen, daß Gase sich bei Wärmezufuhr ausdehnen, bei Abkühlung dagegen zusammenziehen. Das liegt daran, daß die Moleküle eines heißen Gases schneller hin- und herhüpfen und daher heftiger mit allem zusammenstoßen, was sich ihnen in den Weg zu stellen versucht. In unserem Fall steigt der Heliumballon in immer kühlere Regionen auf; die Durchschnittstemperatur der Erdatmosphäre sinkt von $18°$ Celsius auf Meeresspiegelhöhe bis auf $-51°$ Celsius in einer Höhe von 10 Kilometern über dem Meeresspiegel. Während der Ballon also nach oben steigt und sich dabei abkühlt, wird er tendenziell schrumpfen.

So haben wir es mit zwei gegeneinander wirkenden Tendenzen zu tun: mit Expansion, ausgelöst durch den sinkenden atmosphärischen Druck, und mit Kontraktion, verursacht durch die sinkende Temperatur der Atmosphäre. Welche der beiden Tendenzen wird sich letztlich durchsetzen?

Die Gesetze, die bei der Expansion und Kontraktion von Gasen eine Rolle spielen, sind gut bekannt; Wissenschaftler fassen sie in Form einer mathematischen Glei-

chung, im Gasgesetz, zusammen. Mit dieser Gleichung
lassen sich die Auswirkungen wechselnder Druck- und
Temperaturverhältnisse auf ein Gas errechnen. Wenn Sie
eine solche Rechnung auf unseren Heliumballon anwenden (und das habe ich getan), werden Sie feststellen, daß
die mit der Abnahme des Luftdrucks einhergehende Expansion sich stärker auswirkt als die aus der Abkühlung
sich ergebende Kontraktion. Insgesamt bedeutet das für
den Fesselballon, daß er, während er aufsteigt, immer
größer wird, bis die Gummihülle sich nicht weiter dehnen läßt und platzt, um schließlich irgend jemandem in
sein Picknick zu fallen. Das Heliumgas steigt nun »unge-
fesselt« immer weiter durch die Atmosphäre auf, bis es
schließlich eine Höhe erreicht, in der die Luft so dünn ist,
daß eine Ballonfüllung Luft genauso leicht wäre wie eine
gleichgroße Ballonfüllung Helium. Und so wird das Helium womöglich bis zum Jüngsten Gericht da hängen
bleiben.

Wenn Sie's genauer wissen wollen

Na ja, vielleicht nicht ganz so lange. Aufgrund von Wind, Wit-
terungsverhältnissen und verschiedenen anderen Faktoren
finden wir in der Luft, egal in welcher Höhe, immer etwas
Helium vor – im Durchschnitt etwa fünf Heliumatome auf eine
Million Luftmoleküle. Und ganz oben in der Atmosphäre ver-
abschieden sich einige von ihnen für immer von der Erde.

Darüber hinaus bringen noch andere Dinge unser allzu ge-
ordnetes Bild wieder durcheinander. So steigt unser Ballon
vielleicht gar nicht erst so hoch, daß er explodiert, da er möglicherweise nicht genug Helium enthält, um seine Gummilast
hoch genug tragen zu können. In diesem Fall wird er ab einer
bestimmten Höhe einfach aufhören, weiter aufzusteigen.

Dann könnten Winde ihn tagelang umherblasen – solange, bis soviel Helium entwichen ist (Heliumatome sind klitzeklein und sickern darum einfach durch das Gummi hindurch), daß der Ballon durch das Gewicht des Gummis nach unten gezogen wird. Wahrscheinlich haben Sie schon einmal beobachtet, daß einen Luftballon, der ein paar Tage lang an der Zimmerdecke hing, ein ähnliches Schicksal ereilte.

Übrigens werden Heliumballons heutzutage oft anstatt aus Gummi aus aluminiumbeschichtetem Mylar hergestellt – einem harten Kunststoffilm, der mit einer sehr dünnen Aluminiumschicht überzogen wurde. Sie sind widerstandsfähiger, langlebiger und können außerdem viel höher aufsteigen, bis ihr Schicksal sie schließlich ereilt. Düsenflugzeuge sollen sie in schwindelerregender Höhe gesichtet haben.

Schau doch mal nach oben! Dort oben am Himmel! Ein Vogel! Ein Flugzeug!

Wie auch immer man sie nennt – Zeppelin, Luftschiff oder Luftfahrzeug: Gefüllt sind sie doch mit Heliumgas, oder? Aber wenn sie sich durch Sonne und Wind erwärmen und dann wieder abkühlen, ist das Gas doch ständig damit beschäftigt, sich abwechselnd auszudehnen und wieder zusammenzuziehen, stimmt's? Wie wird ein Luftschiff wohl damit fertig? Heißt das etwa, daß der ganze Ballon sich ausdehnen und dann wieder zusammenziehen muß?

Nein, das würde bedeuten, daß die Reklame des Sponsors auf den Flanken des Schiffes auf Dauer nicht halten würden. Und das geht nun wirklich nicht. Sind die heutigen Luftschiffe doch nichts anderes als schwebende Litfaßsäulen. Um zu vermeiden, daß der ganze Ballon seine Form verändert, wendet man ein raffiniertes System an, bei dem Helium und Luft unablässig ausgetauscht werden.

Ein Luftschiff ist, wie Sie sicherlich längst wissen, letztlich ein großer mit Helium gefüllter Gummibeutel. Dieses verrückte Flugobjekt schwebt in der Luft, weil das ganze Ding inklusive Helium, Gummibeutel, Gondel, Motor, Besatzung sowie Schwarzfahrern in Gestalt von Lokalpolitikern weniger wiegt als das entsprechende Volumen Luft (s. S. 243).

An einem heißen Tag, wenn die Sonne auf das Luftschiff prallt, kann sich der Innendruck beträchtlich erhöhen, wodurch das Helium dazu angeregt wird, sich auszudehnen. Nun wird man kaum all das teure Helium einfach in die Luft gehen lassen. Und was würde man auch tun, wenn sich der Beutel plötzlich wieder abkühlen und man daher mehr Helium benötigen sollte?

Im Inneren jenes großen mit Helium gefüllten Beutels befindet sich daher ein weiterer kleiner Beutel, der mit Luft gefüllt ist – also ein Luftballon in einem Heliumballon. Beide Ballons sind so angeordnet, daß ein Teil der guten alten Luft (für die man bislang nichts zu bezahlen braucht) nach draußen abgegeben wird, sobald das Helium sich ausdehnt. Wenn das Helium sich wieder zusammenzieht, wird die Schrumpfung dadurch ausgeglichen, daß mehr Luft von draußen in den inneren Beutel gelangt – oder aber man bittet einfach die Politiker, ein paar »windige« Worte in seine Richtung zu sprechen.

Warum Astronauten so warm empfangen werden

Je stärker der Wind bläst, desto kälter ist mir. Das kann ich noch verstehen. Wenn aber ein aus dem Weltraum zurückkommendes Spaceshuttle in die Erdatmosphäre eintaucht, wird es durch die an ihm vorbeirasende Luft dermaßen aufgeheizt, daß man es davor schützen muß, wie ein Meteorit einfach zu verglühen – und das, obwohl die Luft da oben wesentlich kälter ist als hier unten. Wie kann Wind, wenn er nur stark genug ist, sich von einem kühlenden Wind in einen verbrennenden Wind verwandeln?

Zunächst ist dazu zu sagen, daß der Kühlungseffekt auf Ihrer Haut bei starkem Wind kaum etwas mit der Verdunstung von Schweiß zu tun hat, wenn Sie das denken sollten. Dieser Effekt (s. S. 238) erschöpft sich, sobald genug Wind da ist und der gesamte Schweiß bereits verdunstet ist. Starker Wind wirkt kühlend auf uns, weil der Strom der Luftmoleküle uns einen Teil unserer Körperwärme entzieht; je schneller er vorbeizieht, desto kühler wird uns. Kaum hat Ihre Haut ein sie berührendes Luftmolekül aufgeheizt, wird es schon hinweggefegt und mit ihm Ihre durch harte Arbeit erworbene Körperwärme. Kleidung kann Sie weitestgehend schützen, da sie solche räuberischen Luftmoleküle nicht an Ihre Haut heranläßt.

Zurück zum Spaceshuttle: Zuallererst müssen Sie den Irrglauben begraben, es handele sich um einen *Reibungseffekt*. Zeitungen und Magazine verwenden diesen Begriff nur allzu gerne, um die große Hitze beim Durchgang durch die Erdatmosphäre zu »erklären«. Reibung bedeutet allerdings, daß zwei Festkörper aneinanderscheuern. Die Gasmoleküle hingegen sind so weit voneinander entfernt, mit so viel leerem Raum dazwischen, daß ein Gas völlig unfähig ist, sich mit welchem Gegenstand auch immer zu »reiben«. Das einzige, wozu die Gasmoleküle in der Lage sind, ist, wild durch die Gegend zu fliegen und dabei wahllos mit allen möglichen Gegenständen zusammenzustoßen, so wie etwa ein Fliegenschwarm sich wie behämmert gegen eine Scheibe wirft, hinter der ein Misthaufen ist. (Entschuldigen Sie den etwas unappetitlichen Vergleich, aber er trifft für mein Gefühl das Verhalten von Gasmolekülen ganz gut.)

In einer Höhe von etwa sechzig Kilometern ist die Luft, wie gesagt, wesentlich kälter und dünner als hier unten. Und doch beginnt ein Raumfahrzeug, sich erheblich zu erhitzen, sobald es in die Erdatmosphäre eintaucht. Wenn der »Wind« mit einer Geschwindigkeit von etwa 27000 Kilometern pro Stunde an einem Shuttle vorbeizischt, was seiner Geschwindigkeit zu diesem Zeitpunkt entspricht, haben wir es mit einer Situation zu tun, die mit den lauen Winden, die wir kennen, kaum vergleichbar ist. Ein Spaceshuttle, das sich mit einem Tempo von 27000 Kilometern pro Stunde fortbewegt, fliegt in der Tat sehr viel schneller als die wild umherflitzenden Luftmoleküle. Deren Durchschnittsgeschwindigkeit entspricht ihrer Temperatur (s. S. 316).

Auch wenn das Shuttle anhalten würde, und die Luftmoleküle bombardierten es mit ihrer normalen Eigengeschwindigkeit *plus* 27000 Kilometern pro Stunde, änderte das am Ergebnis nichts. Es ergibt sich eine Gesamtgeschwindigkeit der Moleküle, die einer Temperatur von mehreren tausend Grad entspricht. Das heißt, das Shuttle ist einer Lufttemperatur von einigen tausend Grad ausgesetzt. Wäre es nicht vorher mit einem höchst hitzebeständigen Keramikmaterial überzogen worden, das diese

Energie schluckt, indem es schmilzt, würde es tatsächlich wie ein Meteorit verglühen. (Genau deshalb verglühen Meteoriten ja auch.)

Aber selbst Keramik kann sich bei solch hohen Temperaturen nicht lange halten. Glücklicherweise läuft dem Vorderteil des Shuttles eine Bugwelle voran – eine Schicht aus Luftmolekülen, die sich dort angesammelt haben, einfach weil sie sich nicht schnell genug aus dem Staub machen konnten. Diese Luftschicht fungiert als eine Art Stoßstange. Indem sie sich in eine glühende Wolke aus Atomfragmenten und Elektronen zersetzt, was Naturwissenschaftler als *Plasma* bezeichnen, schwächt sie die Wucht der Wärmeenergie ab. So entsteht jene V-förmige »Bugwelle«, die Sie auf den Telefotos im Fernsehen erkennen können.

Kapitel 6

Wasser, überall Wasser

Wasser ist die auf der Erde am weitesten verbreitete chemische Verbindung. Es bedeckt etwa 75 Prozent der Oberfläche unseres Planeten. Deshalb sieht die Erde vom Weltraum aus blau und weiß aus. (Die weißen Wolken bestehen natürlich, wie wir wissen, auch aus Wasser.) Der gesamte Wasserhaushalt der Erde, das heißt Meere, Seen, Flüsse, Wolken, Polareis und Hühnersuppe beträgt eineinhalb Milliarden Milliarden Tonnen. Tatsächlich bestehen wir selbst zu über fünfzig Prozent aus Wasser: Der 75 Kilogramm schwere Druchschnittsmann besteht zu etwa sechzig Prozent aus Wasser; der Wasseranteil bei Frauen dagegen liegt näher an fünfzig Prozent; bei dickeren Menschen liegt der Prozentsatz niedriger. Babys wiederum bestehen zu etwa 85 Prozent aus Wasser, die Windeln nicht mitgerechnet.

Wasser besitzt Eigenschaften, die kaum eine andere chemische Verbindung im Universum aufweist, und doch ist es für uns etwas völlig Alltägliches. Aber was passiert zum Beispiel wirklich, wenn wir es zum Kochen bringen, es gefrieren lassen, auf seiner Oberfläche treiben oder es ausschwitzen? In diesem Abschnitt werden wir unsere Alltagsbegegnungen mit dieser höchst bemerkenswerten Flüssigkeit einmal ein wenig genauer unter die Lupe nehmen.

Warum wir schwitzen

Ich weiß, daß Schwitzen abkühlend wirkt, nämlich genau dann, wenn der Schweiß verdunstet. Aber warum ist Verdunstung ein kühlender Vorgang? Warum sollte die Temperatur einer Flüssigkeit abnehmen, nur weil sie zufällig verdunstet? Tut sie das denn wirklich?

Ja und nein. (Entschuldigen Sie, aber die Antwort ist etwas komplizierter.) Und vielleicht ist das der Grund, warum viele die Standardaussage, Verdunstung sei ein Kühlungsprozeß, einfach nachplappern, ohne das Phänomen wirklich zu begreifen.

Wir stellen also fest, daß unsere Schweißdrüsen eine Flüssigkeit – genauer gesagt: Wasser mit ein wenig Salz und Harnstoff – ausscheiden, die sich auf unserer Haut absetzt, und zwar nur zu bestimmten Zeiten, zum Beispiel (a) wenn uns warm ist, (b) wenn wir uns anstrengen oder (c), wenn wir gerade einen Vortrag halten wollen, aber unser Manuskript nicht finden können.

Tatsächlich aber schwitzen wir immer, selbst bei kaltem Wetter. Es ist ein Grundvorgang, der dafür sorgt, daß unsere Körpertemperatur immer konstant bleibt. In Situationen wie den oben genannten vollzieht sich die Schweißbildung in einem schnelleren Tempo. Da der Schweiß nicht schnell genug verdunsten kann, stellen wir fest, daß sich auf unserer Haut zunehmend Feuchtigkeit bildet.

Hunde, die wesentlich seltener dazu aufgefordert werden, Vorträge zu halten, haben auf ihrer Haut keine Schweißdrüsen (außer seltsamerweise auf ihren Fußballen). Deshalb lassen sie ihre außergewöhnlich lange Zunge heraushängen und japsen dabei. Auf diese Weise wird das Verdunsten des Speichels beschleunigt und die Lunge mit kühler Luft versorgt. Nicht alle Tierarten schwitzen gleich stark. Schweine können gelegentlich tatsächlich »wie Schweine schwitzen«, obgleich sie durchaus Gefallen daran finden, sich dadurch wieder abzukühlen, indem sie sich im Schlamm wälzen, wie auch Elefanten und Flußpferde es tun – gar nicht so anders als wir, wenn wir uns kurz im Pool erfrischen.

Was aber versteht man genau unter dem Begriff »Verdunstung«? Er bezeichnet den Prozeß, bei dem bestimmte Moleküle an der Oberfläche einer Flüssigkeit sich plötzlich entschließen, die angestammte Heimat zu verlassen und sich davonzumachen. Wenn nun immer mehr Moleküle sich von ihren Geschwistern trennen, reduziert sich dementsprechend die Menge der verbleibenden Flüssigkeit. Sie haben diesen Vorgang bestimmt schon tausendmal beobachtet: Feuchte Fußböden trocknen. Wäsche trocknet an der Wäscheleine.

Um den Verdunstungsprozeß zu beschleunigen, können wir zweierlei tun: Hitze zuführen und blasen. Wenn wir eine Flüssigkeit erwärmen, versorgen wir mehr Moleküle mit der Energie, die für die Flucht notwendig ist. Darum benutzen wir einen Fön oder diese scheußlichen Handtrockner auf öffentlichen Toiletten. Durch das Gebläse wird die Masse der soeben verdunsteten Wassermoleküle zerstreut, wodurch in der Luft wiederum mehr Raum für weitere nach Freiheit strebende Moleküle geschaffen wird. Ein klassisches, wenn auch wenig elegantes Anwendungsbeispiel für das zweite Prinzip ist, zum Zweck der Abkühlung auf eine heiße Suppe zu pusten. Und noch ein Beispiel: Wenn Sie aus dem Bad kommen und der Raum ist zugig, wird er ihnen kühl vorkommen, auch wenn die Temperatur eigentlich angenehm ist.

Probieren Sie's selbst

Blasen Sie auf Ihren Handrücken, und es wird sich kalt anfüh-
len, obwohl Ihr Atem warm ist und Sie nicht das Gefühl haben, daß Sie schwitzen.

Durch Blasen wird die Verdunstung der geringen Menge
an Feuchtigkeit, die sich immer auf Ihrer Haut befindet,
beschleunigt. Wenn draußen ein Wind weht, wird er Ihnen immer kühler vorkommen, als er wirklich ist. Der Begriff »wind chill factor«, von dem – vor allem in Nord-
amerika – in Wettervorhersagen während der Winterzeit
oft die Rede ist und der uns nicht selten zutiefst beunru-
higt, stellt einen Versuch dar, diesem Phänomen Rechen-
schaft zu tragen. Leider ist er nur für den Fall wirklich
aussagekräftig, daß wir gerade nackt sind.

Warum aber sollte sich die übriggebliebene Flüssigkeit
und mit ihr all das, womit sie in Kontakt ist, aufgrund des
Exodus der Wassermoleküle abkühlen? Ich weiß, es klingt
etwas unheimlich, aber der Verdunstungsprozeß ist ein
sehr selektiver Vorgang. Ausgewählt werden vorzugsweise die schnelleren (und damit wärmeren) Moleküle;
die kühleren (langsameren) bleiben zurück. Und das geht
so:

Die Moleküle aller Flüssigkeiten befinden sich in unab-
lässiger Bewegung: Sie rutschen herum, hüpfen hin und
her, stoßen gegeneinander und verhalten sich ansonsten
wie ein Sack Flöhe. Je höher die Temperatur, desto eiliger
die Moleküle (und desto schneller und höher hüpfen die
Flöhe, wenn Sie's unbedingt wissen wollen). Genau das
bedeutet *Temperatur*: das Maß der durchschnittlichen ki-
netischen Energie (Bewegungsenergie) aller Moleküle, aus
denen eine Substanz sich zusammensetzt.

Das Schlüsselwort ist hier *durchschnittlich*, da sich – bei welcher Temperatur auch immer – die einzelnen Moleküle keinesfalls in Einheitsgeschwindigkeit umherbewegen. Einige von ihnen sind vielleicht sehr schnell, da sie gerade aufgrund einer Kollision mit anderen Molekülen angestoßen wurden. Zwischenzeitlich hat sich die Geschwindigkeit der Moleküle, die ihnen diesen Stoß einst versetzten, verlangsamt, da sie einen Teil ihrer Energie an die von ihnen angestoßenen Moleküle abgegeben haben. Stellen Sie sich in die Nähe eines Billardtisches, und Sie werden beobachten, daß sich die Geschwindigkeit einer Kugel erheblich reduziert, sobald sie eine andere Kugel angestoßen hat. Diese wird nun schneller. Doch bleibt die *Durchschnittsenergie* beider Kugeln, das heißt ihre »Temperatur« gleich.

Welche Moleküle an der Oberfläche einer Flüssigkeit werden sich nun wohl am ehesten in die Luft erheben und verdunsten? Natürlich diejenigen, die das höchste Energieniveau aufweisen. Dadurch verringert sich die Durchschnittsenergie, also die Temperatur, der zurückbleibenden Moleküle, und deshalb kühlt sich eine Flüssigkeit, wenn sie verdunstet, ab.

Doch das ist noch nicht alles. Das Abkühlen kann sich nicht unendlich fortsetzen. Oder haben Sie schon einmal beobachtet, daß eine verdunstende Pfütze im Endeffekt zu Eis gefroren ist? Nein, denn sobald sich eine verdunstende Flüssigkeit etwas abzukühlen beginnt, strömt Wärme von allen Seiten auf sie ein und sorgt so dafür, daß der Anteil an Molekülen mit einem hohen Energieniveau wieder größer wird – wodurch die Temperatur im Endeffekt konstant bleibt.

»Aha«, mögen Sie jetzt sagen, »damit wären wir also wieder am Anfang. Wenn die verdunstende Flüssigkeit niemals die Chance hat, ihre kühlere Temperatur zu halten, warum kühlt mich der verdunstende Schweiß dann überhaupt?«

Na, was glauben Sie denn, woher die Wärme stammt, die die Moleküle mit Energie versorgt? Genau – von Ihrer Haut! Während des Verdunstungsvorgangs hat die Schweißschicht als solche nie Gelegenheit, sich abzukühlen, da sie ständig damit beschäftigt ist, ihrer Haut Wärme zu entziehen und diese in Form ihrer heißesten Moleküle in die Luft zu entlassen. Schweiß ist lediglich ein Vermittler, der Ihre Haut darin unterstützt, Wärme loszuwerden.

Wie schnell Flüssigkeiten verdunsten, hängt davon ab, wie eng ihre Moleküle miteinander verbunden sind. In einer Flüssigkeit, deren Moleküle nicht sehr eng miteinander verbunden sind, können diese sich leichter von der Masse entfernen. Deshalb verdunstet eine solche Flüssigkeit relativ schnell. Manche Flüssigkeiten verdunsten so schnell, daß die Umgebung nicht schnell genug für Wärmenachschub sorgen kann. In diesem Fall kühlt sich die Flüssigkeit tatsächlich erheblich ab.

Ethylalkohol ist eine dieser leicht verdunstenden Flüssigkeiten. Er verdunstet mehr als doppelt so schnell wie Wasser.

Probieren Sie's selbst

Tropfen Sie ein wenig Alkohol (z. B. Isopropyl) auf Ihre Haut, und Sie werden einen stärkeren Kühleffekt verspüren, als wenn Sie Wasser genommen hätten.

Das liegt daran, daß »warme« Alkoholmoleküle sich so schnell verflüchtigen, daß Ihr Körper die betroffene Stelle nicht schnell genug wieder auf die normale Körpertemperatur erwärmen kann.

Ethylchlorid ist eine extrem leicht verdunstende Flüssigkeit, deren Moleküle keine besonders große Affinität füreinander haben und sich deshalb nichts sehnlicher wünschen als abzuhauen. Es verdunstet ungefähr hundertmal schneller als Wasser. Wenn Sie ein wenig Ethylchlorid auf ihre Haut träufeln, wird diese sich so stark abkühlen, daß Ihr Empfindungsvermögen zeitweilig betäubt wird. Ärzte verwenden es gerne als Lokalnarkotikum für kleinere Hautoperationen.

Archimedes – auf neuen Wegen

Wie ist es möglich, daß ein hunderttausend Tonnen schwerer Flugzeugträger auf dem Wasser treiben kann, ohne unterzugehen? Daß er untergehen würde, wenn er die Form eines massiven Stahlklotzes hätte, also nicht hohl wäre, ist mir klar. Aber woher weiß das Wasser unter ihm, daß er hohl ist?

Die auf der Hand liegende Antwort auf diese Alltagsfrage, warum Dinge auf dem Wasser treiben, lautet grundsätzlich so: »Gemäß dem archimedischen Prinzip wird das Untergehen eines Gegenstands in einer Flüssigkeit durch eine Kraft verhindert, die dem Gewicht der verdrängten Flüssigkeit entspricht.« Das ist natürlich vollkommen richtig. Und trotzdem trägt diese Aussage kaum mehr zur Erleuchtung bei als ein Glühwürmchen, das einen Mantel anhat.

Selbstverständlich verfügt das Wasser unter einem Schiff über keinerlei Information darüber, ob es sich bei dem Objekt, das sich gerade gegen seine Oberfläche stemmt, um einen massiven Stahlklotz oder einen seetüchtigen Emmentaler Käse handelt (lassen wir im Moment die Löcher im Schiffsrumpf mal beiseite, dazu kommen wir später). Und doch müssen wir aus all unseren Erfahrungen mit Gegenständen, die auf Wasser treiben – vom Kanu bis hin zum Kunststoffschaum – doch schließen, daß die Eigenschaft »hohl«, also die Lufträume im Inneren eines Objekts, in irgendeiner Weise von Bedeutung ist. Dennoch: Sie ist es nicht! Daß man Gegenstände aushöhlt, ist lediglich eine Methode, ihr Gewicht zu verringern. Schwere Materialien gehen unter, leichte dagegen nicht. Ich wette, Sie hätten es auch nicht anders erwartet, hätte der alte Grieche Archimedes nicht Schlamm aufgewirbelt.

Es bleibt die Frage: Wie leicht muß ein Gegenstand sein, um nicht unterzugehen? Die Antwort lautet: Leichter als eine bestimmte, ihm dem Volumen nach entsprechende Menge Wasser. Das Gewicht eines bestimmten Volumens einer Substanz nennt man *Dichte*. Die Dichte einer Substanz gibt man gewöhnlich in der Einheit »Gramm pro Kubikzentimeter« an. Wenn ein ganzes Schiff, das wir als ein einziges Konglomerat von Metall, Holz, Kunststoff und Lufträumen betrachten können, weniger wiegt als eine ihm dem Volumen nach entsprechende Menge Wasser, dann hat das Schiff eine geringere *Dichte* als das Wasser, und deshalb geht es auch nicht unter. Ein Stück Holz treibt auf dem Wasser, weil seine Dichte nur etwa drei Fünfteln der Wasserdichte entspricht. Also braucht man keine extra Hohlräume.

Wenn wir wollen, daß ein einhunderttausend Tonnen schwerer Flugzeugträger nicht untergeht, ist es ratsam, für ausreichend Hohlräume zu sorgen, um seine Gesamtdichte so gering wie möglich zu halten. Das ist natürlich kein Problem, da wir so genügend Stauraum zur Verfügung haben, um Flugzeuge und Matrosen unterzubringen.

Um herauszufinden, warum die Dichte eines auf dem Wasser treibenden Objekts geringer sein muß als die Dichte des Wassers, lassen Sie uns ein kleines Experiment durchführen. Wir wollen mal den einhunderttausend Tonnen schweren Flugzeugträger *Admiral Nimitz* (den größten auf der Welt) ganz sacht in eine mit Wasser gefüllte Badewanne hineinheben, die groß genug ist, um das Schiff zu tragen. Die Schwerkraft erleichtert es uns, das Schiff abzusenken, da sie es mit einer Kraft nach unten zieht, die seinem Gewicht entspricht. (Das nämlich versteht man unter Gewicht.) Wenn das Schiff nun in das Wasser eintaucht, erzeugt es dort einen gewissen Hohlraum. Das heißt, es drängt das Wasser gegen dessen natürliches gravitationsbedingtes Streben, sich zu senken (s. S. 276), ein Stück weit zur Seite und nach oben. Während nun das Schiff durch die Schwerkraft nach unten gezogen wird, wird ein Teil des Wassers in seiner Umgebung gegen die Schwerkraft nach oben gedrückt. Merken Sie, wie der Wasserspiegel in Ihrer Badewanne ansteigt?

Wieviel Wasser läßt sich jedoch letztlich gegen die Schwerkraft *nach oben* schieben? Das hängt davon ab, mit welchem Gewicht das Schiff aufgrund der Schwerkraft *nach unten* gezogen wird. Mit anderen Worten: Das Gewicht des nach oben und zur Seite gedrückten Wassers entspricht dem Gewicht des Schiffes. Wenn diese Grenze erreicht ist – einhunderttausend Tonnen Wasser im Falle der *Nimitz* – hört das Schiff auf, sich zu senken. Und es geht – so Gott will – tatsächlich nicht unter.

Beachten Sie jedoch, daß jeder Kubikzentimeter verdrängten Wassers durch genau je einen Kubikzentimeter Schiffsvolumen ersetzt worden sein muß. Das heißt, das Volumen des Schiffes unterhalb der Wasseroberfläche entspricht dem Volumen von einhunderttausend Tonnen Wasser. Weil Wasser jedoch eine größere Dichte hat als ein Schiff, nehmen einhunderttausend Tonnen Wasser weniger Platz in Anspruch als einhunderttausend Tonnen Schiff – weniger jedenfalls als das gesamte Schiff. Deshalb liegt nur ein Teil des Schiffes unterhalb der Wasseroberfläche. Und das ist gut so, denn dies bedeutet, daß die Wasserlinie nicht bis zum oberen Ende des Rumpfs reicht, und genau da halten sich schließlich Seeleute am liebsten auf. Das alles ist allein darauf zurückzuführen, daß das Schiff bewußt so konstruiert wurde, daß seine Gesamtdichte geringer ist als die von Wasser.

Apropos ...

Wie ist das mit U-Booten? Manchmal treiben sie an der Wasseroberfläche, und dann tauchen sie lieber wieder ab. Wie ist es möglich, ihre Auftriebskraft zu verändern?

Das ist ganz einfach. Um die Dichte des U-Bootes bei Bedarf variieren zu können, verändert man jeweils das Maß an Luft, das sich in seinem Inneren befindet. Sie wollen abtauchen? Dann brauchen Sie in Ihre Ballasttanks nur Wasser laufen zu lassen. Sie wollen wieder an die Wasseroberfläche zurückkehren? Blasen Sie doch das Wasser mit Hilfe von komprimierter Luft wieder nach draußen! In Wirklichkeit ist das Ganze etwas komplizierter, da das Meerwasser nicht immer die gleiche Dichte aufweist. Diese hängt von der Tiefe, der Temperatur sowie der Salzhaltigkeit des jeweiligen Gewässers ab. Daher muß die Dichte eines U-Bootes kontinuierlich den äußeren Gegebenheiten angepaßt werden.

Probieren Sie's selbst

Meerwasser ist um etwa drei Prozent dichter als Süßwasser. Deshalb wird ein Schiff auf hoher See von einer um drei Prozent größeren Kraft aufgetrieben, als wenn das Schiff sich auf einem See befände. Deshalb liegt es auch weniger tief im Wasser. Das Tote Meer oder der Große Salzsee haben aufgrund ihres hohen Salzgehaltes eine so große Dichte, daß sie eine erstaunliche Auftriebskraft besitzen. Versuchen Sie einmal, in solchem Wasser zu schwimmen, wenn Sie jemals die Gelegenheit dazu haben sollten. Sie werden höchstens ein paar Zentimeter sinken. Es ist einfach ein tolles Gefühl.

Nochmal: apropos ...

Nach Archimedes gibt es eine Auftriebskraft, die jeden Gegenstand, der ins Wasser gelassen wird, nach oben drückt. Woher stammt diese Kraft?

Sollten Sie Zweifel daran haben, daß vom Wasser ein Druck nach oben ausgeht, versuchen Sie doch einmal, einen Luftballon unter Wasser zu halten – zum Beispiel in der Badewanne. Sie werden einen erheblichen Druck nach oben feststellen, der Ihrem nach unten gerichteten Druck entgegenwirkt.

Als wir die *Admiral Nimitz* in unsere Riesenbadewanne hinabließen, hob sich der Wasserspiegel. Das Wasser gewann an Tiefe. Wie jeder Taucher weiß, bedeutet tieferes Wasser einen höheren Druck. Dieser erhöhte Druck ist

überall in der Badewanne gleich, weil Wasser eine Kraft
weder dämpfen noch absorbieren kann, wie zum Beispiel
eine Feder oder ein Stück Gummi. Das Wasser muß seinen
erhöhten Druck in alle Richtungen und auf alles, womit es
in Berührung ist, übertragen, einschließlich dem Schiffsrumpf. Alle *horizontalen* Schübe, denen der Schiffsrumpf
ausgesetzt ist, ob nun von Nord nach Ost oder von Süd
nach West, heben sich gegenseitig auf. Übrig bleibt lediglich ein nichtausgeglichener Schub nach oben. Und das ist
der Druck, der das Schiff gegen die Schwerkraft nach oben
schiebt. Voilà! Das nennt man Auftriebskraft.

Ich weiß, was Sie jetzt denken. Flugzeugträger operie-
ren gewöhnlich in Ozeanen, selten dagegen in Badewan-
nen. Ob ich behaupten will, daß der Meeresspiegel sich
nach oben verschob, als die *Nimitz* vom Stapel gelassen
wurde? Und ob ich das behaupte. Wenn Sie diese einhunderttausend Tonnen Wasser aber auf die Fläche des gesamten Atlantiks verteilen, erhalten Sie nur einen ziemlich
mickrigen Anstieg der Wasseroberfläche – kaum genug,
um ein Strandgrundstück in Florida zu überfluten. Dennoch handelt es sich um ein Wasservolumen, das dem Volumen des im Wasser treibenden Schiffes von seinem
Rumpf bis zur Wasseroberfläche entspricht, und eine Auftriebskraft, die dem Gewicht des verdrängten Wassers
entspricht, wirkt weiterhin auf das Schiff.

Übrigens hatte Archimedes keinen Flugzeugträger zu
seiner Verfügung. Darum benutzte er – so wurde berichtet
– seinen eigenen Körper. Er füllte seine Badewanne bis
zum Rand mit Wasser, kletterte hinein und stellte schließlich fest, daß das Gewicht des übergeflossenen Wassers
seinem Gewichtsverlust, das heißt seinem Auftrieb im
Wasser entsprechen mußte. Über die Reaktion seiner Ver-
mieterin ist nichts bekannt.

Nochmal: apropos ...

Weshalb bewirkt ein Loch im Schiffsrumpf, daß das Schiff untergeht?

Durch das Loch strömt Wasser in das Schiffsinnere, weil das Loch, je nachdem, wie tief unterhalb der Wasseroberfläche es sich befindet, einem gewissen Druck ausgesetzt ist. Je tiefer das Loch liegt, desto stärker dringt das Wasser in das Schiffsinnere ein. Während das Wasser das Schiff überschwemmt, nimmt es immer mehr Platz in Anspruch, der vorher einem entsprechenden Volumen Luft vorbehalten war. Hierdurch steigt das Gewicht des Schiffes und damit seine Gesamtdichte, und sobald sich im Inneren des Schiffs genug Wasser befindet und es schwer genug ist, um die Auftriebskraft zu überwinden, geht es unter.

Was hat ein Fisch, das ich nicht habe?

Als ich neulich im Wasser umherschnorchelte, sah ich auf dem Meeresgrund eine Muschel, die ich unbedingt haben mußte. Ich versuchte abzutauchen, aber es war ausgesprochen schwer, meinen Körper in eine solche Tiefe zu bekommen. Überall um mich herum sah ich Fische, denen das Abtauchen keine Schwierigkeiten machte. Haben Fische etwas, das ich nicht habe?

Das Problem ist, daß Sie etwas haben, das ein Fisch nicht hat – eine Lunge.

Um bei neutralem Auftrieb im Wasser zu schweben, ohne unterzugehen oder aufzusteigen, und sich dabei wohl zu fühlen, muß ein Fisch – wie übrigens jedes andere Objekt auch – genau die gleiche Gesamtdichte haben wie das Wasser. Das heißt, er muß genausoviel wiegen wie ein entsprechendes Volumen Meerwasser (s. S. 243). Wiegt er mehr, sinkt er auf den Grund hinab. Wiegt er weniger, wie es bei den meisten Menschen der Fall ist, wird er zur Oberfläche getragen und bleibt dort »hängen«. Schiffe werden natürlich sehr sorgfältig konstruiert, damit dieser Zustand gewährleistet ist.

Sowohl Knochen als auch Muskeln sind dichter als Meerwasser. Deshalb wird fast jedes Tier nach unten sinken, es sei denn, in seinem Inneren befindet sich etwas sehr Leichtes – wie zum Beispiel eine Art Gasbeutel –, das seine Dichte kompensiert und insgesamt reduziert. Wir Landlebewesen haben Lungen, die meisten Fische dagegen Schwimmblasen – kleine mit Gas gefüllte Beutel. Die Schwimmblasen der Fische machen allerdings nur etwa 5 Prozent ihres Gesamtvolumens aus, während unsere Lunge einen Großteil unseres Brustkastens ausfüllt. Lungen senken unsere Gesamtdichte so wesentlich, daß unser Körper schwimmfähiger ist als viele Holzarten.

Selbst wenn ein Fisch zufällig eine höhere Dichte als Meerwasser haben sollte, kann er es vermeiden unterzugehen, indem er ununterbrochen Schwimmbewegungen macht. Auf ähnliche Weise wäre es auch Ihnen auf Ihrer Suche nach Muscheln möglich, sich nach unten zu ziehen, indem Sie kräftig mit Ihren Flossen schlagen. Aber Pech! Erstens beherrschen Sie die Kunst des Flossenantriebes nicht so gut wie ein Fisch. Und zweitens müßten Sie, selbst wenn Sie sie beherrschten, sich sehr viel mehr anstrengen als ein Fisch, da Sie mit diesen riesigen innerlichen Wasserflügeln – Lunge genannt – belastet sind.

Apropos ...

Wenn es seine Dichte ist, die es einem Fisch ermöglicht, mühelos durchs Wasser zu schweben, wie schafft er es dann, mal
tiefer, mal höher zu schwimmen, je nachdem, wie er gerade
Lust hat?

Natürlich kann er sich immer mit seiner Schwanzflosse in
Bewegung setzen und hinschwimmen, wo es ihm gerade
gefällt, aber das ist lediglich eine temporäre Lösung. Am
besten wäre es, wenn er seinen Körper dem Druck der
neuen Tiefe anpassen würde, um seinen optimalen
Schwebezustand aufrechtzuerhalten, ohne sich ständig in
die eine oder andere Richtung abstrampeln zu müssen.
Der Fisch schafft dies, indem er seine Schwimmblase den
jeweiligen Verhältnissen anpaßt.

Wenn ein Fisch sich in tieferes Gewässer begibt, steigt
der Druck, dem er ausgesetzt ist, da nun mehr Wasser von
oben auf ihn niederdrückt. Durch diesen erhöhten Druck
wird die Schwimmblase zusammengedrückt und die
Dichte des Fisches steigt über das Maß, das ausreichen
würde, um den optimalen Schwebezustand zu erreichen,
hinaus. Um sich in dieser Tiefe ohne Anstrengung über
längere Zeit aufhalten zu können, müßte der Fisch seine
Schwimmblase nun wieder ausdehnen. Umgekehrt müßte
er, wenn er in flacheres Gewässer aufsteigt, seine
Schwimmblase zusammendrücken, um seinen optimalen
Schwebezustand ohne allzu heftige Schwimmbewegungen
aufrechtzuerhalten.

In früheren Zeiten nahm man an, daß ein Fisch seine
Blase auf die eben beschriebene Weise ausdehnt und zusammenzieht, um sich unterschiedlichen Wassertiefen anzupassen. Doch entdeckten Wissenschaftler, daß den

Fischen die hierfür erforderlichen Muskeln fehlen. Überraschenderweise verändern sie statt dessen den Sauerstoffgehalt ihrer Blase. Indem ein Fisch seiner Blase je nach Bedarf Sauerstoff hinzufügt beziehungsweise entzieht, ist er in der Lage, seine eigene Dichte der Dichte des ihn umgebenden Wassers anzupassen und so ohne allzu große Mühe seinen Schwebezustand aufrechtzuerhalten – ganz gleich, wie sich der Wasserdruck auf die Größe seiner Schwimmblase ausgewirkt hat.

Woher bezieht ein Fisch das zusätzliche Gas, das er benötigt, wenn er sich in tieferen Regionen aufhalten möchte? Er nimmt Sauerstoff aus seinem Blutkreislauf und entleert ihn in seine Blase. Eine großartige Erfindung!

Einige arme Fische haben keine Schwimmblasen. Sie sind etwas dichter als Meerwasser und müssen ständig heftige Schwimmbewegungen machen, um sich über dem Meeresboden zu halten. Makrelen und einige Thunfischarten beginnen abzusinken, sobald sich ihre Bewegung verlangsamt. Plattfische dagegen haben es von vornherein aufgegeben und bleiben gleich auf dem Boden.

Wenn Sie sich also sehr anstrengen müssen, um abzutauchen, trösten Sie sich damit, daß einige Fischarten sich ähnlich anstrengen müssen, nur um nicht unterzugehen.

Können auch Fische der Taucherkrankheit zum Opfer fallen?

Ich habe gehört, daß Fische einer Stickstoffembolie erliegen können, genau wie Taucher, die zu lange unten geblieben sind. Nun würde ich gerne wissen (obwohl mir die Frage fast peinlich ist), wie lange ein Fisch es unter Wasser aushält, ohne krank zu werden.

Glücklicherweise erübrigt sich eine Antwort auf diese Frage, da Taucher wie auch Fische die Dekompressionskrankheit (oder Caissonkrankheit) nicht dadurch bekommen, daß sie sich zu lange unter Wasser aufhalten. Taucher werden dadurch krank, daß sie zu schnell zur Wasseroberfläche zurückstreben, Fische dagegen aus anderen Gründen.

Wenn der Wasserdruck, dem der Körper eines Tauchers ausgesetzt ist, zu schnell abnimmt, können sich in seinem Blutkreislauf Gasblasen bilden. Und das tut weh, um es gelinde auszudrücken. Das gleiche kann auch einem Fisch widerfahren, allerdings nicht, weil er zu schnell nach oben geschwommen wäre. Hier hat es vielmehr mit Veränderungen der Wassereigenschaften zu tun.

Sauerstoff löst sich bis zu einem gewissen Grade in Wasser wie auch in anderen wäßrigen Flüssigkeiten wie Blut oder Gewebsflüssigkeiten auf. Für Fische ist das natürlich wunderbar, weil der in Wasser gelöste Sauerstoff für sie die Lebensgrundlage ist. Aber auch Stickstoff, Hauptbestandteil der Luft (78 Prozent), träge und für physiologische Prozesse völlig unbrauchbar, löst sich in Wasser und in Blut auf. Normalerweise verursacht dies keine Probleme, weder für Fische noch für Menschen, da wir der Luft den Sauerstoff, den wir für unseren Stoffwechsel benötigen, entziehen, den Stickstoff dagegen durch unsere Lunge (im Falle der Fische durch die Kiemen) wieder ausstoßen. Wenn sich jedoch, aus welchem Grund auch immer, zuviel gelöste Luft in unserem Blutkreislauf befindet, kann es passieren, daß wir den überschüssigen Stickstoff nicht schnell genug wieder ausscheiden können. In diesem

Fall kann er die Form von Gasblasen annehmen, die schließlich den Kreislauf blockieren und örtliches Gewebe zerstören können.

Die Frage, wieviel Luft bei einer bestimmten Temperatur wasserlöslich ist, hängt von den gegebenen Druckverhältnissen ab: Je höher der Druck, desto mehr Gas wird sich auflösen (s. S. 33). Geht ein Taucher in immer tiefere Meeresregionen, treibt der steigende Wasserdruck über die Lunge mehr Sauerstoff und Stickstoff in seinen Blutkreislauf. Der Sauerstoff stellt kein Problem dar, da das Hämoglobin im Blut sich gierig darauf stürzt, um ihn den Zellen zu übergeben. Das ist immerhin seine Aufgabe.

Sobald ein Taucher sich jedoch wieder der Wasseroberfläche nähert und der Druck sinkt, wäre es ganz schön, wenn es möglich wäre, den Überschuß an gelöstem Stickstoff umgehend auf gleichem Wege, also durch die Lunge, wieder auszuscheiden. Nur leider nimmt dieser Vorgang allzuviel Zeit in Anspruch. Wenn der Druck also zu schnell abnimmt, bildet der überschüssige Stickstoff im Blut aufsteigende Blasen, die mit den Blasen vergleichbar sind, die sich beim Öffnen einer mit einem kohlensäurehaltigen Getränk gefüllten Flasche bilden.

Der Trick für Taucher besteht also darin, langsam aufzusteigen, um dem Stickstoff so Gelegenheit zu geben, Molekül für Molekül allmählich über die Lunge aus dem Blutkreislauf zu verschwinden.

Wenn ein Fisch mit großer Geschwindigkeit aus den tieferen Regionen zur Wasseroberfläche aufsteigen würde, passierte möglicherweise das gleiche – allerdings mit Ausnahme von zwei Unterschieden: Erstens wäre ein Fisch kaum so blöd, dies zu tun. Zweitens würde etwas noch Drastischeres passieren: Die Schwimmblase

(s. S. 250) des Fisches würde sich dermaßen ausdehnen, daß der Fisch von innen her zerquetscht würde.

Aber wir haben ja gesagt, daß die Taucherkrankheit auch einen Fisch ereilen kann, und das ist in der Tat korrekt. Stellen Sie sich folgende Situation vor: Ein Fisch, der sich an seine angestammte Umgebung akklimatisiert hat, schwimmt in einem Gewässer umher, das einen ganz bestimmten Anteil gelöster Luft enthält. Sein Blutkreislauf hat sich dem entsprechenden Stickstoffgehalt angepaßt.

Angenommen, der Fisch begibt sich eines Tages in entfernteres Gewässer, das aus bestimmten Gründen (über die wir noch sprechen werden) einen für die gegebenen Temperatur- und Druckverhältnisse ungewöhnlich hohen Stickstoffgehalt aufweist. Es wird nicht lange dauern, bis das Blut des Fisches den gleichen abnormalen Anteil an gelöstem Stickstoff angenommen haben wird. Doch dies bringt ihn in eine prekäre Lage, da jeden Moment ein Teil des überschüssigen Stickstoffs in Form von Blasen hervortreten kann, was das Schicksal des Fisches besiegeln würde. In dieser Situation kann er sich nur dadurch retten, indem er in größere Tiefen abtaucht, wo die Blasen durch den steigenden Druck zum Rückzug ins Blut gezwungen sind.

Wie kann es aber dazu kommen, daß ein Fisch plötzlich in ein Gewässer mit abnormalem Stickstoffgehalt gerät? Es stellt sich heraus, daß dies nichts mit der Tiefe oder den Druckverhältnissen zu tun haben muß.

Man kann sich zum Beispiel vorstellen, daß ein Fisch in einem Fluß schwimmt, der einen den gegebenen Druckverhältnissen angemessenen Anteil an gelöstem Stickstoff enthält, und plötzlich gerät er in eine Warmwasserregion, die von den Abwässern einer Fabrik oder eines Kraftwerks herrührt. (Kraftwerke entsorgen regelmäßig große Men-

gen an überschüssiger Wärmeenergie; s. S. 328.) Warmes
Wasser müßte naturgemäß eigentlich einen geringeren
Stickstoffanteil aufweisen, da Gase sich in warmem Wasser nicht so bereitwillig auflösen wie in kaltem (s. S. 33).
Wenn das Abflußwasser des Kraftwerks jedoch nicht genug Zeit hatte, sich eines Teil seines überschüssigen Stick-
stoffgehalts zu entledigen, als es erwärmt wurde – wir
erinnern uns, daß dieser Prozeß zeitaufwendig ist –, wird
es mehr Stickstoff enthalten, als dies unter normalen Bedingungen der Fall wäre. Der arme Fisch schwimmt also
in extrem stickstoffhaltigem Wasser und wird erheblich
unter Druck gesetzt. So können Kraftwerke in einem Fluß
allein dadurch Fischsterben verursachen, daß sie »einfach« ihr Abwasser hineinleiten.

Ein weiteres Beispiel: Haben Sie jemals ein paar Gold-
fische gekauft, mit nach Hause genommen, in eine mit
schönem frischem Wasser gefüllte Schüssel gesetzt und
dann gesehen, wie sie krank wurden und langsam star-
ben? Nun, das mag folgenden Grund gehabt haben. Ihr
Leitungswasser enthält große Mengen an gelöster Luft, da
es kalt ist. Im Wasserwerk wurde es wahrscheinlich sogar
mit Sauerstoff angereichert. Dann haben Sie es in Ihr
Aquarium gefüllt, in dem es sich langsam bis auf Raumtemperatur erwärmte. Und doch wird es zu diesem Zeitpunkt noch denselben Stickstoffgehalt von vorher gehabt
haben, denn wie bereits angedeutet, überschüssiger Stickstoff baut sich nur sehr langsam ab. So wird das Wasser zu
dem Zeitpunkt, als Sie die Fische in die Schüssel entließen,
noch einen abnormal hohen Stickstoffgehalt gehabt haben. Klar, daß sie krank wurden und sterben mußten.

Gibt es irgend etwas, was man gegen das von Kraftwer-
ken verursachte Fischsterben beziehungsweise die unzähligen Goldfischmorde, die täglich verübt werden, unter-

nehmen könnte? Ja, und es ist sogar ganz einfach. Lassen Sie das Wasser einfach für einige Zeit stehen, bevor Sie es in einen Fluß leiten oder in ein Aquarium gießen. So hat der überschüssige Stickstoff die Gelegenheit zu entweichen, und der Stickstoffgehalt des Wassers wird sich auf einem normalen, den Temperatur- und Druckverhältnissen angemessenen Niveau einpendeln. In solchem Wasser kann sich jeder Fisch wohl fühlen.

Apropos ...

Woher beziehen Fische im tiefen Ozean ihren Sauerstoff? Wieviel Sauerstoff kann es da unten überhaupt geben, wo die Atmosphäre doch so weit weg ist?

Sauerstoff stammt nicht nur aus der gelösten atmosphärischen Luft. Vergessen Sie die Pflanzen nicht. Sie atmen Kohlendioxid ein und geben Sauerstoff ab. In unseren Meeren gibt es eine bunte Vielfalt an Pflanzen, und der Sauerstoff, den sie nach außen abgeben, löst sich direkt im Wasser auf. Indem der Fisch ständig hin und her schwimmt und dabei große Mengen Wasser durch seine Kiemen fließen läßt, kann er viel Sauerstoff in seinem Inneren speichern – selbst wenn der nicht in besonders konzentrierten Mengen vorhanden ist.

In Regionen, in denen es nicht genügend Pflanzen gibt, um dem Sauerstoffbedarf der Fische gerecht zu werden, holen sie sich ihren Vorrat anderswo.

Blasen in der Luft

Warum sind Seifenblasen rund?

Lassen Sie mich es so ausdrücken: Wären Sie nicht überrascht, wenn Sie einer quadratischen Seifenblase begegnen würden? Das liegt daran, daß wir von Kindheit an gelernt haben, daß Mutter Natur glatte Formen bevorzugt. Natürliche Gegenstände mit scharfen Spitzen und unangenehmen Ecken und Kanten gibt es nur allzu selten. Die Hauptausnahme bilden bestimmte mineralische Kristalle, die in wunderschön eckigen geometrischen Formen vorkommen. Vielleicht ist das der Grund, daß manche Leute glauben, Kristalle und Pyramiden seien mit übernatürlichen Kräften ausgestattet.

Aber das ist Metaphysik, keine Naturwissenschaft. Blasen sind rund, das heißt kugelförmig, weil es da eine Anziehungskraft gibt, die sogenannte *Oberflächenspannung* (s. S. 21), durch die Wassermoleküle miteinander zu Formationen verbunden werden, die die geringstmögliche Angriffsfläche bieten. Und die geringstmögliche Angriffsfläche bietet eine Partikelansammlung dann, wenn sie die Form einer Kugel besitzt. Von allen möglichen Formen – Würfeln, Pyramiden, unregelmäßigen Klötzen – hat die Kugel die geringste Außenfläche.

Die Oberflächenspannung sorgt dafür, daß sich der dünne Film aus Seifenwasser am vorderen Ende der Seifenblasenpfeife in eine kugelige Blase verwandelt, denn die Kugel hat die geringstmögliche Oberfläche. Hätten Sie nicht im Seifenwasser etwas Luft eingeschlossen, würde die Seifenblase schrumpfen, bis sie die Form eines kugelförmigen Tropfens erreicht hätte, so wie ein Regentropfen.

Doch die Luft in der Blase drückt gegen den Wasserfilm nach außen. Alle Gase üben auf die sie begrenzenden Behältnisse einen gewissen Druck aus, da sie aus frei umherfliegenden Molekülen zusammengesetzt sind, die gegen alles anrennen, was sich ihnen in den Weg stellt (s. S. 206). Bei einer Seifenblase werden die nach innen gerichteten Kräfte, die durch die Oberflächenspannung des Wasserfilms entstehen, von dem nach außen gerichteten Druck der Luft in ihrem Inneren ausgeglichen. Änderte sich die Oberflächenspannung, würde die Blase entweder schrumpfen oder sich ausdehnen, bis dieses Gleichgewicht hergestellt ist.

Versuchen Sie doch einmal, mehr Luft hineinzublasen und die Blase größer zu machen. Dadurch steigt der Luftdruck innen. Um den erhöhten Druck nach außen auszugleichen, bleibt dem Wasserfilm nun nichts anderes übrig, als seine Oberfläche auszudehnen, damit die nach innen gerichteten Kräfte der Oberflächenspannung verstärkt werden. Deshalb wird die Blase größer. Während dieses Prozesses verdünnt sich allerdings der Wasserfilm, da nur eine begrenzte Wassermenge vorhanden ist. Wenn Sie aber immer mehr Luft hineinblasen, erschöpft sich irgendwann die Wasserreserve des Films, die Oberfläche kann nicht mehr vergrößert werden und die ultimative Katastrophe tritt ein: die Blase platzt.

Beim Kaugummi ist es das gleiche, allerdings mit dem Unterschied, daß hier die Elastizität des Gummis anstelle der Oberflächenspannung die nach innen gerichtete zusammenziehende Kraft bewirkt. (Ja, Sie haben richtig gehört: Auch Kaugummi ist *Gummi*.) Die Begriffe »Elastizität« und »Oberflächenspannung« bedeuten, daß ein Stoff immer die kleinstmögliche Form anzunehmen bestrebt ist.

Apropos ...

Warum brauchen wir Seifenwasser, um Blasen zu erzeugen?
Warum können wir nicht einfach reines Wasser verwenden?

Keine andere Flüssigkeit hat aufgrund ihrer Oberflächenspannung eine so starke nach innen gerichtete Kraft wie
Wasser. Sie ist so stark, daß Wasser sich nicht im geringsten nach außen dehnen läßt; freiwillig nimmt es nicht einmal die dreidimensionale Kugelform – mit der kleinsten
Oberfläche überhaupt – an. Wasser weiß ganz genau, daß
es noch weniger Oberfläche erzielen kann, indem es einfach flach daliegt und es ablehnt, sich überhaupt in die
dritte Dimension auszudehnen. Deshalb kann man aus
reinem Wasser auch keinerlei Blasen – welcher Form auch
immer – erzeugen, zumindest nicht solche, die länger als
einen Augenblick überleben.

Durch Seife nun nimmt die Oberflächenspannung von
Wasser (s. S. 21) ab, und zwar gerade so weit, daß sich die
»Haut« des Wassers in drei Dimensionen dehnen läßt.

Die Oberflächenspannung von Alkohol wiederum ist so
gering, daß sich mit ihm überhaupt keine Blasen erzeugen
lassen. Das wäre genauso, als wenn man versuchte, Blasen
aus Kaugummi zu formen, der keinerlei Elastizität mehr
besitzt.

Welche Flüssigkeit ist der beste Befeuchter?

Sind alle Flüssigkeiten naß?

Nein, nicht alle Flüssigkeiten sind naß. Selbst Wasser ist nicht immer naß. Es kommt darauf an, wen oder was wir befeuchten wollen.

Wasser ist nicht nur die am weitesten verbreitete Flüssigkeit auf Erden; es ist die am weitesten verbreitete chemische Verbindung überhaupt. Den meisten Leuten fiele es schwer, zwei oder drei andere Flüssigkeiten zu benennen. Wobei Substanzen wie Blut oder Milch natürlich nicht zählen, da das in ihnen enthaltene Wasser sie überhaupt erst zu Flüssigkeiten macht.

Und doch gibt es unzählige andere Flüssigkeiten. Prinzipiell kann jedes feste Material zu einer Flüssigkeit geschmolzen werden, indem man es erhitzt; genauso kann jedes Gas zu einer Flüssigkeit kondensiert werden, indem man es kühlt. Die Besonderheit von Wasser liegt darin, daß es zufälligerweise in seiner flüssigen Form den gesamten Temperaturbereich abdeckt, in dem Leben existiert. Natürlich ist das kein wirklicher Zufall; alles Leben hat aller Wahrscheinlichkeit nach im Wasser begonnen, und noch heute ist Wasser für sämtliche Spezies lebenswichtig.

Warum aber ist diese allgegenwärtige Flüssigkeit naß? Warum haftet es an uns, wenn wir dem Fluß entsteigen? Unseren Vorfahren würde folgende Erklärung gefallen haben: Es haftet an uns, weil es uns *mag.*

Ein wenig wissenschaftlicher ausgedrückt, heißt das: Wassermoleküle haften an solchen Substanzen, von deren Molekülen sie sich auf bestimmte Weise angezogen fühlen. Gäbe es zwischen den Molekülen in einem Wassertropfen und den Molekülen an der Oberfläche unserer Haut nicht eine bestimmte Anziehungskraft, würde das Wasser einfach an uns abperlen. Unsere Aufgabe ist es nun herauszufinden, um welche Art von Anziehungskraft es sich hierbei handelt.

An mehreren Stellen in diesem Buch sprechen wir über die Tatsache, daß Wassermoleküle *polar* sind und sich gegenseitig wie kleine Magneten anziehen (s. S. 139). Wassermoleküle werden außerdem durch Wasserstoffbrükkenbindungen zusammengehalten (s. S. 140). Wenn nun eine fremde Substanz daherkommt, deren Moleküle auch zwei Pole haben oder ebenfalls durch Wasserstoffbrükkenbindungen zusammengehalten werden, fühlen sich die Wassermoleküle von diesen Molekülen genauso angezogen wie von ihresgleichen. Mit anderen Worten: Das Wasser wird die fragliche Substanz befeuchten.

Die meisten Proteine und Kohlenhydrate, einschließlich der Proteine in unserer Haut sowie der Zellulose in Holz, Papier, Baumwolle und anderen pflanzlichen Stoffen, bestehen aus Molekülen, die mit genau den Eigenschaften ausgestattet sind, die wie Wassermoleküle dazu verleiten, sich an sie anzuschmiegen. Also befeuchtet das Wasser sie. Andere Substanzen dagegen, wie zum Beispiel Öle oder wachshaltige Stoffe, besitzen keine der beiden genannten molekularen Eigenschaften, die notwendig sind, um vom Wasser benetzt zu werden.

Probieren Sie's selbst

Tauchen Sie eine Kerze in ein mit Wasser gefülltes Glas, und Sie werden sehen, daß Wasser nicht notwendigerweise »naß« macht. Wasser ist manchmal naß und manchmal nicht, je nachdem, mit welchem Stoff wir es in Kontakt bringen.

Wie steht es mit anderen Flüssigkeiten? Sind sie immer »naß«? Das könnten wir uns bei Flüssigkeiten wie Gärungsalkohol, Isopropylalkohol, Benzin, Benzol, Olivenöl fragen oder gar bei flüssigen Metallen wie zum Beispiel Quecksilber. Wie Wasser benetzen diese Flüssigkeiten solche Substanzen, zu deren Molekülen sie sich aufgrund einer wechselseitigen Anziehungskraft hingezogen fühlen. Was die menschliche Haut anbelangt, so finden die ersten fünf genannten Flüssigkeiten genügend Gemeinsamkeiten mit den Molekülen unserer Haut vor, um an ihnen haften zu bleiben; in der Tat werden diese Flüssigkeiten Sie befeuchten. Die Atome von Metallen dagegen haben mit den Molekülen unserer Haut nichts gemein und werden sie daher auch nicht »naß« machen.

Probieren Sie's selbst

Sollten Sie jemals die Gelegenheit haben, Ihren Finger in eine Quecksilberpfütze zu tauchen, werden Sie feststellen, daß er genauso trocken wieder herauskommt wie jene Kerze, die Sie ins Wasser getaucht haben. (Halten Sie sich jedoch nicht allzulange mit dem Quecksilber auf. Seine Ausdünstungen sind giftig.) Tauchen Sie aber ein sauberes Stück Kupfer oder Messing in das Quecksilber, wird dieses sich eifrig daranmachen, das Metall zu benetzen, denn alle Metallatome haben die gleichen Anziehungskräfte und bleiben deshalb gern aneinander haften. Falls Sie schon mal etwas gelötet haben, dann wissen Sie, daß geschmolzenes Lötmetall die Metallteile, die Sie zusammenfügen wollen, »benetzt«.

Wenn Sie's genauer wissen wollen

»Naß« ist übrigens ein relativer Begriff. Einige Flüssigkeiten sind nasser als andere; sie breiten sich aus und fließen bereitwilliger über die Oberfläche des Stoffes, den sie befeuchten.

Überraschenderweise ist Wasser im Vergleich zu anderen Flüssigkeiten kein sehr guter Befeuchter. Alkohol beispielsweise ist weitaus feuchter als Wasser. Das liegt daran, daß die Wassermoleküle so intensiv zusammenhängen, daß sie andere Moleküle in ihrer Nähe am liebsten gar nicht beachten. Selbst wenn diese die richtigen molekularen Anziehungseigenschaften besitzen, wird das Wasser sich nicht allzu bereitwillig mit ihnen verbinden.

Probieren Sie's selbst

Spritzen Sie ein paar Wassertropfen auf Ihren Regenschirm. Wenn Sie sie nicht dazu zwingen, das Material zu befeuchten, indem Sie sie auf dem Stoff verreiben, werden sie einfach abperlen. Sobald Sie allerdings statt dessen ein paar Tropfen Alkohol nehmen, wird dieser den Regenschirm sofort durchtränken.

Es gibt bestimmte Substanzen, die – zusammen mit Wasser – dieses zu einem besseren Befeuchter machen. Seife ist das bekannteste. (Wie sie wirkt, wird auf S. 18 erläutert.)

Vorschlag für eine Kneipenwette

Nicht alle Flüssigkeiten sind naß, und selbst Wasser ist manchmal trocken.

Das Heiß-Kalt-Paradox

Sagen Sie mir das doch mal verbindlich: Gefriert heißes Wasser schneller als kaltes? Es gibt Leute, die davon überzeugt sind! Gibt es eine eindeutige wissenschaftliche Antwort auf diese Frage?

Ja und nein. Entschuldigen Sie, daß es nicht eindeutiger geht.

Die Kontroverse tobt schon seit dem frühen 17. Jahrhundert, als Sir Francis Bacon ständiges Mitglied in der Fraktion der »Heiß-Wasser-gefriert-zuerst«-Anhänger wurde.

Die einzige angemessene Antwort auf dieses Problem ist: »Es kommt darauf an.« Es kommt nämlich darauf an, auf welche Weise der Gefriervorgang genau vonstatten geht. Man könnte vielleicht denken, das Gefrieren von Wasser sei die banalste Angelegenheit der Welt. Doch sind da eine Reihe von Faktoren, die das Ergebnis entscheidend beeinflussen können. Wie heiß ist »heiß«? Wie kalt ist »kalt«? Mit welcher Wassermenge haben wir es zu tun? In was für einem Behälter befindet sich das Wasser? Wie groß ist seine Oberfläche? Auf welche Weise wird es gekühlt? Und was heißt überhaupt »schneller gefrieren«? Versteht man darunter die Bildung einer dünnen Eisschicht an der Oberfläche oder eher die Formation eines festen Eisblocks?

Hier ein paar Argumente aus beiden Lagern:

Neinsager: Das ist unmöglich! Wasser muß auf 0° Celsius abgekühlt werden, bevor es gefrieren kann. Und heißes Wasser hat da einfach einen weiteren Weg vor sich. Deshalb kann es das Rennen unmöglich gewinnen.

Jasager: Ja, aber die Geschwindigkeit, in der Wärme

von einem Gegenstand weggeleitet wird, ist um so größer, je größer der Temperaturunterschied zwischen dem Gegenstand und seiner Umgebung ist. Je wärmer ein Gegenstand also ist, desto schneller wird er sich – um soundsoviel Grad pro Minute – abkühlen. Deshalb verliert heißes Wasser schneller an Wärme, das heißt, es kühlt schneller ab.

Neinsager: Vielleicht. Aber wer sagt denn, daß Wärme lediglich ab»geleitet« wird? Da gibt es außerdem die Möglichkeiten der Übertragung und der Strahlung. Lesen Sie die S. 40 dieses Buches. Jedenfalls würde dies höchstens bedeuten, daß das heiße Wasser das kalte Wasser in seinem 0° Celsius-Rennen zwar einholen, aber nie überholen könnte. Selbst wenn das heiße Wasser die Temperatur des kalten Wassers erreichen sollte, werden beide von hier an gleich schnell abkühlen. Sie gefrieren also bestenfalls gleichzeitig.

Jasager: Ach ja?

Neinsager: Klar!

Da wir nun den Punkt erreicht haben, an dem die Argumente der Vernunft zum Stillstand gekommen sind, sei gesagt, daß die Neinsager bislang vorne liegen. Unter absolut identischen, kontrollierten Bedingungen würde heißes Wasser natürlich nie schneller gefrieren als kaltes. Das Problem besteht allein darin, daß heißes und kaltes Wasser naturgemäß nie unter gleichen Bedingungen »arbeitet«. Selbst wenn wir zwei identische offene Behälter verwenden würden, die auf genau die gleiche Weise gekühlt würden, gäbe es da einige Faktoren, die dem heißen Wasser möglicherweise zum Sieg verhelfen könnten. Ein paar Beispiele:

● Heißes Wasser verdunstet schneller als kaltes Wasser. Wenn wir mit jeweils der gleichen Menge Wasser beginnen (was natürlich wichtig ist), wird am Ende, wenn wir uns der 0° Celsius-Marke nähern, weniger heißes als kaltes Wasser vorhanden sein. Und weniger Wasser gefriert natürlich schneller.

Wenn Sie nun glauben sollten, Verdunstung hätte eine nur minimale Auswirkung, bedenken Sie folgendes: Wenn man die Normaltemperatur von heißem beziehungsweise kaltem Leitungswasser (60° Celsius beziehungsweise 24° Celsius) zugrunde legt, so verdunstet das warme Wasser fast siebenmal so schnell wie das kalte. Über einen Zeitraum von einer oder zwei Stunden kann sich aufgrund des raschen Verdunstungsprozesses die Menge an heißem Wasser erheblich verringern. Natürlich wird die Verdunstungsgeschwindigkeit aufgrund der sinkenden Temperatur allmählich abnehmen. Dennoch ist es gut möglich, daß auf dem Weg »nach unten« eine nicht unerhebliche Menge heißes Wasser verlorengehen könnte.

● Wasser ist in verschiedener Hinsicht eine äußerst ungewöhnliche Flüssigkeit. Zum Beispiel erfordert es relativ viel Wärme, um die Wassertemperatur auch nur um ein Grad zu erhöhen. (Unter Fachleuten heißt das: Wasser hat eine hohe *Wärmekapazität*.) Umgekehrt ist eine relativ starke Kühlung vonnöten, um seine Temperatur auch nur um ein Grad zu *senken*. Wenn der Behälter also auch nur geringfügig weniger Wasser enthält, kann dies bereits bedeuten, daß erheblich weniger Kühlung erforderlich ist, um die Temperatur der Flüssigkeit auf den Gefrierpunkt zu senken. Hat der Behälter mit dem ursprünglich warmen Wasser also auch nur ein klein wenig Wasser durch Verdunstung verloren, erreicht es den Gefrierpunkt möglicherweise um einiges früher als das Wasser in dem anderen Behälter. Das bedeutet, es könnte das kalte Wasser

tatsächlich überholen und vor ihm über die Ziellinie gehen. Des weiteren ist zu bedenken, daß dem Wasser, sobald es den Gefrierpunkt erreicht hat, nochmals ein be-
trächtliches Maß an Wärme entzogen werden muß, bevor
es tatsächlich zu Eis gefrieren kann: 80 kalorien für jedes
Gramm (s. S. 93). Und wieder kann das bedeuten, daß *ein
bißchen* weniger Wasser *ziemlich viel* weniger Kühlung
notwendig macht, um das Wasser gefrieren zu lassen.

• Verdunstung ist ein Kühlungsprozeß (s. S. 238). Das
schneller verdunstende warme Wasser wird also einen zusätzlichen Kühleffekt haben. Und schnelleres Abkühlen
bedeutet schnelleres Gefrieren.

• Heißes Wasser enthält weniger gelöste Luft als kaltes
Wasser. Alles, was man in Wasser auflösen kann, selbst
ein Gas, senkt seinen Gefrierpunkt (s. S. 130). Je mehr
Luft (oder was auch immer) in Wasser aufgelöst wird, desto niedriger die Temperatur, auf die es, um gefrieren zu
können, abgekühlt werden muß. Da heißes Wasser weniger Luft enthält, braucht es nicht so stark abgekühlt zu
werden wie kaltes Wasser und gefriert so früher.

Dieses letzte, oft zitierte Argument ist jedoch nicht ganz
wasserdicht, wenn ich es so ausdrücken darf. Das Herabsetzen des Gefrierpunktes, verursacht durch gelöste Luft,
macht lediglich ein paar Tausendstel Grad aus. Trotzdem
(und es gibt immer ein »trotzdem«) behaupten viele Leute,
wenn im Winter in einem unbeheizten Haus die Wasserrohre gefrieren, es handele sich vor allem um die Warm-
wasserrohre, die angeblich deshalb zuerst gefrieren, weil
sie noch Wasser enthalten, das vorher mal warm gewesen
ist.

Wenn man also alle Faktoren in Betracht zieht, ist es
durchaus denkbar, daß ein mit heißem Wasser gefüllter
Eimer, den man im Winter im Freien stehenläßt, unter be-

stimmten Bedingungen schneller gefriert, als dies bei einem Eimer mit kaltem Wasser der Fall wäre. Daher können selbst die größten »Besserwisser« unter den Wissenschaftlern – wie auch andere Skeptiker – die Behauptung gewisser Kanadier, sie hätten dies selbst viele Male beobachtet, nicht völlig von der Hand weisen. Die wichtigste und auch wahrscheinlichste Auswirkung in diesem Fall ist der Wasserverlust infolge von Verdunstung. Doch selbst durch intensive Forschungen konnte die Frage, warum die Kanadier überhaupt im Winter ihre Wassereimer im Freien stehenlassen, nicht geklärt werden.

Bis heute ist da noch eine ganze Menge unklar – schon bei den »Startbedingungen«. Erstens kühlt ein Behälter mit Wasser nicht gleichmäßig ab. Erst wenn das gesamte Wasser den Gefrierpunkt erreicht hat, gefriert er plötzlich. Je nach Material, Form und Dicke des Eimers, den vorherrschenden Luftströmungen sowie etlichen weiteren variablen Faktoren wird er unterschiedlich schnell abkühlen. Die erste dünne Eisschicht, die sich an der Wasseroberfläche bildet, mag daher trügerisch sein und muß überhaupt nicht bedeuten, daß auch der Rest des Wassers bereit ist zu gefrieren. (In jedem Fall wird sich zuerst an der Wasseroberfläche Eis bilden; s. S. 274.)

Zweitens, ob Sie's glauben oder nicht, kann Wasser weit unter den Gefrierpunkt abgekühlt werden, ohne zu gefrieren. Das heißt, es kann *unterkühlt* werden, ohne sich zu Eis zu kristallisieren. Erst wenn ein Einfluß von außen es dazu anregt, wechselt es seinen Zustand. Die Moleküle mögen alle längst bereit sein, ihre starre Eiskristallform anzunehmen, und dennoch bedürfen sie eines letzten Anstoßes, möglicherweise in Form eines Staubkorns, um das herum sie sich versammeln können, oder vielleicht aufgrund einer Unebenheit auf der Innenseite des Behälters.

Angesichts all dieser Ungewißheiten stellt sich die Frage: Wann kann man überhaupt mit Sicherheit sagen, daß ein Wassereimer »gefroren« ist? Unsere beiden Wassereimer rennen also ohne eine klar definierte Ziellinie um die Wette.

Wenn man all dies berücksichtigt, können wir bestenfalls sagen: »Heißes Wasser *kann* schneller gefrieren als kaltes Wasser. Manchmal.«

Probieren Sie's lieber nicht

Sollten Sie sich versucht fühlen, geradenwegs in die Küche zu rennen und zwei Eiswürfelschalen mit Wasser zu füllen, die eine mit heißem, die andere mit kaltem Wasser, um diese anschließend ins Gefrierfach zu stellen, und das alles nur, weil Sie sehen wollen, welche der beiden zuerst gefriert, können Sie sich die Umstände sparen. Es sind einfach zu viele unkontrollierbare Faktoren im Spiel. Sie können den Versuch zweimal durchführen und dabei zwei unterschiedliche Ergebnisse erzielen. Darum ist es immer problematisch, wenn Leute sagen: »Ich weiß, es funktioniert. Ich hab's probiert.« Ob es nun darum geht, Wasser gefrieren zu lassen oder Warzen zu behandeln – es ist immer das gleiche. Sie müßten jeden einzelnen Aspekt, der das Ergebnis beeinflussen könnte, vorher genauestens untersuchen. Dabei können selbst bei einem scheinbar so simplen Experiment wie der Herstellung von Eiswürfeln, Dutzende von unvorhergesehenen Faktoren auftreten.

Die Titanic ist untergegangen, aber der Eisberg schwamm weiter

Warum gehen Eisberge und Eiswürfel nicht unter? Sind Festkörper nicht grundsätzlich schwerer als Flüssigkeiten?

Im allgemeinen ja. Aber Wasser bildet da eine Ausnahme. So banal diese Frage auch klingen mag, die Antwort ist von lebenswichtiger Bedeutung. Würde Eis untergehen, gäbe es uns womöglich gar nicht und wir könnten die Frage gar nicht erst stellen.

Stellen wir uns einmal vor, was passieren würde, wenn Eis doch untergehen würde. So wäre an prähistorischen Zeiten – immer dann, wenn es kalt genug wurde, um die Oberfläche eines Sees, Tümpels oder Flusses zum Gefrieren zu bringen – das Eis sofort auf den Grund gesunken. Wegen der isolierenden Wirkung der Wassermassen darüber hätte selbst wärmeres Wetter es nicht gänzlich zum Schmelzen gebracht. Und schon beim nächsten Frost hätte sich eine weitere Eisschicht auf ihm ablagern können. Und so weiter und so weiter.

Über kurz oder lang hätte sich ein Großteil des Wassers auf der Erde in Eis verwandelt, mit Ausnahme eines Streifens entlang dem Äquator, wo die Temperatur nie unter den Gefrierpunkt fällt. Und während der warmen Jahreszeiten hätte die Zeit nicht ausgereicht, um das Eis bis auf den Grund zu schmelzen. Also hätten die primitiven Meereslebewesen, aus denen wir uns entwickelt haben, nie entstehen können. Kurz: Die Welt wäre ziemlich arm an Leben.

Daß festes Wasser, sprich Eis, nicht untergeht, ist für uns so selbstverständlich, daß es uns kaum bewußt ist, mit welch ungewöhnlichem Phänomen wir es hier zu tun haben. Wenn die meisten anderen Flüssigkeiten gefrieren, sind sie in ihrer festen Form im Vergleich zu dem gleichen Volumen der entsprechenden Flüssigkeit *dichter* und schwerer. Und das erscheint uns auch logisch, da die Moleküle eines Festkörpers enger beieinanderliegen als die frei umherschwimmenden Moleküle einer Flüssigkeit. Daher sind Feststoffe naturgemäß schwerer und gehen leichter unter. Probieren Sie's doch einmal aus, am besten mit einer Flüssigkeit, die bei einer leicht erreichbaren Temperatur gefriert, beispielsweise mit Paraffinwachs.

Probieren Sie's selbst

Geben Sie in eine bestimmte Menge bereits geschmolzenen Wachses ein Stück festes Wachs! Es wird untergehen. Das gleiche wäre passiert, hätten Sie das Experiment mit Metallen, Ölen oder Alkohol durchgeführt. Sobald Sie jedoch einen Eiswürfel in ein Glas Wasser legen, passiert das Gegenteil: Der Eiswürfel geht nicht unter.

Der Grund dafür, daß Wasser sich anders verhält, hat mit der eigentümlichen Weise zu tun, in der die Wassermoleküle in einem Stück Eis miteinander verbunden sind. Sie werden durch sogenannte *Wasserstoffbrücken* zusammengehalten (s. S. 140). Und worin besteht die Funktion einer Brücke? Die Bewohner von Brooklyn sagen vielleicht, die Brooklyn Bridge *verbinde* Brooklyn und Manhattan, während die Bewohner von Manhattan darauf bestehen, sie *trenne* Brooklyn von Manhattan. In gewissem Sinne haben beide recht. Und genau das ist auch die Funktion von Wasserstoffbrücken: Sie verknüpfen die einzelnen Wassermoleküle miteinander, halten aber gleichzeitig eine bestimmte Distanz zwischen ihnen aufrecht.

Die Wassermoleküle in einem Stück Eis drängen sich also nicht so eng zusammen wie die Moleküle anderer Feststoffe, statt dessen bilden sie eine Art offenes Gitterwerk. In einem Stück Eis liegen sie noch weiter auseinander als bei flüssigem Wasser, weshalb Eis mehr Platz braucht. Eine bestimmte Wassermenge braucht als Eis 9 Prozent mehr Platz als in flüssiger Form.

Probieren Sie's selbst

Betrachten Sie das Eis in Ihrer Eiswürfelschale einmal genau. Sie werden feststellen, daß die Oberfläche der einzelnen Würfel leicht gewölbt ist. Während des Gefrierprozesses waren sie gezwungen, sich auszudehnen, und da sie an den Seiten und nach unten hin begrenzt waren, konnten sie sich nur nach oben ausdehnen.

Wenn gefrierendes Wasser von außen dermaßen begrenzt ist, daß es sich nicht ausdehnen kann, kann es selbst den stabilsten Behälter zum Bersten bringen. Darum kann ein Wasserrohr oder ein Automotor durch innen gefrierendes Wasser gesprengt werden.

Während Wasser zu Eis wird, bilden sich die »Brücken« nicht alle gleichzeitig. Kühlen wir Wasser bis unter die Raumtemperatur ab, verdichtet es sich immer mehr, genau wie jede andere Flüssigkeit auch, denn seine Moleküle werden immer langsamer und brauchen deshalb nicht soviel Ellbogenfreiheit. Die meisten anderen Flüssigkeiten setzen diesen Prozeß immer weiter fort und verdichten sich immer mehr, bis sie schließlich gefrieren, und als Festkörper ist ihre Dichte dann am größten. Nicht so unser gutes altes *aqua*.

Es verdichtet sich nur bis zu einem bestimmten Punkt:

Sobald es sich auf etwa 4° Celsius abgekühlt hat, setzt es
seinen Weg in entgegengesetzter Richtung fort und seine
Dichte nimmt mit sinkender Temperatur wieder ab. Das
hat damit zu tun, daß sich ein Teil der Brücken zu bilden
beginnt. Schließlich, bei 0° Celsius, haben sich alle Brük-
ken ausgebildet, das Wasser gefriert zu Eis und die Dichte
sinkt plötzlich auf den niedrigsten Wert überhaupt.
Darum geht Eis nicht unter, welche Temperatur das Wasser, auf dem es schwimmt, auch haben mag.

Die Tatsache, daß Wasser bei etwa 4° Celsius seine
größte Dichte aufweist, hat weitere wichtige Konsequenzen für alle Lebewesen. Wenn sich bei kalter Witterung die
Oberfläche eines Süßwassersees genügend abkühlt, verdichtet sich das Wasser an der Oberfläche immer mehr
und sinkt schließlich auf den Grund. Neues Wasser tritt an
seine Stelle, kühlt ab und sinkt ebenfalls auf den Grund.
Das geht nun so weiter, bis das gesamte Wasser des Sees
auf 4° Celsius abgekühlt ist, seine größtmögliche Dichte
erreicht hat und absinkt. Erst dann kann sich das Wasser
an der Oberfläche um die restlichen vier Grad abkühlen
und – bei 0° Celsius – schließlich Eis bilden.

Zu dem Zeitpunkt, an dem sich an der Oberfläche eines
Sees eine Eisschicht zu bilden beginnt, hat sich das restliche Wasser des Sees bereits auf 4° Celsius abgekühlt.
Ganz gleich, wie kalt es auch wird, Wasser, das sich auf
eine Temperatur unter 4° Celsius abkühlt, bleibt immer an
der Oberfläche (da es leichter ist). Die Fische unter dem
Eis können daher nie so stark abkühlen und gefrieren.
Auch das spricht dafür, daß die besonderen Eigenschaften
von Wasser für die Entstehungsmöglichkeit von Leben auf
der Erde verantwortlich sind.

Wenn Sie's genauer wissen wollen

In einem realen Süßwassersee bringen Temperaturschwankungen, Winde, Wasserströmungen und verschiedene andere Phänomene dies schön säuberliche Bild von ordentlich übereinander gelagerten Wasserschichten natürlich etwas durcheinander. Aber im großen und ganzen gelten die erläuterten Prinzipien.

Im Meer gelten allerdings etwas andere Spielregeln. Aufgrund des hohen Salzgehalts hat Meerwasser seine maximale Dichte nicht bei 4° Celsius erreicht. Mit sinkender Temperatur steigt seine Dichte. Währenddessen sinkt es stetig hinab, bis es den Gefrierpunkt erreicht hat. Damit sich an der Meeresoberfläche Eis bilden kann, muß sich das *gesamte* Wasser vorher bis zum Gefrierpunkt abgekühlt haben. Doch das geschieht nur während eines langen und besonders kalten Winters in der Nähe des Nord- und des Südpols.

Vorschlag für eine Kneipenwette

Zeigen Sie mir einen Süßwassertümpel, an dessen Oberfläche sich eine Eisschicht gebildet hat, und ich sage Ihnen, ohne Thermometer, wie kalt es auf dem Grund des Tümpels ist.

Der Pegel pendelt sich ein

Wie kommt eigentlich ein einheitlicher Wasserpegel zustande? Ich meine, woher weiß der eine Teil des Wassers, wo die Pegel all der anderen Teile liegen, ganz gleich, wie weit sie entfernt sind?

Dazu sind bestimmt keine telepathischen Kräfte vonnöten; nur die Schwerkraft.

»Wasser sucht sich seinen eigenen Pegel.« Das ist ein
Satz, der nur zu leicht ins Ohr geht. Wahrscheinlich hat
ihn vor zweitausend Jahren ein griechischer Philosoph
von sich gegeben. Und seitdem plappern die Leute ihn
nach. In Wirklichkeit bedeutet er jedoch nichts anderes
als: »Wasser wird sich flach hinlegen, wann immer es
kann.«

Wenn ein mit Wasser gefüllter Körper – ob nun ein Eimer oder eine Badewanne – in Ruhe gelassen wird, wird
das Wasser sofort eine vollkommen ebene Oberfläche annehmen, egal, wie stark die Wellen anfänglich auch gewesen sein mögen. Es wird den mathematisch exakten
Durchschnittspegel finden, indem es alle Höhen und Tiefen wie ein Landvermesser akkurat ausgleicht. Woher
aber weiß ein Hügel, daß er sich senken muß, und woher
weiß ein Tal, daß es sich erheben soll?

Das alles passiert nur deshalb, weil man Wasser wie
auch andere Flüssigkeiten *nicht zusammendrücken* kann.
Man kann eine Flüssigkeit im Gegensatz zu einem Gas
nicht durch Druck in einen engeren Raum hineinzwängen.
Das liegt daran, daß die Moleküle einer Flüssigkeit von
vornherein so eng wie überhaupt möglich nebeneinander
liegen. Und wir können noch soviel Druck ausüben, wir
werden sie nicht dazu bewegen können, sich noch enger
zusammenzuschließen.

Was für einen Druck gilt, gilt gleichermaßen für einen
Zug. Nehmen wir an, an der Wasseroberfläche befände
sich ein »Hügel«. Die Schwerkraft versucht, ihn nach unten zu ziehen, aber seine Moleküle sind nicht in der Lage,
sich zu einer kompakteren Form zusammenzuschließen;
das einzige, was sie tun können, ist, sich seitwärts, in Rich-

tung auf die sie umgebenden flacheren Regionen auszubreiten. Dadurch verschwindet der Hügel und das Tal hebt sich. Natürlich übt die Schwerkraft auch auf das flachere Wasser eine Zugkraft aus, aber das hat seine niedrigste Position schon erreicht.

Auch ein Erdhügel würde sich so verhalten, wenn seine Moleküle nur in der Lage wären, so mühelos aneinander vorbeizugleiten, wie dies bei Wassermolekülen der Fall ist. Ein Sandhügel ist gleichsam ein Zwischending; seine Körner sind in der Lage, aneinander vorbeizugleiten, wenn auch nicht ganz so leicht wie Wassermoleküle. Deshalb sucht auch ein Sandhügel, der zu hoch ist, »seinen eigenen Pegel« – genau wie das Wasser. Und doch wird er ihn nie erreichen. Wasser ist weniger mit einem Sandhügel als mit einem Berg von Murmeln zu vergleichen.

Ach so, das wußten Sie alles schon. Aber hier kommt ein wahrhaft erstaunliches Anwendungsbeispiel für das gleiche Prinzip: das *Sichtfenster*. Sie haben das bestimmt schon mal gesehen. Auf der Außenseite eines Heißwasserboilers zum Beispiel oder an einem anderen undurchsichtigen Wasserbehälter ist eine vertikale Glasröhre angebracht, die mit dem Wasser im Inneren des Behälters in Verbindung steht. Sie können den Wasserpegel im Inneren des Boilers zwar nicht sehen, Sie können seine Höhe aber an der außen angebrachten Glasröhre ablesen, die ebenfalls Wasser enthält. Wie kommt es aber, daß das Wasser in der Glasröhre über den Wasserpegel auf der Innenseite des Boilers Bescheid weiß?

Na ja, wenn der Wasserpegel im Inneren des Boilers einmal ein wenig höher liegen würde als der des Sichtfensters, würde er sich von selbst ein wenig absenken, so wie der Hügel es getan hat, über den wir gerade gesprochen haben. In diesem Fall hat das überschüssige »Hügelwasser«

jedoch keine Täler zur Verfügung, in die es abfließen konnte; es kann tatsächlich nur in die Glasröhre hineinfließen. Das Ergebnis? Der Pegel der Röhre wird angehoben, der des Boilers dagegen senkt sich. Der Zufluß hört genau dann auf, wenn beide den gleichen Pegel erreicht haben. Sollte umgekehrt der Wasserpegel in der Glasröhre einmal zeitweilig über dem des Boilers liegen, würde das gleiche passieren. So oder so, das Wasser auf beiden Seiten des Boilers wird sich immer auf den gleichen Pegel einspielen.

Probieren Sie's selbst

Gibt es in Ihrer Küche so einen Saucentrennbecher aus Plastik, der wie eine kleine Gießkanne aussieht? Ich spreche von der Sorte, die es Ihnen ermöglicht, den Fleischsaft vom Boden des Gefäßes abzugießen, während die Fettschicht oben zurückgehalten wird. Dieses Gerät ist ein weiteres gutes Beispiel für das Boiler-Sichtfenster-Phänomen. Füllen Sie es mit ein wenig Wasser, und Sie werden feststellen, daß das Wasser in der durchsichtigen Abschüttröhre (dem »Sichtfenster«) genau den gleichen Pegel hat wie das Innere des Behälters (der »Boiler«). Dabei ist es unerheblich, wie hoch dieser liegt oder in welche Richtung Sie den Behälter neigen.

Das Geheimnis eines Feinschmeckers

Warum dauert es in Mexiko City länger, ein Ei zu kochen, als in New York?

Es wäre wirklich zu komisch, wenn dieser Unterschied auf die New Yorker Hektik beziehungsweise die mexikanische Mentalität à la »Kommst du heut nicht, kommst du morgen« zurückzuführen wäre. Leider ist dem jedoch nicht so. Der Unterschied hat nicht einmal etwas mit den Eiern zu tun. Es liegt am Wasser – aber nicht so, wie Sie denken.

Wenn Wasser in New York kocht, ist es etwas heißer als kochendes Wasser in Mexiko City. Und heißeres Wasser bedeutet, daß ein Ei früher den gewünschten Härtegrad erreicht. Wenn wir ein wenig nachdenken, werden wir uns erinnern, daß der Hauptunterschied zwischen New York und Mexiko City in ihrer unterschiedlichen Höhenlage besteht. Ein Herd in Mexiko City steht im Durchschnitt 2240 Meter höher als ein Herd in New York. Und mit zunehmender Höhe sinkt der Siedepunkt des Wassers.

Um wieviel Grad? Wenn reines Wasser in New York bei 100° Celsius zu kochen beginnt (und das ist nicht unbedingt gesagt; s. S. 282), heißt das, daß der Siedepunkt von Wasser in Mexiko City schon bei 93° Celsius liegt. Kein sehr großer Unterschied, aber Ihr New Yorker Dreiminutenei wird in Mexiko City sicherlich länger brauchen.

Der Grund ist sehr simpel, wenn Sie daran denken, was »Kochen« eigentlich bedeutet. Ein Teil der Wassermoleküle hat auf einmal genug Energie, um sich von den Geschwistern im Inneren des Topfes zu trennen. Sie schließen sich zu aufsteigenden Blasen zusammen und gehen schließlich als Dampf in die Luft (s. S. 68).

Um jedoch entfliehen zu können, müssen Wassermoleküle genug Energie gewinnen – das heißt, sie benötigen eine ausreichend hohe Temperatur –, um zwei unterschiedliche Hürden zu nehmen: a) Sie müssen die Kräfte, von denen sie bislang in der Flüssigkeit zusammengehalten wurden, und b) den Druck, den die Atmosphäre auf die Wasseroberfläche ausübt, überwinden. Dieser Druck wird von Luftmolekülen bewirkt, die die Wasseroberfläche ununterbrochen wie ein Schwall von Hagelkörnern bombardieren.

Die geballte Kraft dieser Kollisionen wird durch das Wasser an jedes in ihm enthaltene Molekül weitergegeben. Moleküle an der Oberfläche können sich einfach in die riesigen Räume zwischen den Luftmolekülen begeben. Moleküle im Inneren des Wassers dagegen müssen diesen Druck erst einmal überwinden, um entfliehen zu können.

Die Kraft, durch die die Wassermoleküle aneinanderhaften, ist natürlich immer gleich groß, ob sie nun einem Manhattan oder einem Martini on the Rocks angehören. Die Sache mit dem atmosphärischen Druck dagegen ist eine andere Geschichte. Die Luftdichte in Mexiko City entspricht nur etwa 76 Prozent der Luftdichte auf Meeresspiegelhöhe. Das bedeutet, daß nur etwa Dreiviertel soviel Luftmoleküle die Wasseroberfläche pro Sekunde bombardieren. Darum benötigen die Wassermoleküle nicht ganz soviel Energie, das heißt Hitze, um sich ihren Weg nach oben zu bahnen und dort zu verkochen.

Ein Extrembeispiel: Der höchste Punkt dieses Planeten ist der Mount Everest mit 8848 Metern über dem Meeresspiegel. In dieser Höhe entspricht der Luftdruck nur etwa 31 Prozent des Luftdrucks auf der Meeresspiegelhöhe, und der Siedepunkt von Wasser liegt bei 70° Celsius. Damit läßt sich kaum was kochen, auch wenn Sie nach dem Aufstieg noch so hungrig sind!

Apropos ...

Heißt das, wir könnten den Siedepunkt erhöhen, indem wir den auf die Wasseroberfläche wirkenden Druck künstlich steigern?

Stimmt genau. Nach genau diesem Prinzip funktioniert ein Schnellkochtopf. Befestigen wir auf einem Kochtopf einen fest schließenden Deckel, der lediglich ein kleines Loch für entweichenden Dampf aufweist. Dann stellen wir, anstatt den Dampf in die Atmosphäre entweichen zu lassen, ein Gewicht auf dieses Loch, um ein bestimmtes, genau berechnetes Maß an Dampfdruck im Inneren des Topfes zu halten. Wir können aber auch eine Art Druckregler verwenden, um den Druck bei einem vorher festgelegten Wert zu halten. Der Druck der »Atmosphäre« im Inneren des Topfes wird dann auf diesen höheren Wert eingestellt.

Beim typischen Schnellkochtopf mit einem Druck von 0,7 Kilogramm pro Quadratzentimeter über dem normalen Luftdruck liegt der Siedepunkt und damit die Temperatur des Dampfes im Inneren des Topfes bei 115° Celsius. Das ist heiß genug, um jedes sonst viel zeitaufwendigere Gericht in kürzester Zeit zuzubereiten, wie zum Beispiel Schmorfleisch. Dazu kommt, daß der Raum unterhalb des Schnellkochtopfdeckels mit Dampf gefüllt ist, der ein wesentlich besserer Wärmeleiter ist als Luft. Dadurch wird sämtliche Wärme innerhalb des Topfes effizienter in das Gericht hineingeleitet, als wenn der Topf mit Luft gefüllt wäre. Auch dieser Umstand trägt dazu bei, daß der Kochprozeß beschleunigt wird.

Was macht eine Teekanne bei Gewitter?

Wenn der Siedepunkt von Wasser aufgrund des wechselnden
Luftdrucks von der Höhenlage abhängt, müßte er dann nicht
auch von der Witterung abhängen? Nach Aussage von Wet-
terberichten verändert sich der Luftdruck doch ständig, sogar
am selben Ort.

Das stimmt. Aber die Witterung hat nur eine geringe Auswirkung auf die Siedetemperatur von Wasser.

Wenn die Leute sagen, Wasser beginne auf der Höhe
des Meeresspiegels bei 100° Celsius zu kochen, ist diese
Formulierung doch ziemlich vage. Die Standardformel für
die Siedetemperatur von reinem Wasser sagt nichts über
den Meeresspiegel. Statt dessen definiert man sie auf der
Grundlage eines spezifischen Luftdrucks, nämlich 760
Millimeter Quecksilber (s. S. 206), was zwar ein typischer
Wert ist, aber nicht unbedingt für alle Orte gilt, die auf
Meeresspiegelhöhe liegen. Jeder, der regelmäßig die Wettervorhersage im Fernsehen verfolgt, weiß, daß bei jedem
Wetterwechsel sich auch der Luftdruck ändert, ob man
nun an der Küste oder sonstwo wohnt. Die Siedetemperatur von Wasser hängt also durchaus auch von den gegebe-
nen allgemeinen Witterungsbedingungen ab.

Wissenschaftler haben relativ willkürlich die 760 Millimeter Quecksilber (auch eine *Atmosphäre* genannt) als
Norm für die Messung von Luftdruck festgelegt. Der diesem Normmaß entsprechende Siedepunkt wird auch als
normaler Siedepunkt bezeichnet, und *der* liegt zufällig bei
100° Celsius.

Mit diesen Insiderkenntnissen können Sie zwar bei Ihren Freunden Eindruck schinden, aber in der Realität
wirkt sich der Luftdruck auf den Siedepunkt von Wasser

so gut wie nicht aus. Selbst wenn Sie sich bei einem Sturm, der den Luftdruck bis auf 710 Millimeter Quecksilber zu senken in der Lage ist (das Weltrekordtief liegt bei 658 Millimeter), eine Tasse Tee brauen würden, würde sich die Siedetemperatur lediglich auf 98° Celsius absenken. Es besteht also kein Anlaß zur Sorge; Ihr Tee wird in jedem Fall heiß genug.

Schlittschuhlaufen auf dünnem ... Wasser

Die menschliche Rekordrenngeschwindigkeit liegt bei 37 Kilometern in der Stunde. Beim Eisschnellauf liegt sie bei über 50 Kilometern in der Stunde. Natürlich ist man schneller, wenn man auf einer Eisfläche dahingleitet. Aber warum ist gerade Eis so gut dafür geeignet. Was macht es so glatt?

In Wirklichkeit ist festes Eis als solches überhaupt nicht glatt. Aber auf seiner Oberfläche befindet sich ein dünner Film aus flüssigem Wasser, auf dem die Eisläufer dahingleiten.

Generell sind Festkörper nicht glatt, weil die Moleküle an ihrer Oberfläche eng miteinander verbunden und deshalb nicht in der Lage sind, wie Kugeln in einem Kugellager herumzurollen. Die Moleküle von Flüssigkeiten dagegen sind frei beweglich, und deshalb sind Flüssigkeiten im allgemeinen rutschiger als Festkörper (s. S. 141). Ein wenig Wasser auf einem Fliesen- oder Betonboden kann genügen, um die Träume eines Rechtsanwalts – Fachgebiet Unfallschäden – wahr werden zu lassen.

Worin sich Wissenschaftler jedoch nicht einig sind, ist

die Frage, auf welche Weise dieser flüssige Film auf die
Eisoberfläche gelangt. Offensichtlich muß ein Teil des Eises geschmolzen sein, aber was verursacht dieses Schmelzen?

Zwei Erklärungsansätze liegen in diesem bereits über
ein Jahrhundert andauernden Wettstreit mit dem Ziel,
den Ursprung dieser simplen Alltagserscheinung zu er-
gründen, ganz vorn: Der eine behauptet, das Eis schmelze
durch Druck, der andere führt das Schmelzen auf Reibung
zurück.

Die Vertreter der ersten These behaupten, der Druck
der Kufe auf das Eis (oder der von Skiern auf den Schnee)
führe dazu, daß dieses schmelze. Und es besteht auch kein
Zweifel daran, daß Eis unter Druck schmilzt, da festes Eis
ein größeres Volumen hat als flüssiges Wasser (s. S. 271);
und wenn man nur fest genug auf ein Stück Eis drückt,
kann man es dazu bringen, sich in die Form zu verwandeln, die weniger Volumen benötigt: flüssiges Wasser.
Das Gewicht eines Schlittschuhläufers, das sich auf eine
Stelle von der Größe der einer Schlittschuhkufe konzentriert, kann einen Druck von mehreren tausend Kilogramm pro Quadratzentimeter erzeugen. Das Problem
besteht aber darin, daß selbst dieser massive Druck nicht
ausreicht, um die erforderliche Menge Eis schnell genug
zum Schmelzen zu bringen. Besonders schwierig ist das,
wenn das Eis sehr kalt ist, denn in diesem Zustand ist die
Bewegungsfreiheit der Moleküle am stärksten eingeschränkt.

Aber: Wenn man zwei Festkörper, zum Beispiel die
Kufe eines Schlittschuhs und ein Stück Eis, gegeneinander-
reibt, ensteht unweigerlich Wärme. Nach Aussage der
Vertreter der zweiten These reicht diese Reibungswärme
aus, um einen kontinuierlichen Streifen geschmolzenen

Eises (beziehungsweise Schnees) entlang der Fahrbahn zu erzeugen, über die der Schlittschuhläufer (oder Skifahrer) hinwegfegt.

Nach heutigen Erkenntnissen wird das Schmelzen von Eis wohl hauptsächlich durch Reibung verursacht, wobei dieser Effekt bei Temperaturen, die nicht zu weit unterhalb des Gefrierpunktes liegen, durch Druck zusätzlich verstärkt werden kann.

Probieren Sie's selbst

Nehmen Sie einen Eiswürfel beziehungsweise eine ganze Schale davon aus dem Gefrierfach Ihres Kühlschranks – und zwar mit einem Handtuch, um zu vermeiden, daß das Eis schmilzt. Befühlen Sie das Eis nun, indem Sie mit dem Finger darüberstreichen – aber nicht zu stark! Sie werden feststellen, daß das Eis überhaupt nicht glatt ist, bis Ihre Körperwärme sowie die durch die Reibung erzeugte Wärme die Oberfläche ein wenig erwärmt und damit zum Schmelzen gebracht hat.

Vorschlag für eine Kneipenwette

Normalerweise ist Eis überhaupt nicht glatt. (Führen Sie dieses Experiment lieber nicht in einer Kneipe durch. Das Eis, das der Wirt benutzt, ist nicht kalt genug; im Gegenteil: Es ist schon gleich naß und glitschig.)

Die Waffen des Wassers

Schon unsere Vorfahren, die noch in Höhlen lebten, wußten
es. Ja, es scheint fast, als hätte der Mensch immer schon intui-
tiv gewußt, daß man Feuer mit Wasser löschen kann. Jedenfalls stellen wir das nie in Frage. Aber welche Eigenschaft des
Wassers bewirkt das eigentlich?

Bevor wir fortfahren – merken Sie sich bitte, daß Wasser
nie im Zusammenhang mit elektrischem Feuer oder bei
brennendem Fett verwendet werden darf. Warum? Weil
Wasser Strom leitet – vielleicht sogar in Richtung Ihrer
eigenen Füße. Zweitens: Wasser vermischt sich nicht mit
Öl oder Fett (s. S. 137). Es wirbelt das Feuer höchstens
umher und verbreitet es nur noch mehr.

Drei Dinge braucht ein Feuer zum Überleben: Brennstoff, Sauerstoff und – zumindest anfangs – eine Temperatur, die hoch genug ist, um den Brennstoff zu zünden und
so die Verbrennungsreaktion überhaupt in Gang zu bringen. Danach produziert die Reaktion selbst mehr als genügend Wärme, um die Dinge in Bewegung zu halten.

Also bestünde eine Methode darin, dem Feuer seinen
Brennstoff zu entziehen. Wo es nichts zum Verbrennen
gibt, gibt es auch kein Feuer. Aber das schafft Wasser
nicht, und so stürzt es sich auf die beiden anderen Lebens-
grundlagen des Feuers: den Sauerstoff und die Temperatur.

Ein tüchtiger Wasserguß – aus einem Eimer oder einem
Schlauch – kann ein Feuer wie eine Decke ersticken, einfach indem er die Luftzufuhr unterbindet. Selbst eine
dünne Wasserschicht, auch wenn sie nur für kurze Zeit
besteht, kann diese Wirkung erzielen. Keine Luft, kein
Sauerstoff, kein Feuer.

Genauso kann Wasser die Temperatur eines brennenden Materials herabsetzen. Jeder brennbare Stoff muß eine bestimmte Mindesttemperatur erreicht haben, bevor man ihn überhaupt anzünden und verbrennen kann. Wenn das Material durch das Wasser nur genügend gekühlt wird, kann keine Verbrennung mehr stattfinden. Selbst heißes Wasser ist immer noch »kalt« genug, um die meisten Gegenstände unbrennbar zu machen.

Dabei ist es keineswegs *notwendig*, eine Überschwemmung zu veranstalten. Selbst ein Rasensprenger kann beispielsweise ein Feuer löschen, und das, obwohl zwischen den einzelnen Tropfen noch reichlich Sauerstoff vorhanden ist. Das heißt, das Wasser muß es irgendwie geschafft haben, die Temperatur zu senken. Denken Sie nur mal daran, wie wohltuend erfrischend es ist, durch den Strahl eines Rasensprengers hindurchzulaufen.

Ein Rasensprenger kühlt auf zweierlei Weise. Erstens verdunsten die feinen Tröpfchen schnell, und Verdunstung ist immer ein kühlender Vorgang (s. S. 238). Zweitens hat Wasser eine ungewöhnliche Eigenschaft, die es zur geeignetsten Löschflüssigkeit macht: Es »verschlingt« Wärme förmlich. Wasser hat nämlich einen unersättlichen Appetit auf Wärme. Ein Kilogramm Wasser kann bis zu 555 kalorien Wärme aufnehmen, bevor es sich um ein Grad Celsius erwärmt.

Ist das denn viel? Na ja – vergleicht man das mit dem Maß an Wärme, das erforderlich ist, um die Temperatur diverser anderer Substanzen (der entsprechenden Menge) um ein Grad Celsius zu erhöhen, ist das in der Tat viel. *Quecksilber benötigt dazu lediglich 18 kalorien, Benzol 137, Granit 104, Holz 230 und Olivenöl 256 kalorien.*

Was lernen wir daraus? Wasser ist in der Lage, einem Feuer den Großteil seiner Wärme zu entziehen, bevor es

schließlich verkocht und den Ort des Geschehens als
Dampf verläßt. Darum ist es auch als Kühlflüssigkeit so
gut geeignet. Es wird zum Beispiel im Zusammenhang mit
Autokühlsystemen verwendet, und daß es nicht viel ko-
stet, macht es noch attraktiver.

Probieren Sie's selbst

Das folgende wird Sie wirklich verblüffen. Gießen Sie ein wenig Wasser in einen unbeschichteten Papierbecher (kein
Schaumstoffbecher!) und stützen Sie ihn so ab, daß es möglich ist, eine Kerze darunterzustellen. Plazieren Sie nun eine
brennende Kerze unter dem Becherboden. Der Becher wird
nicht anbrennen, das Wasser dagegen wird die Wärme des
Papiers genauso schnell absorbieren, wie die Kerze sie abgibt,
und schließlich zu kochen beginnen. Selbst wenn Wasser
kocht, steigt seine Temperatur, wie wir wissen, nie über 100
Grad Celsius (s. S. 68). Und das ist nicht annähernd heiß genug, um Papier zum Brennen zu bringen. Die Wärme der
Kerze fließt direkt in das kochende Wasser, ohne dabei den
Papierbecher zu erhitzen.

Warum es in Kneipen immer so laut ist

Warum machen Eiswürfel immer diese knackenden, knistern-
den und knallenden Geräusche, wenn ich sie in mein Getränk
gleiten lasse?

Wenn Sie genau hinhören, werden Sie feststellen, daß das
Eis nicht wirklich knallt, was ja eine bestimmte Hohlheit
voraussetzen würde. Aber klar – knacken und knistern tut
es gelegentlich durchaus.

Zunächst zum Knacken. Wenn Sie einen kalten Eiswürfel in eine im Verhältnis wärmere Flüssigkeit tauchen, werden Teile des Eiswürfels durch das Wasser erwärmt, die wiederum dazu angeregt werden, sich leicht auszudehnen. So ist das Eiskristall, das ja eine sehr strenge Struktur besitzt und sich deshalb nicht einfach beliebig in die eine oder andere Richtung ausdehnen kann, einer gewissen Spannung ausgesetzt. Und diese Spannung kann Eis nur dadurch aufheben, daß es knackt.

Und nun zum Knistern. Es klingt fast wie eine Kette kleinster Explosionen. Und genau darum handelt es sich auch. Sofern Sie Ihre Eiswürfel nicht mit abgekochtem Wasser hergestellt haben (s. weiter unten), enthielt das Wasser, das Sie ins Gefrierfach Ihres Kühlschranks geschoben haben, eine bestimmte Menge an gelöster Luft. Als das Wasser dann gefror, war für die Luft in der rigiden Struktur des Eises kein Platz mehr. Deshalb verwandelte sie sich in einzelne kleine Luftbläschen. Diese Luftblasen bewirken, daß das Eis bei genauerer Betrachtung nicht kristallklar, sondern eher getrübt erscheint.

Wenn Sie dieses bläschengefüllte Eis nun in Ihr Getränk tun, macht das Wasser sich sofort daran, die Oberfläche des Eiswürfels zu schmelzen, indem es sich immer tiefer in ihn hineinfrißt. Unterwegs trifft es plötzlich auf eine Luftblase. Da diese durch das sich ihr nähernde Wasser erwärmt wird, will sie sich nun ausdehnen. Aber das ist nicht möglich, bis die sie umgebende Eiswand dünn genug geworden ist, um ihr den Durchbruch zu erlauben. Kaum ist es aber soweit, bahnt sie sich explosionsartig ihren Weg nach draußen. Und wenn Tausende solcher Durchbrüche gleichzeitig über die gesamte Eisfläche verteilt stattfinden, erzeugt das ein knisterndes oder zischendes Geräusch.

Genau dieses Knistern – wenn auch etwas ausgeprägter – das Eisberge oder Gletscher auf ihrem Weg in Richtung Süden, hin zu wärmeren Gewässern, von sich geben, können die Besatzungsmitglieder von U-Booten in der Arktis laut und deutlich hören.

Probieren Sie's selbst

Lassen Sie eine geringe Menge Wasser einige Minuten lang kochen, um einen Großteil der in ihm gelösten Luft hinauszubefördern. Dann lassen Sie es wieder abkühlen, gießen es in eine Eiswürfelschale und stellen diese anschließend ins Gefrierfach. Sie werden feststellen, daß die Eiswürfel weitaus weniger Luftblasen enthalten als solche, die aus nicht abgekochtem Wasser hergestellt wurden. (Der Unterschied wird noch deutlicher, wenn Sie sie gegen das Licht halten.) Wenn Sie die Eiswürfel aus dem abgekochten Wasser in ein Getränk geben, knacken sie vielleicht ein wenig, aber ein Knistern werden Sie nicht vernehmen. So genießen Sie ein relativ ruhiges Getränk.

... so ist es eben!

Wir haben mittlerweile mehr als hundert Alltagsphänomene genau beleuchtet, und wir haben gesehen, *warum* sie auftreten. Aber ist es das, was man unter Naturwissenschaft versteht? Jedes einzelne Phänomen, dem man begegnet, zu hinterfragen, ihm eine ganz bestimmte Erklärung zuzuordnen, nur um anschließend zum nächsten Gegenstand überzugehen und dann zum übernächsten? Ganz gewiß nicht.

Es gibt bestimmte allgemeingültige Prinzipien, die vielen der hier diskutierten Situationen zugrunde liegen und sie miteinander in Beziehung setzen. Die überaus zahlreichen Querverweise bezeugen, in welch komplexer Weise viele unserer Fragen tatsächlich miteinander verwoben sind. Es wäre sicherlich logischer und viel wirksamer gewesen, wenn ich zunächst die allgemeinen Prinzipien erläutert hätte, um anschließend zu zeigen, in welcher Weise sie in den verschiedensten Bereichen Ihres alltäglichen Lebens wirken. Dann hätte ich aber kein Frage-Antwort-Buch geschrieben, sondern ein *Fachbuch*, und das wollten wir ja gerade vermeiden.

Nichtsdestotrotz existieren diese allgemeingültigen Prinzipien tatsächlich; Wissenschaftler nennen sie *Theorien*. Sobald man eine Theorie gründlich geprüft und sie diese Prüfung schließlich bestanden hat, wird sie möglicherweise den erhabenen Status eines *Naturgesetzes* erlangen. Ein Naturgesetz ist schlicht die elegantere Art zu sagen: »So ist es eben. Wir wissen vielleicht nicht, *warum* es so ist, aber so ist es nun einmal, ob's Ihnen gefällt oder nicht.«

Das Newtonsche Gesetz der Schwerkraft ist Ihnen bekannt und vielleicht auch seine Gesetze der Bewegung. Aber von den drei Gesetzen der Thermodynamik – den mächtigen Gesetzen, die energetische Veränderungen bestimmen – haben Sie möglicherweise noch nie etwas gehört. Und nichts, ich wiederhole, *nichts* geschieht, ohne daß sich bei der Energie etwas verändert.

Die Wissenschaft hat viele andere allgemeine Beschreibungen über die Natur der Dinge geliefert. Auf diese allgemeingültigen Prinzipien beruft sich der letzte Teil dieses Buches, um einige der Grundfragen zu Themen wie Energie, Schwerkraft, Masse, Magnetismus und Strahlung zu beantworten; es geht dabei um Fragen wie »Unter welchen Voraussetzungen kann man im Dunkeln sehen?« oder »Warum kann Superman nicht durch Blei hindurchschauen?«

Dieses Kapitel – und dieses Buch – endet mit der scheinbar kindlichen und doch grundlegendsten aller Fragen: »Warum geschehen manche Dinge und andere wiederum nicht?« Darauf gibt das zweite Gesetz der Thermodynamik eine Antwort.

Eher Wärme als Licht

Ich verstehe nicht, wie infrarote Strahlung funktioniert. Wie macht sie es uns möglich, im Dunkeln zu sehen? Manchmal wird sie als »Licht« bezeichnet und dann wieder als »Wärme«. Was ist nun richtig?

Strenggenommen ist sie weder Licht noch Wärme. Sie ist
kein Licht, weil wir sie nicht sehen können. Und sie ist
keine Wärme, weil sie selbst keine Substanz enthält, die in
der Lage wäre, sich zu erwärmen. Deshalb nenne ich sie
lieber »Übergangswärme«. Wir werden noch sehen,
warum.

Infrarotstrahlung ist nichts weiter als ein bestimmter
Ausschnitt aus dem breiten Spektrum von *elektromagne-
tischen Strahlen*, die von der Sonne auf uns herabströmen.
Elektromagnetische Strahlen sind Energiewellen, die mit
Lichtgeschwindigkeit den Weltraum durchqueren. Als
reine Energie sind sie von jenen Strahlen zu unterscheiden,
die tatsächlich Ströme kleinster Partikel sind, wie zum Beispiel manche Strahlung von radioaktiven Stoffen.

Elektromagnetische Strahlen unterscheiden sich nur in
ihrem Energieinhalt. Die Strahlen mit der niedrigsten
Energie sind Radiowellen; sogenannte Gammastrahlen
haben die höchste Energie. Dazwischen finden wir (der
Reihenfolge nach) Mikrowellen, infrarote Strahlung,
sichtbares Licht, ultraviolette Strahlung sowie Röntgenstrahlen. Gammastrahlen stammen meist von radioaktiven Stoffen. Radiowellen, Mikrowellen und Röntgenstrahlen müssen wir selbst erzeugen. Der Rest dieses
Spektrums – dieser Spannbreite elektromagnetischer
Strahlungsenergie – wird in großen Mengen von der
Sonne bereitgestellt.

Um elektromagnetische Strahlen beobachten zu können, benötigen wir ein bestimmtes Instrument, das genau
auf die jeweilige Strahlungsenergie abgestimmt ist, die wir
ausfindig machen wollen. Für einen bestimmten, allerdings stark begrenzten Teil des Sonnenspektrums verfü-
gen wir über ein vorzügliches Instrument – das menschliche Auge. Es überrascht kaum, daß wir den Teil des

Spektrums, den dieses Instrument wahrzunehmen in der Lage ist, als sichtbares Licht bezeichnen. Für Radio- und Mikrowellen benötigen wir eine Antenne, um diese einzufangen. Zusätzlich brauchen wir elektromagnetische Schaltkreise, um sie sicht- beziehungsweise hörbar zu machen. Für Röntgen- und Gammastrahlen brauchen wir Geigerzähler oder andere Instrumente, wie Kernphysiker sie verwenden.

Infrarote Strahlung (der Begriff *infrarot* bezieht sich auf das Energieniveau und bedeutet »unterhalb von Rot«) liegt gerade unterhalb des Energiebereichs, der für das menschliche Auge noch wahrnehmbar ist. Darum können wir sie auch nicht als »Licht« bezeichnen. Wir können sie nur durch ihre Wirkung auf bestimmte Gegenstände nachweisen. Und ihre Hauptwirkung besteht in ihrer Fähigkeit, Dinge zu erwärmen.

Strahlungen verschiedener Energieniveaus haben sehr unterschiedliche Wirkung, sobald sie auf einen Gegenstand treffen und mit der Oberfläche einer Substanz in Berührung kommen. Grundsätzlich gibt es drei Möglichkeiten: Die Strahlung prallt ab, sie wird von dem jeweiligen Gegenstand absorbiert, oder aber sie durchdringt ihn einfach.

Sichtbares Licht prallt von den meisten Substanzen ab, während Röntgenstrahlen den Gegenstand, auf den sie treffen, sofort durchdringen. Infrarote Strahlung dagegen besitzt ein Maß an Energie, das die Moleküle einer großen Zahl von Substanzen veranlaßt, sie zu absorbieren. Dadurch, daß ein Molekül Energie absorbiert, gewinnt es natürlich selbst an Energie. Es schubst seine Atome hin und her und zappelt selbst hektischer herum als vorher. Und ein energiegeladenes Molekül ist ein warmes Molekül (S. 316).

Sobald infrarote Strahlung also auf einen Gegenstand trifft, erwärmt sie ihn. Die Strahlung selbst wird erst dann zu »Wärme«, wenn sie eine Substanz erreicht hat und von dieser absorbiert wurde. Darum nenne ich sie auch »Übergangswärme«.

Infrarote Strahlung sieht man meistens im Zusammenhang mit Wärmelampen oder Infrarotfotos.

Solche Wärmelampen verwendet man in Restaurants, um Ihre Speisen warmzuhalten, und zwar vom Zeitpunkt der Zubereitung an bis zu dem Augenblick, in dem Ihr Kellner sich endlich bei Ihnen wieder sehen läßt. Die Lampen werden so konstruiert, daß sie den größten Teil ihres »Lichts« im Infrarotbereich des Spektrums ausschütten, obwohl ein Teil auch in den Bereich des sichtbaren roten Lichts hinüberschwappt.

Infrarotfotografie – »Fotografie im Dunkeln«, was soviel bedeutet wie ohne *sichtbares* Licht – basiert auf dem Umstand, daß warme Objekte, wenn sie an Wärme verlieren, einen Teil davon in Form von infraroter Strahlung nach außen abgeben (s. S. 42). Diese Strahlung kann man mit speziellen Fotofilmen oder Phosphorfiltern aufspüren und auf diese Weise warme Gegenstände sichtbar machen.

Auch Menschen sind warme, Infrarot ausstrahlende Objekte, und nicht selten sind sie das Ziel gewisser nächtlicher Schnüffler, deren Spezialausrüstung nach eben diesem Prinzip funktioniert.

Supermans Verhältnis zum Blei

Warum kann Superman mit seinen Röntgenaugen nicht durch Blei hindurchsehen?

Er könnte es bestimmt, wenn er sich nur richtig anstrengen würde. Es ist nur so, daß seine »Schöpfer«, Jerry Siegel und Joe Shuster, ihm eingebleut haben, er könne durch alles hindurchsehen – außer eben durch Blei. Und wie jede gute Comicfigur gehorcht er seinen Vätern treu.

Siegel und Shuster scheinen von der Tatsache beeinflußt worden zu sein, daß Röntgenstrahlen Blei nicht durchdringen können. Warum sonst verstecken sich die Leute, die mit Röntgenstrahlung herumhantieren, hinter einer Bleischutzwand, wenn sie Sie »durchleuchten«? Und warum drapiert Ihr Zahnarzt Sie mit einer Bleischürze, wenn er eine Aufnahme von Ihren Zähnen macht?

Blei wird tatsächlich in der gesamten Welt der Nuklearforschung und -technologie als Strahlenschutz verwendet. Und doch besitzt Blei wahrhaftig keine außergewöhnlichen Eigenschaften – es ist nur einfach billiger als andere Materialien.

Röntgenstrahlen sind nur eine Sorte von elektromagnetischer Strahlung, reine Energie, die mit Lichtgeschwindigkeit den Raum durchrast. Andere bekanntere Formen elektromagnetischer Strahlung jenseits der Arztpraxen sind das Licht selbst, dann Mikrowellen, mit deren Hilfe Sie Ihre Mahlzeiten zubereiten sowie Radiowellen, die Ihr Radio- und Ihr Fernsehgerät mit allen möglichen Programmen versorgen.

Während sie den Raum durchqueren, schwingen diese Energiewellen auf und nieder, hin und her. Ja, ihre Energie *besteht aus diesen Schwingungen*: Je höher die Frequenz der Schwingung – je mehr Schwingungen pro Sekunde –, desto höher die Strahlungsenergie.

Aus den einzelnen Energieniveaus ergibt sich – in aufsteigender Linie – folgende Reihenfolge: Mittelwellen, Kurzwellen, Fernsehwellen und Ultrakurzwellen, Radarwellen, Mikrowellen, Licht (sowohl sichtbares wie für uns unsichtbares Licht), Röntgenstrahlen und Gamma-Strahlen. Letztere werden, wie gesagt, von radioaktiven Stoffen ausgestrahlt.

Aufgrund ihres hohen Energieinhalts durchdringen Röntgenstrahlen sofort jeden Gegenstand, auf den sie treffen. Fleisch durchdringen sie wie ein Geschoß, das auf eine Puddingmasse trifft. Von Knochen werden sie gerade so weit aufgehalten, daß diese als diagnostische Schatten auf einem Röntgenfilm sichtbar werden. Das ist ihr Vorteil.

Ihr Nachteil jedoch besteht darin, daß Röntgenstrahlen genauso wie Gamma-Strahlen *ionisierende* Strahlen sind. Indem sie sich ihren Weg durch die Atome von Fleisch, Knochen oder welchem Stoff auch immer bahnen, setzen sie einen Teil der Elektronen außer Gefecht und zurück bleiben Ionen –, das heißt Atome, denen ein Teil ihrer Elektronen fehlt.

Und ohne zu sehr ins Detail gehen zu wollen, sei lediglich folgendes gesagt: Atome mit einem unvollständigen Elektronensatz sind – um zwei Metaphern zu kombinieren – wie außer Kontrolle geratene Geschütze im chemischen Spiel des Lebens. Sie können die Chemie unseres Körpers auf unheilvolle und gesundheitsschädliche Weise durcheinanderbringen. Darum ist es ratsam, sich vor Röntgenstrahlen und anderen ionisierenden Strahlungsformen, wie radioaktiven Strahlen, zu schützen.

Womit können wir uns aber vor Röntgenstrahlen schützen? Jeder Stoff, der viele Atome mit vielen Elektronen hat, die zerstört werden können, ist hierfür geeignet. Jedesmal nämlich, wenn Röntgenstrahlen einem Atom ein Elektron entziehen, verlieren sie Energie. Je mehr Atome mit vielen Elektronen sich ihnen also in den Weg stellen, desto schneller verliert die Strahlung ihre gesamte Energie und erlischt. Deshalb eignet sich die Substanz am besten dazu, die Röntgenstrahlen aufzuhalten, die die meisten Atome pro Kubikzentimeter (Dichte) aufweist und deren Atome die meisten Elektronen besitzen.

Uran wäre nicht schlecht. Es besitzt zweiundneunzig Elektronen pro Atom und ist neunzehnmal dichter als Wasser. Auch Gold würde sich gut eignen. Es besitzt neunundsiebzig Elektronen pro Atom und ist geringfügig dichter als Uran. Und dann gibt es noch Platin – mit achtundsiebzig Elektronen pro Atom und einer Dichte, die einundzwanzigmal dichter ist als Wasser. Aber leider sind diese Substanzen viel zu teuer! Und wer würde sich übrigens auf der Flucht vor Röntgenstrahlen schon gern hinter einer Wand aus radioaktivem Uran verstecken?

So hängt letztlich alles davon ab, wieviel Elektronen pro Kubikzentimeter man für einen Dollar kaufen kann. Blei sticht in diesem Punkt alle anderen Materialien aus. Es besitzt zweiundachtzig Elektronen pro Atom, ist dazu 11,35 mal dichter als Wasser, und für einen Dollar können Sie etwa fünf Kilogramm erstehen.

(Falls Sie es gern wissen möchten: In vier Kubikzentimetern Blei sind etwa 10^{25} Elektronen enthalten. Das ist eine ›eins‹ mit fünfundzwanzig Nullen.)

Trotzdem wird es immer eine bestimmte Anzahl von Röntgenstrahlen geben, der es gelingt, eine Platte aus Blei oder welchem Material auch immer zu durchdringen, egal wie dick diese ist. Mit zunehmender Dicke wird die Zahl der Strahlen, die den »Durchbruch« schaffen, lediglich reduziert. Theoretisch kann man Röntgenstrahlen nie völlig stoppen. Wir können sie nur auf ein relativ harmloses Maß herabsetzen.

Natürlich können Sie auch einen noch billigeren Stoff als Blei verwenden; Sie werden dann nur mehr davon brauchen. Eine dicke Betonwand ist beispielsweise genauso wirksam wie eine relativ dünne Bleiplatte, obwohl Beton Röntgenstrahlen bei weitem nicht so gut absorbiert. Wenn Sie genügend Platz zur Verfügung haben, können Sie sogar die billigste aller Substanzen als Schutz gegen Röntgenstrahlung verwenden: Wasser. Es enthält nur zehn Elektronen pro Molekül, doch wenn zwischen Ihnen und der Strahlenquelle genug davon vorhanden ist, sind Sie sicher.

All das haben Siegel und Shuster möglicherweise gewußt, aber wenn sie es zugegeben hätten, hätte das einen großartigen literarischen Kniff zunichte gemacht.

Kühl wie eine Gurke

Ich habe sowohl in einem Kochbuch als auch in einer Fachzeitschrift gelesen, daß Gurken stets um elf Grad Celsius kühler sind als ihre Umgebung. Wie kommt das?

Wirklich elf Grad? Na, das wollen wir mal sehen. Wenn Gurken tatsächlich immer elf Grad kälter sind als ihre Umgebung, dann lassen Sie uns doch eine Gurke in ein Faß mit vielen anderen Gurken legen, um zu beobachten, was dann passiert. Werden sie sich um das Privileg streiten, wer die kühlste ist? Haben Sie jemals beobachtet, daß ein Faß Gurken plötzlich gefroren wäre?

Oder wie ist es damit: Wenn Gurken stets elf Grad kühler sind als ihre Umgebung, könnte man doch eine große
Kiste aus Gurken bauen und zum Beispiel dazu verwenden, Weinflaschen bei einer Temperatur von vielleicht
dreizehn Grad Celsius darin zu kühlen. Aber warum so
bescheiden? Warum bauen wir nicht außerdem eine etwas
kleinere Gurkenkiste, stellen sie in die zuerst gebaute und
senken dadurch die Temperatur um weitere elf Grad?
Dann können wir unser Bier bei einer angenehmen Temperatur von zwei Grad lagern. Eis bräuchten wir dann gar
nicht mehr, weil wir mit noch einer Gurkenbox weit unter
den Gefrierpunkt kämen. Wenn wir nur genügend Kisten-
in-Kisten zur Verfügung hätten, bräuchten wir schließlich
keinen Kühlschrank und auch keine Gefriertruhe mehr.

Gerade haben wir eine der Grundregeln der Physik verletzt, nämlich das Erste Gesetz der Thermodynamik, auch
bekannt als das Gesetz der Erhaltung von Energie. Denn
wir haben es hier mit einer Substanz zu tun, die ständig
Wärmeenergie an ihre Umgebung abgeben muß. Denn:
Nur indem er unablässig jede Wärme, die sich von benachbarten Objekten auf ihn überträgt, sofort wieder abgibt, kann ein Gegenstand auf Dauer kühl bleiben. Klar,
und da Wärme nichts anderes ist als Energie, ist eine
Gurke letztlich nichts anderes als ein unerschöpflicher
Energiespender. Wer's glaubt ... Dann bräuchten wir ja
keine Kohle oder kein Erdöl mehr zu verbrennen oder uns
mit den Gefahren der Kernenergie auseinanderzusetzen.
Warum auch, wir könnten die Gurkenenergie dazu verwenden, Strom zu erzeugen, Autos ohne Abgase anzutreiben oder die Wüsten bewässern, um so immer mehr Gurken anpflanzen zu können. Wir könnten auch ...

Also – das einzige, was wir anscheinend nicht tun können, ist, Menschen davon abzuhalten, dummes Zeug zu drucken. Tatsächlich sind die genannten elf Grad nichts als pure Erfindung. Weder eine Gurke noch irgendein anderer Gegenstand auf dieser Welt ist in der Lage, sich selbständig kühl zu halten. Kein Gegenstand kann auf Dauer eine Eigentemperatur aufrechterhalten, die auch nur im geringsten – ganz gleich, ob kälter oder wärmer – von der Temperatur seiner Umgebung abweicht. Dies ist nur möglich, wenn wir Energie von außen her zuführen beziehungsweise nach außen ableiten. Darum sind unsere Küchengeräte ohne Steckdose nutzlos; wir benutzen elektrische Energie aus dem Elektrizitätswerk, um Wärmeenergie aus unserem Kühlschrank herauszupumpen, aber auch, um Wärmeenergie in unseren Herd hineinzupumpen.

Und trotzdem behaupten Sie, sie hätten neulich eine Gurke, die nicht im Kühlschrank gelagert habe, an Ihre Stirn gehalten und sie als kühl empfunden. Das glaube ich Ihnen gern. Allerdings bedeutet das lediglich, daß die Gurke kälter war als Ihre siebenunddreißig Grad Celsius warme Stirn. Es bedeutet aber nicht, daß sie kälter war als die einundzwanzig Grad Celsius in Ihrem Zimmer.

Probieren Sie's selbst

Bewahren Sie eine ungekühlte Gurke sowie eine Kartoffel für ein paar Stunden am gleichen Ort auf. Schneiden Sie beide durch, und halten Sie die Schnittflächen gegen Ihre Stirn. Sie werden beide als gleich kühl empfinden. Daß sie das sind, können Sie auch nachweisen, indem Sie bei beiden die Temperatur mit einem Fleischthermometer messen.

Jeder Gegenstand im Raum hat die gleiche Temperatur, es sei denn, die allgemeinen Rahmenbedingungen verändern sich plötzlich, wie zum Beispiel durch Luftzug oder Sonnenstrahlen, die durch das Fenster einfallen. Im Vergleich zu Ihrer Haut fühlt sich jeder Gegenstand kühl an, es sei denn, Sie haben Ihren Zimmerthermostat auf siebenunddreißig Grad Celsius eingestellt.

Immer wenn zwei Gegenstände miteinander in Kontakt sind, wird spontan Wärme von dem wärmeren zum kälteren fließen. Deshalb saugt die Gurke – wie übrigens jeder andere im Raum befindliche Gegenstand auch – einen Teil der Wärme aus Ihrer Stirn heraus. Diesen Verlust empfinden Sie als Kühlung.

Streng wissenschaftlich gesprochen, gibt es natürlich keine Kälte in dem Sinn; es gibt lediglich verschiedene Wärmegrade. Die Begriffe »kühl« und »kalt« sind lediglich sprachliche Vereinbarungen.

Vorschlag für eine Kneipenwette

Eine Gurke ist keinen Deut kühler als eine Kartoffel.

Hinter was war Einstein eigentlich wirklich her?

Ich weiß, daß die Einsteinsche Gleichung $E = mc^2$ furchtbar wichtig ist und daß sie irgend etwas mit der Atombombe zu tun hat. Aber welche Bedeutung hat sie für den Normalmenschen?

Um ehrlich zu sein, keine besonders große. Das soll aber die Tatsache, daß es sich hierbei um eine der folgenschwersten Erkenntnisse der Menschheit handelt, keinesfalls in Abrede stellen. Obwohl das Phänomen, um das es geht, mit Vorgängen zu tun hat, die sich jeden Tag direkt vor Ihrer Nase abspielen, sind sie doch viel zu klein, als daß man sie überhaupt zur Kenntnis nähme – wäre da nicht die genannte Bombe, die ohne Zweifel eine der aufsehenerregendsten Erfindungen aller Zeiten ist.

Die berühmteste aller Gleichungen wurde zum ersten-mal im Jahre 1905 von Albert Einstein zu Papier gebracht, und zwar im Zusammenhang mit seinen Relativitätstheo-rien. Unter anderem entdeckte Einstein, daß Masse und Energie eines Gegenstandes in enger Beziehung zueinan-der stehen. (Der Begriff »Energie« beschreibt die Fähig-keit, etwas passieren zu lassen, während der Begriff »Masse« im Grunde genommen das Gewicht eines mate-riellen Objektes ist.)

Vom Gefühl her würden wir gerne glauben, daß Energie Energie ist und ein Gegenstand ein Gegenstand, basta. Einstein hat jedoch herausgefunden, daß Energie und Masse in Wirklichkeit zwei zwar unterschiedliche, aber doch austauschbare Aspekte desselben universellen Phä-nomens sind, das wir mangels eines geeigneteren Begriffs als *Massenenergie* bezeichnen wollen. Einsteins verblüf-fend einfache Gleichung liefert uns eine Formel, mit der man errechnen kann, wieviel Energie einer bestimmten Masse entspricht und umgekehrt.

(Für die Mathe-Asse unter Ihnen: Wenn m für ein be-stimmtes Maß an Masse, E dagegen für ein dementspre-chendes Maß an Energie steht, kann man diese Energie gemäß der Gleichung errechnen, indem man m einfach mit der Größe c^2 multipliziert. Diese Größe ist unvorstell-bar groß – sie ist das Quadrat der Lichtgeschwindigkeit. Auf die Art ergibt sich aus einer winzigen Masse eine enorme Energie.)

Daß Einsteins Gleichung für unseren Alltag (mit einer Ausnahme, über die wir noch sprechen werden) kaum von Bedeutung ist, liegt daran, daß es sich bei all den täglichen Aktivitäten, mit denen wir gemeinhin Energie erzeugen – zum Beispiel unserem Stoffwechsel oder dem Verbrennen von Kohle oder Benzin –, um rein *chemische* Prozesse handelt. Und bei allen chemischen Prozessen ist die Masse, aus der Energie erzeugt wird, extrem gering.

Wie gering? Na ja, selbst bei der Explosion von einem Pfund TNT (Trinitrotoluol) – und Sie werden zugeben, daß da ein ganz ordentliches Maß an Energie freigesetzt wird – stammt die gesamte Energie aus der in diesem Prozeß umgesetzten Masse von lediglich einem halben Milliardstel Gramm. Könnten wir das TNT vor der Explosion wiegen, um dann den gesamten Rauch und die entstandenen Gase nach der Explosion wieder einzufangen und ebenfalls zu wiegen, würden wir feststellen, daß das Ganze nur ein halbes Milliardstel Gramm weniger wiegt als vorher.

Doch das ist weit außerhalb unseres Wahrnehmungsvermögens, und einen derart kleinen Gewichtsunterschied können wir selbst mit den sensibelsten Meßgeräten der Welt kaum messen. Darum ist Einsteins Gleichung, obwohl sie sich prinzipiell auf alle Prozesse, die mit Energie zu tun haben, anwenden läßt, für unser alltägliches Leben völlig unerheblich.

Das gilt für alle *chemischen* Prozesse. *Nukleare* Prozesse dagegen, wie zum Beispiel die Fusionsreaktionen, die sich auf der Sonne abspielen, oder aber die Kernspaltungsreaktion, die sich in einer Atombombe vollzieht, sind etwas ganz anderes. Da fast die gesamte Masse auf unserer Welt in den unglaublich massiven Atomkernen zu finden ist, werden bei einem nuklearen Prozeß wesentlich größere Mengen an Energie freigesetzt als bei einem chemischen Prozeß. Milliardenmal größere Mengen (s. S. 306).

Was die Atombombe letztlich aber zur Nummer Eins aller irdischen Energielieferanten macht, ist etwas, das man als *Kettenreaktion* bezeichnet: Jede Atomreaktion ruft zwei weitere Reaktionen hervor, und jede von diesen jeweils wiederum zwei weitere und so fort, bis schließlich eine unglaublich große Anzahl von Atomen reagiert. Und das alles wurde ursprünglich von der »Zündreaktion« eines einzigen Atoms ausgelöst. Wenn eine unglaublich große Zahl von Atomen in einer unglaublich kurzen Zeit reagiert, wobei jedes einzelne Atom so viel Energie abgibt wie eine Milliarde gewöhnlicher chemischer Reaktionen, haben Sie es in der Tat mit einer »Megaexplosion« zu tun.

Nicht jede Kettenreaktion ist etwas Böses. In einem Kernkraftwerk wird die Geschwindigkeit, mit der die Kettenreaktion einer Kernspaltung sich selbst potenziert, kontrolliert und die Energie langsam genug abgegeben, um Wärme zu erzeugen, die Wasser zum Kochen bringt. Das verwandelt sich in Wasserdampf, mit dem Turbinen angetrieben werden können, mit denen man wiederum Generatoren antreibt, um die Elektrizität zu erzeugen, die die Lampe zum Leuchten bringt, mit deren Hilfe Sie möglicherweise dieses Buch lesen. So viel zu der anfangs gestellten Frage nach dem Nutzen der Einsteinschen Gleichung für Otto Normalverbraucher.

Vorschlag für eine Kneipenwette

Bei einer normalen chemischen Reaktion wird Masse in Energie umgewandelt.

Nur gut informierte Zeitgenossen werden auf diese Wette nicht hereinfallen; vielleicht gelingt es Ihnen sogar, einen Chemielehrer aufs Glatteis zu führen. Chemiker sind so sehr daran gewöhnt, die winzigen Veränderungen in bezug auf die Masse eines Stoffes, die durch chemische Reaktionen hervorgerufen werden, einfach zu ignorieren, daß sie oft meinen, Massenverluste gäbe es nicht. Und schließlich bringen sie das sogar ihren Schülern bei: Untermauern Sie Ihre These, indem Sie Ihren Wettgegner daran erinnern, daß die Einsteinsche Formel »$E = mc^2$« nicht vor der Chemie Halt macht.

Schlankheitskur für übergewichtige Atome

Ich kann mir vorstellen, daß Kohle und Erdöl Energie enthalten, denn wenn wir sie verbrennen, wird Wärmeenergie freigesetzt. Aber wie kann Uran dazu gebracht werden, Energie abzugeben? Kann man es auch verbrennen?

Wenn Sie unter »verbrennen« die chemische Reaktion verstehen, die nur stattfinden kann, wenn in der Luft Sauerstoff vorhanden ist, dann nein. Wenn Sie mich aber fragen wollen, ob die Uranatome auch »verbraucht«, »aufgebraucht« werden, dann lautet die Antwort »ja«.

Sie haben recht, wenn Sie sagen, daß alle drei – Kohle, Erdöl und Uran – Energie enthalten. Tatsächlich enthält jede Substanz eine bestimmte Menge an Energie. Sie ergibt sich aus der jeweiligen speziellen Anordnung ihrer Atome und daraus, wie stark – oder nicht stark – diese zusammengehalten werden. Wenn die Atome sehr eng zusammengehalten werden, befinden sie sich in einem relativ »zufriedenen« und energiearmen Zustand. Werden sie dagegen nur locker zusammengehalten, besitzen sie ein größeres Potential zur Veränderung; sie besitzen mehr potentielle Energie.

Beispielsweise werden die Atome im Nitroglycerin nur sehr locker zusammengehalten. Nitroglycerin ist eine derart instabile Substanz, daß man sie nur ein wenig zu schütteln braucht, und sofort ordnen sich ihre Atome schnell, sehr schnell sogar, wieder neu, und zwar in stabileren Konstellationen mit einem niedrigeren Energieinhalt in Form von verschiedenartigen Gasen. Die Energie, die in der sich daraus ergebenden Explosion freigesetzt wird, ist die Differenz zwischen dem ursprünglichen Energieinhalt des Nitroglycerins und dem Energieinhalt der Gase, zu denen sich seine Atome neugeordnet haben.

Allgemein gilt: Wenn es den Atomen einer Substanz möglich ist, ihre Atome in Form einer energieärmeren Konstellation neu anzuordnen, muß die dabei »verlorene« Energie in irgendeiner Weise zutage treten, normalerweise in Form von Wärme. Beim Verbrennen von Kohle oder Erdöl in der Luft geben wir ihren Atomen (ebenso wie ein paar Sauerstoffatomen) die Gelegenheit, sich in energieärmeren Konstellationen neu anzuordnen, nämlich als Kohlendioxid und Wasser. Die dadurch gewonnene Wärmeenergie können wir für unsere Zwecke nutzen. Daß wir aus Wasser oder Gestein keine Energie beziehen können, liegt daran, daß es keinerlei energieärmeren Konstellationen gibt, zu denen wir ihren Atomen verhelfen könnten. Zumindest nicht, ohne ungleich mehr Energie einzuzahlen, als wir herausbekämen.

Um sich in energieärmeren Atomkonstellationen umzuwandeln, brauchen alle unsere natürlichen Brennstoffe, sprich Erdöl, Erdgas oder Benzin, Sauerstoff. Uranatome dagegen bedürfen solcher Unterstützung nicht. Sie erzielen einen niedrigeren Energieinhalt schlicht dadurch, daß sie sich teilen, indem sie ihre Substanz auf zwei kleinere Atome anstelle eines einzigen großen Atoms verteilen. Die zwei kleineren Atome sind im Vergleich zum ursprünglichen Uran engere, stabilere und energieärmere Anordnungen subatomarer Partikel. Die sich daraus ergebende Energieabnahme entspricht der Energie, die bei einer *Kernspaltung* freigesetzt wird. Eigentlich teilt sich lediglich der Kern des Uranatoms; der Rest, die Elektronen, verteilt sich einfach.

Aber nicht alle Atome sind in der Lage, ihre Kerne zu teilen und so Energie abzugeben. Nur die allerschwersten gehen auf diese Weise zu Bruch. Es sind die Übergewichtigen, und ihr Übergewicht äußerst sich in einer gewissen Instabilität; schon bei der geringsten Provokation brechen sie entzwei. Ein Kernreaktor ist letztlich nichts anderes als ein überaus wirksamer Provokateur. Er kitzelt die Urankerne, indem er sie mit *Neutronen* bewirft, schweren ungeladenen nuklearen Partikelchen. Das reicht, um sie buchstäblich auseinanderfallen und in stabilere Anordnungen übergehen zu lassen, wobei Energie freigesetzt wird.

Wenn Sie's genauer wissen wollen

Was macht den Urankern so instabil, daß er es nicht erwarten kann auseinanderzubrechen?

Alle Atomkerne bestehen aus Partikeln, die man *Nukleonen* nennt. Ein großer Nukleus wie der des Urans ist eine Anhäufung von Hunderten solcher Partikelchen, die alle auf engstem Raum zusammengepfercht sind. Da er derart viele zusammenhalten muß, hat der Nukleus durchschnittlich nur begrenzten Zugriff auf jedes einzelne Partikelchen. So als versuchten Sie, eine große Menge Golfbälle zu halten, ohne einen Korb zur Verfügung zu haben.

Der Nukleus könnte sich aus dieser prekären Situation retten und sich selbst dabei besser in den Griff bekommen, wenn es ihm gelänge, sich selber in zwei Ladungen aufzuteilen. Zwei kleinere Haufen von Golfbällen wären leichter zu handhaben, da man sie fester und sicherer zusammenhalten könnte. Weil diese beiden kleinen Haufen leichter zu handhaben wären, würden sie auch nicht so leicht auseinanderfallen. Sie hätten weniger Kräfte für ein ungebremstes energetisches Benehmen – ein geringeres Energiepotential, wie Wissenschaftler das nennen.

Doch nach Einstein gilt: Masse ist gleich Energie, und Energie ist gleich Masse. Wenn die beiden kleineren Atomkerne nun weniger Energie haben als der große Nukleus, müßten sie auch weniger Masse aufweisen. Und tatsächlich wiegen sie zusammen weniger als der ursprüngliche einzelne Nukleus, obwohl sie die gleiche Anzahl an »Golfbällen« enthalten. Addieren Sie die Massen – also die Gewichte – der beiden kleineren Kerne, in die sich der ursprüngliche Urankern aufgeteilt hat, werden Sie feststellen, daß das Gesamtgewicht um etwa 0,1 Prozent unter der Masse des ursprünglichen Urankerns liegt. Diese 0,1 Prozent an »verlorengegangener« Masse erweisen sich jedoch als eine große Energiemenge, da nach der guten alten Formel $E = mc^2$ (s. S. 302) eine geringe Masse einer enormen Energiemenge entspricht.

Ziemlich kompliziert, nicht? Aber wenn all das nicht stimmte, gäbe es keine Kernenergie – und auch keinen der vielen hundert weiteren nuklearen Prozesse, die die Wis-

senschaftler jeden Tag in ihren Labors beobachten. Sobald wir Einsteins Lehrsatz, daß Masse und Energie austauschbare Größen sind, akzeptiert haben, erkennen wir
damit auch gleichzeitig an, daß all diese Vorgänge völlig
natürliche Erscheinungen eben dieses Prinzips sind. Und
dann brauchen wir uns auch nicht im geringsten darüber
zu wundern.

Na ja – vielleicht ein ganz klein bißchen.

Magnetisches Eisen

Warum wird Eisen von einem Magneten angezogen? Warum
nicht Aluminium oder Kupfer?

Magneten werden grundsätzlich nur von anderen Magneten angezogen. Ein Stück Eisen enthält Milliarden
winziger Magneten, Kupfer und Alumium dagegen nicht.

Das einzige, was der Pol eines Magneten anzieht, ist der
Gegenpol eines anderen Magneten. Das Prinzip ist das
gleiche wie bei elektrischen Ladungen: Das einzige, was
eine positive elektrische Ladung anzieht, ist eine negative
elektrische Ladung, und umgekehrt. Bei Magneten nennen wir diese einander entgegengesetzten Pole »Nord«
und »Süd« anstatt »positiv« und »negativ«. Zwischen
einer elektrischen Ladung und einem Gegenstand, der
keine elektrische Ladung aufweist, besteht keinerlei direkte Anziehungskraft. Genauso verhält es sich mit Magneten; ohne einen zweiten Magneten gibt es auch keine
Anziehung.

(Zwischen Elektrizität und Magnetismus gibt es in bezug auf ihre Wirkungsweise gewisse Überschneidungen;

bewegte Ladungen können wie Magneten wirken, und *bewegte* Magneten können elektrische Anziehungskräfte ausüben. Wir werden uns hier aber auf Standmagneten beschränken.)

Eisenatome sind winzige Magneten, da ihre negativ geladenen Elektronen – jedes Eisenatom besitzt sechsundzwanzig davon – sich wie kleine Kreisel drehen, während sie den Nukleus umkreisen, genauso wie die Erde die Sonne umkreist. Diese Drehbewegung löst ein elektromagnetisches Moment aus, wodurch elektrische Ladungen sich wie Magneten verhalten. Doch die meisten Eisenelektronen sind paarweise angeordnet, und wenn sich drehende Elektronen zu Paaren zusammenschließen, heben sie den Magnetismus des jeweiligen Partners auf, ganz so wie es auch zwei Magnetstäbe tun würden: Nordpol zu Südpol und Südpol zu Nordpol.

Vier der Elektronen eines Eisenatoms haben jedoch keinen Partner, und darum verleihen sie den Atomen insgesamt eine magnetische Wirkung, weswegen Eisenatome auf andere Magneten eine gewisse Anziehungskraft ausüben.

Das ist alles schön und gut, aber Eisen ist bei weitem kein Sonderfall. Dutzende von Elementen – selbst Aluminium und Kupfer – haben in ihren Atomen ungepaarte Elektronen und sind deshalb magnetisch. Selbst bei Sauerstoffatomen ist das so und sie werden deshalb von Magneten angezogen. Natürlich kann man so etwas in der Luft nicht beobachten. Wenn Sie aber im Labor flüssigen Sauerstoff auf einen starken Magneten gießen, werden Sie sehen, wie er dort hängenbleibt.

Diese Art von Magnetismus, der von ungepaarten Elektronen herrührt (unter Fachleuten heißt das *Paramagnetismus*), ist in ihrer Wirkung jedoch relativ schwach: Sie

entspricht nur etwa einem Millionstel der Anziehungskraft, die ein herkömmlicher Magnet beispielsweise auf
Eisen ausübt. Aber wenn Sie ganz genau hinsehen, können
Sie diesen Magnetismus auch bei sich zu Hause beobachten.

Probieren Sie's selbst

Stellen Sie eine Wasserwaage auf einen Tisch und halten Sie
einen Magneten nah an das eine Ende der Luftblase. Beobachten Sie nun genau, was passiert, während Sie die Meß-
skala auf der Röhre als Anhaltspunkt benutzen. Wenn der Magnet stark genug ist, werden Sie sehen, wie die Luftblase sich
leicht auf den Magneten zubewegt. Das bedeutet aber nicht
etwa, daß der Sauerstoff im Inneren der Luftblase von dem
Magneten angezogen wird. Dazu wäre ein extrem starker
Magnet vonnöten. Nein, der Grund liegt vielmehr darin, daß
die Flüssigkeit im Inneren der Wasserwaage aufgrund einer
Art Paramagnetismus von dem Magneten abgestoßen wird.
Und wenn die Flüssigkeit in die eine Richtung strebt, strebt die
Luftblase in die andere.

Der wesentlich stärkere Magnetismus, der von einem
Stück Eisen ausgeht, ist der sogenannte Ferromagnetis-
mus (»ferrum« = lat. für »Eisen«). Er rührt daher, daß die
Atommagneten in seinem Inneren nicht auf ewig dazu ver-
dammt sind, wahllos in alle möglichen Richtungen zu zeigen, wie ein Haufen Kompasse in einem Magnetenge-
schäft. Wenn wir mit einem Magneten über ein Stück
Eisen streichen, können wir seine Atome dazu bringen,
sich in Reih und Glied aufzustellen, wobei ihre Nordpole
in eine Richtung zeigen, ihre Südpole in die entgegenge-
setzte.

Und weil die Eisenatome alle pedantisch gleichgroß und gleichgeformt sind, bleiben sie in dieser Ordnung, ohne wieder zurückzuschwingen. Das erzeugt einen sehr starken zusätzlichen magnetischen Effekt, der millionenmal stärker ist als der Magnetismus jedes einzelnen Atoms und bedeutet: Das Stück Eisen ist *magnetisiert* worden. Es ist selbst zu einem Magneten geworden und wird so seinerseits andere Eisenstücke anziehen.

Es gibt nur drei Elemente, deren Atome sich aufgrund ihrer Form und Größe in Reih und Glied aufstellen und in dieser Haltung verharren: Eisen, Kobalt und Nickel. Darum werden diese drei Metalle auch die drei ferromagnetischen Elemente genannt, wobei Eisen das am stärksten magnetische ist.

Kein Kommentar

»Der Körper eines Erwachsenen enthält vier bis fünf Gramm Eisen, das sich im Hämoglobin und im Myoglobin befindet. [Tatsächlich sind es eher drei Gramm.] Eisen ist für uns lebenswichtig, und Magnetismus wirkt sich auf Eisen in einer radikalen und großartigen Weise aus [sic!] ... Daher haben Magneten bei bestimmten Beschwerden wie Zahnschmerzen, Steifheit der Schulter- und anderer Gelenke, Schmerzzuständen und Schwellungen, zervikaler Spondylitis [Halswirbelentzündung], Ekzemen, Asthma sowie bei Frostbeulen, Verletzungen und Wunden eine außergewöhliche Heilwirkung.« (Aus »*Magnetic Therapy*«, einer Gesundheitsbroschüre, die in einem Einkaufszentrum verteilt wurde, um für eine Klinik zu werben, die mit Magneten »heilt«.)

Das gefährlichste Geschoß der Welt

Wenn ich eine Luftgewehrkugel von dem höchsten Gebäude
der Welt fallen lassen würde, und sie träfe jemanden auf den
Kopf, würde sie ihn umbringen?

Nein. Fußgänger in der Nähe des 443 Meter hohen Sears
Tower in Chicago brauchen keine Angst zu haben: Mit
oder ohne Hut – rein wissenschaftliche Experimente wie
das eben genannte bedeuten für sie kaum eine Gefahr.
(Von Wasserballons ganz zu schweigen.)
    Woran Sie zweifellos denken, ist der Umstand der *Be-*
schleunigung aufgrund der Schwerkraft. Immerhin fällt
ein Gegenstand, je länger er fällt, desto schneller. Das bestätigen die Fallgesetze der Physik. Während ein Gegenstand im Fall begriffen ist, zerrt die Schwerkraft konstant
an ihm. Ganz gleich, wie schnell er zu einem gegebenen
Zeitpunkt auch ist, die Schwerkraft drängt ihn zu immer
größerer Geschwindigkeit. Sie beschleunigt ihn. Es ist so,
wie wenn Sie eine Seifenkiste anschieben. Je länger Sie
schieben, desto mehr beschleunigt sich sein Tempo. Bei
einem richtigen Auto würden wir sagen: »Es zieht an.«
    Liegt da nicht die Frage nahe, ob eine Luftgewehrkugel,
wenn sie nur genügend Zeit zum Fallen hat, nicht irgendwann die Geschwindigkeit eines Geschosses erreicht?
Oder vielleicht sogar Lichtgeschwindigkeit? Anhand der
Gesetze der Schwerkraft können wir errechnen, daß ein
Gegenstand, der 443 Meter fällt, eine Geschwindigkeit
von 333 Kilometer pro Stunde erreichen müßte. Da müßte
man tatsächlich unten aufpassen!
    Aber Moment mal. Das würde voraussetzen, daß zwi-
schen dem wildgewordenen Bomber und seinem Ziel gar
nichts ist. Aber es gibt da doch etwas: die Luft. Und wenn

ein Gegenstand sich durch Luft hindurchkämpfen muß, hat das auf seine Geschwindigkeit zwangsläufig eine hemmende Wirkung. Wir haben es also mit zwei einander entgegengesetzten Kräften zu tun: der Zugkraft der Erdanziehung, durch die die Geschwindigkeit des fallenden Gegenstandes tendenziell gesteigert wird, und dem bremsenden Effekt der Luft, der ihn verlangsamt.

Wie bei allen gegenläufigen Kräften in der Natur treffen sich diese beiden cleveren Kräfte in einem Kompromiß. Die verlangsamende Wirkung der Luft hebt den entsprechenden Teil der durch die Schwerkraft bedingten Beschleunigung auf und begrenzt somit die Höchstgeschwindigkeit, die der Gegenstand – unabhängig davon, wie lange er fällt – erreichen kann. So wird sich seine Geschwindigkeit nur bis zu einem bestimmten Punkt steigern und von da an konstant bleiben.

Natürlich variiert der Widerstand der Luft je nachdem, welches Objekt Sie von einem Gebäude werfen wollen. Ein gerupftes Huhn wird beispielsweise weniger Luftwiderstand hervorrufen als eins, das noch Federn hat. Deshalb fallen unterschiedliche Gegenstände auch unterschiedlich schnell. Gäbe es keine Luft, wären alle Gegenstände, unabhängig von ihrem Gewicht, nach einer gegebenen Zeit gleichschnell.

Bei der fallenden Kugel sorgt der Luftwiderstand dafür, daß ihre Endgeschwindigkeit nicht einmal einem Glatzkopf gefährlich werden kann. Außerdem würde sie ihre Höchstgeschwindigkeit bereits nach wenigen Etagen erreichen, weshalb wir von einer wissenschaftlichen Expedition nach Chicago absehen dürfen.

Aber vergessen Sie nicht: Nicht allein die Geschwindigkeit entscheidet über die destruktiven Kräfte eines Geschosses; es ist der *Impuls*. Er ist eine Kombination von

Geschwindigkeit und Gewicht eines Gegenstandes. Selbst wenn eine im Fallen begriffene Bowlingkugel vielleicht nicht ganz so schnell ist wie ein Geschoß, dürfte ihre Wirkung auf einen Fußgänger aufgrund ihres Gewichts nicht ganz unbedenklich sein. Aber das verwundert Sie wohl nicht.

Kosmischer Boogie Woogie

Im Chemieunterricht hat man mir beigebracht, daß Atome und Moleküle sich ununterbrochen in Bewegung befinden. Dabei habe ich in Physik gelernt, daß es so etwas wie Dauerbewegung gar nicht gibt und daß nichts unendlich in Bewegung bleibt, wenn es nicht immer wieder angestoßen wird. (Vielleicht hat Sir Isaac das etwas anders ausgedrückt.) Wer aber stößt all diese Atome und Moleküle immer wieder an?

Nehmen wir einmal an, Revuegirls, die »Rockettes« zum Beispiel, kämen nicht als Gruppe auf die Bühne, sondern träten als Solisten auf. Sie müssen zugeben, der erwünschte Effekt verpufft, oder etwa nicht? Aber genau nach diesem Muster werden Schullehrpläne erstellt: Chemie- und Physiklehrer treten als Solisten auf unterschiedlichen Bühnen auf, und einen Kurs in »Wie das alles zusammengehört« gibt es nicht.

Natürlich sind Ihre beiden Erinnerungen – aus Ihrem Chemie- und Ihrem Physikunterricht – an und für sich durchaus korrekt. Es fehlte nur das Bindeglied: All diese Atome und Moleküle werden von niemandem mehr angestoßen, doch vor Milliarden von Jahren haben sie *einen* »ultrastarken« Anstoß erhalten.

Die Bewegung von Atomen und Molekülen, wie im übrigen jede Bewegung überhaupt, wird erst durch eine Energieform ermöglicht, die als *kinetische* Energie bezeichnet wird (Der Begriff stammt aus dem Griechischen; »kinema« bedeutet Bewegung.) Im Fall von Atomen und Molekülen äußert sich diese kinetische Energie in einem unaufhörlichen Herumgerenne und Aneinanderstoßen, das nur durch gewisse *Bindungen* gebremst wird, womit Chemiker sämtliche Formen der Anziehung oder des Haftens zwischen Partikeln bezeichnen. Die kollektive Bewegung von Atomen und Molekülen nennen wir *Wärme.*

Die Tatsache, daß all diese Partikel ständig herumrennen, bedeutet nun allerdings nicht, daß jedes Stück einer Substanz, das groß genug ist, um sichtbar zu sein – ein Salzkorn zum Beispiel – herumhüpfen müßte wie ein Känguruh. Die drei *Milliarden Milliarden* Atome in einem Salzkorn (ja, ich habe es tatsächlich ausgerechnet) bewegen sich hin und her, in alle möglichen Richtungen, und gleichen sich so gegenseitig aus. Ein Salzkorn wird Ihnen nicht plötzlich vom Tisch hüpfen. Ein Bienenstock galoppiert doch auch nicht übers Feld, nur weil die Bienen in seinem Inneren wie toll umherfliegen. (In Wirklichkeit verhalten sich Bienen in einem Bienenstock meist ruhig, es sei denn, Sie stören ihren Frieden.)

Die Frage bleibt also: Wie haben all die Partikel in der Welt ihre kinetische Energie bekommen? Hat es da wirklich einen superstarken Start-Anstoß gegeben? Ja, genau so war es. Die gesamte Materie im Universum hat ihre gesamte Energie zum Zeitpunkt ihrer Entstehung erhalten, beim »Urknall« nämlich, der das Universum nach der weithin anerkannten Urknalltheorie vor etwa zehn oder zwanzig Milliarden Jahren erhitzt hat (Kosmologen streiten sich noch immer über das genaue Datum). Und Jahrmilliarden später zittert jeder Partikel im Universum noch immer vor sich hin.

Wenn auch nicht unbedingt alle mit der gleichen Geschwindigkeit. Wenn wir einem Suppentopf auf dem Herd Wärmeenergie zuführen, bewegen sich die Suppenpartikel *im Durchschnitt* schneller hin und her. Wenn wir andererseits einer Flasche Bier Wärme entziehen, indem wir sie in den Kühlschrank stellen, bewegen sich die Bierpartikel *im Durchschnitt* langsamer als vorher hin und her.

Natürlich wissen Sie, daß das, was sich auf dem Herd erhöht beziehungsweise im Kühlschrank senkt, die *Temperatur* ist: die durchschnittliche kinetische Energie der Partikel in einem gegebenen Stoff, ob nun Suppe, Bier, Mensch oder Stern. Der Schlüsselbegriff ist *Durchschnitt*.

Nun können wir uns natürlich nicht mit einer Stoppuhr in einen Suppentopf setzen und die Geschwindigkeit jedes einzelnen der unzähligen Partikel messen, um aus dem Durchschnitt all dieser Einzelgeschwindigkeiten schließlich die Temperatur zu errechnen. Deshalb hat man ein spezielles Gerät – das Thermometer – erfunden. (Genauer gesagt, hat ein Herr namens Gabriel Fahrenheit es erfunden.) Im Inneren des Thermometers befindet sich eine glänzend-leuchtende Flüssigkeit – das Quecksilber –, die sich zum oberen Ende einer Glasröhre hin ausdehnt, sobald die Temperatur steigt, beziehungsweise die sich wieder zusammenzieht, sobald die Temperatur sinkt. Das Quecksilber dehnt sich aufgrund einer Kettenreaktion von Kollisionen aus. Die Partikel der Substanz, deren Temperatur wir messen wollen, stoßen gegen die Außenwand des Glasthermometers, wodurch ein Teil der Glaspartikel dazu angeregt wird, mit einem Teil der Quecksilberpartikel im Inneren der Röhre zu kollidieren. Diese Quecksilberpartikel bewegen sich nun schneller als vorher und brauchen jetzt auch mehr Platz. Folglich dehnt sich das Quecksilber zum oberen Ende der Glasröhre hin aus.

So schwingen alle Atome und Moleküle im Universum aufgrund einer universellen Ur-Energie noch immer hin und her; ihre Geschwindigkeit allerdings variiert entsprechend ihrer Temperatur. Und Energie ist alles, beziehungsweise alles ist Energie. Sie ist die einzige Währung, die überall im Universum gültig ist. Man kann sie umrechnen, genauso wie man Geld von einer nationalen Währung in die andere umrechnen kann. Der eine Körper verliert sie, der andere gewinnt sie, so wie man Geld transferiert. Sie kann sogar in Masse umgewandelt werden, genauso wie man Geld in Güter umtauschen kann (s. S. 303). Man kann sie nur nicht neu schaffen (die Münzstätte ist gleich nach dem Urknall bankrott gegangen) oder vernichten. Beim Urknall haben wir ein bestimmtes Maß an Energie erhalten, und seitdem zehren wir von diesem Vorrat, ob in Form von Wärme oder in all den anderen Formen, in die Energie umgewandelt werden kann.

Sollten Sie annehmen, daß die Sonne unablässig neue Energie erzeugt und sie als Wärme oder Licht zu uns heruntersendet, dann denken Sie noch einmal nach. Die Sonne und die Sterne wandeln lediglich einen Teil ihres eigenen Energievorrats, den sie in Form von Masse bereits besitzen, in eine dieser Energieformen um. Dabei entsteht nichts Neues.

Aber kann es dann nicht sein, daß diese kosmische Batterie, die vor Jahrmilliarden aufgeladen wurde, irgendwann leer ist?

Allerdings, davon muß man ausgehen. Alle Energie im Universum verwandelt sich allmählich, aber unausweichlich in etwas anderes: in *Entropie*, Unordnung oder das totale Chaos (s. S. 330). Aber machen Sie sich nicht zu viele

Gedanken! Lange bevor das passieren wird – um genau zu sein, erst in etwa sechs Milliarden Jahren –, ist die Sonne schon nicht mehr da.

Vorschlag für eine Kneipenwette

Es gibt doch so eine Art Perpetuum mobile – zumindest solange, wie es das Universum gibt.

Gewichtige Angelegenheiten

Warum ist Helium leichter als Luft? Warum haben die Dinge überhaupt unterschiedliche Gewichte?

Alles besteht aus Partikeln: Atomen und Molekülen. Aber es wäre viel zu einfach zu sagen, manche Partikel seien schlicht leichter als andere, obwohl das schon eine Menge erklärt. Unterschiedliche Gewichte haben aber auch damit zu tun, daß manche Partikel »dichter gepackt« sind als andere.

Ein bestimmtes Volumen Blei ist dichter, also schwerer als das entsprechende Volumen Wasser. Das liegt vor allem daran, daß Bleiatome mehr als elfmal so schwer sind wie Wassermoleküle. Aber selbst wenn beide gleich schwer wären, fiele ihre jeweilige Dichte unterschiedlich aus, je nach dem, wie sie »gepackt« wurden. Flüssiges Wasser hat beispielsweise eine größere Dichte als festes Wasser (Eis), obwohl beide aus den gleichen Partikeln, nämlich aus Wassermolekülen bestehen. In der Flüssigkeit jedoch liegen die Moleküle enger zusammen als im Feststoff. Wenn also jemand behauptet, eine Substanz sei dichter als eine andere, da ihre Partikel schwerer seien, ist das nur die halbe Wahrheit.

Bei Gasen wiederum ist das etwas völlig anderes als bei Flüssigkeiten oder Feststoffen, weil ihre Moleküle sich überhaupt nicht »zusammenpacken« lassen; statt dessen schweben sie völlig frei im Raum umher. Ob nun Heliumatome oder Luftmoleküle – alle Gasmoleküle werden bei gleichem Druck gleich eng zusammen- (oder vielmehr auseinander-)gepreßt. Das heißt, der Durchschnittsabstand zwischen ihnen ist ungefähr gleich groß.

Insofern sagt der Abstand zwischen den Gasmolekülen überhaupt nichts darüber aus, welches Gas die größere Dichte aufweist. Die Dichte von Helium entspricht unter gleichen Druckverhältnissen etwa einem Siebtel der Dichte von Luft, aber nur deshalb, weil das Gewicht seiner Partikel nur ein Siebtel des Gewichts von Luftpartikeln ausmacht.

Genau das haben Sie gedacht, oder? Wenn auch vielleicht aus dem falschen Grund.

Ungeklärte Besitzverhältnisse?

Was sind eigentlich diese kleinen schwarzen Kleckse, mit denen die Experten in Gerichtssälen herumhantieren und die sie den »DNA-Beweis« nennen? Ist das richtige DNA?

Nein. Diese leiterförmigen Gebilde aus fusseligen schwarzen Spritzern dienen lediglich dazu, den Geschworenen und anderen beflissenen Biochemie-Anhängern gewisse Dinge begreiflich zu machen, die so klein sind, daß man sie nicht mal mit dem Mikroskop sehen kann. Sie sind das Endergebnis einer Reihe von Manipulationen im Labor, die im Gerichtssaal jedoch nie erklärt werden. Bevor wir sie beschreiben, sehen wir uns mal die richtige DNA an.

DNA ist die komplizierteste und ehrfurchtgebietendste Substanz der Erde, und doch ist es gar nicht so schwer, sie zu begreifen. Man darf nur keine großen Worte machen und nicht zu sehr in die Details gehen wollen.

Stellen Sie sich vor, Sie selbst seien Mutter Natur und wollen ein allgemeines Lebensschema erstellen, das für alle Lebewesen, Pflanzen und Tiere, gleichermaßen gilt. Das größte Problem bestünde darin, den Schritt von einer Generation zur nächsten hinzubekommen. Immerhin reicht es nicht, eine einzige wundervolle Rose, eine einzige Kakerlake oder ein einziges Pferd zu erschaffen, auch wenn dies schon schwer genug ist. Wie schafft man es, daß die einzelnen Arten sich fortpflanzen? Wie kann eine Rose in die Lage versetzt werden, eine zweite Rose hervorzubringen? Wie teilt ein Pferd seinem Nachwuchs mit, daß er als Pferd auf die Welt kommen soll und nicht als Grashalm oder als Kakerlake, daß er statt sechs Beinen vier haben soll und kein Chlorophyll und keine Fühler? Und so weiter und so weiter.

Es gibt eine enorme Menge von ganz genauen Informationen, die irgendwie festgehalten und dann ausgeführt werden müssen, wenn man sicherstellen will, daß jede nachfolgende Generation demselben Muster folgt. Wie hat Mutter Natur es geschafft, die unzähligen komplexen Informationen, die zusammengenommen »Pferd« ergeben, zu registrieren und beliebig oft reproduzierbar zu machen, und das ohne Bleistift und Papier, ohne Videokassette oder CD-ROM?

Antwort: All das schreibt sie auf Stränge aus einer bemerkenswerten Substanz, die man DNA nennt, so wie wenn es eine Art Tonband wäre.

DNA (oder auch DNS) ist die barmherzige Abkürzung des Begriffs *Desoxyribonukleinsäure*. Diese Substanz setzt sich aus bestimmten, genau definierten Molekülen zusammen, die sich zu langen Bändern formiert haben, welche sich wiederum zu Spiralen gedreht und schließlich zu kompakten kleinen Paketen zusammengerollt haben. Diese wurden in die Zellkerne jedes einzelnen Teils von buchstäblich jeder Lebensform auf der Erde »eingepflanzt« – in sechs Tonnen schwere Elefanten genauso wie in einzellige Bakterien oder in die Spezies der Rechtsanwälte.

Die Informationen auf den DNA-Bändern sind in einem Code geschrieben. Ein solcher Code besteht aus den genau bestimmten Sequenzen, in denen die einzelnen Moleküle entlang dem Band angeordnet sind. Wenn Sie sich diese Moleküle als Worte denken, dann sind die Sequenzen Sätze. Bestimmte Sequenzen von Molekülen übermitteln bestimmte Bruchstücke der jeweiligen Information, genau wie bestimmte Sequenzen von Worten innerhalb eines Satzes es tun.

Wissenschaftler bezeichnen solche »Wörter« aus Molekülen als *Nukleotide* und die »Sätze« als *Gene*. Jeder Gen-»Satz« enthält einen wesentlichen Bestandteil der Information darüber, was das neugeborene Fohlen, das Kakerlakenbaby oder der menschliche Säugling sein soll und was nicht. Gene machen sogar, daß sich jedes einzelne Baby von allen anderen unterscheidet. Auf einem einzigen menschlichen DNA-Band gibt es eine bestimmte Anzahl von »Wörtern« (wohl ein paar Millionen), die wiederum zu einer bestimmten Anzahl von Gen-»Sätzen« (vielleicht hunderttausend) zusammengefaßt sind, so daß es unter den fünf Milliarden Menschen, die heute auf der Erde leben – oder unter allen, die schon gestorben sind –, keine zwei Leute gibt (eineiige Zwillinge ausgenommen), die genau die gleiche Kombination von Sätzen haben.

Stellen Sie sich einen riesigen Korb vor, der etliche Millionen Wörter enthält. Wenn sie nun mit verbundenen Augen Ihre Hand hineinhalten und genügend Wörter herausziehen würden, um ein ganzes Buch zusammenzustellen, das hunderttausend Sätze enthält, was glauben Sie: Wie wahrscheinlich wäre es, daß man, wenn man das ganze wiederholte, exakt die gleiche Kombination von Wörtern, sprich das gleiche Buch erhalten würde? Bei der Fortpflanzung des Menschen ist die Wahrscheinlichkeit aufgrund historischer und geographischer Isolation noch geringer. Die Wahrscheinlichkeit, ein bestimmtes schwarzes Baby aus Afrika ein zweites Mal in einer schwedischen Entbindungsstation anzutreffen, ist noch viel geringer, als es sich mathematisch ausdrücken läßt.

Aha! Wenn also jeder Mensch auf der Welt einen einzigartigen Gensatz auf seinen DNA-Strängen hat, ist es dann – nach eingehender Prüfung – möglich, von der DNA auf die charakteristischen Merkmale eines Individuums zu schließen? Im Prinzip, ja. Nur hat man es bislang noch nicht geschafft, die gesamte Gensequenz der DNA irgendeines Menschen zu analysieren. Wenn aber die DNA in jeder Zelle des Körpers – in der Haut, im Blut, in den Haaren und den Fingernägeln und im menschlichen Samen – vorhanden ist, könnte man da nicht beispielsweise einen Verbrecher überführen, indem man eine Übereinstimmung der DNA eines Verdächtigen mit der DNA von am Tatort gefundenen Zellen vergleicht? Klar. Genau das ist ja der Sinn der gerichtsmedizinischen DNA-Analyse.

Wie macht man das genau? Zunächst wird die DNA einer Zellprobe entnommen und mit Enzymen behandelt,

die eine »Nachzüchtung«, das heißt mehrfache identische
Kopien dieser DNA, ermöglichen, bis man genug Material
zur Verfügung hat. Mit Hilfe anderer Enzyme werden die
Bänder dann in verschiedene »handliche« Fragmente zer-
schnitten, so als risse oder schnitte man ein Buch auseinander, in lose Seiten, einzelne Absätze, Sätze und Satzteile.
Dann breiten die Fachleute all diese Bruchstücke aus und
ordnen sie entsprechend ihrer Größe an. (Wie das genau
gemacht wird, erkläre ich später.) Jetzt wird genau verglichen, welche Wortkonstellationen in beiden Proben auftauchen. Wenn die Bruchstücke beider Proben miteinander übereinstimmen, handelt es sich um die gleiche DNA,
sprich dieselbe Person.

Stellen Sie sich doch einmal folgendes vor: Wenn Sie
zwei Bücher in Hunderte von Einzelstücken zerschneiden,
um am Ende auch nur ein halbes Dutzend identischer Seiten oder Absatzfolgen zu erhalten, und dann auch noch in
der gleichen Reihenfolge, dann muß es sich einfach um
zwei Exemplare desselben Buches gehandelt haben. (Oder
aber ein besonders gutes Plagiat.)

Aber nun zurück zu den schwarzen Klecksen von vor-
hin. Diese dicken schwarzen Linien in Leiterform werden
von DNA-Fragmenten erzeugt, die in einem elektrischen
Gerät auf einer Art Rennstrecke der Größe nach ausgelegt
wurden. Wissenschaftler verpassen diesen Bruchstücken
eine negative elektrische Ladung, so daß sie langsam auf
einer Oberfläche in Richtung des positiven elektrischen
Pols driften. Die kleinsten und leichtesten Fragmente driften am schnellsten und am weitesten. Wenn sie am oberen
Ende der Leiter angekommen sind, ist das Rennen vorbei;
schwerere Fragmente bleiben mehr oder weniger weit zurück. So werden sie ihrer jeweiligen Größe nach geordnet.
Die nicht sichtbaren kleinen Gruppen voneinander ge-

trennter DNA-Fragmente werden radioaktiv gemacht, so daß sie durch ihre Strahlung auf einem Fotofilm Flecken erzeugen. So werden ihre endgültigen Standorte auf der Rennstrecke sichtbar gemacht. Dieser entwickelte Film, der überall dort, wo sich am Ende des Rennens Fragmente befanden, schwarze Belichtungsspuren aufweist, dient den Wissenschaftlern als Vergleichsgrundlage. Wenn die DNA-Fragmente auf zwei Filmen dieselben Endpositionen aufweisen, muß es sich um dieselbe DNA und folglich um dasselbe Individuum handeln. (Die Wahrscheinlichkeit liegt bei mehreren hundert Trillionen zu eins.)

Natürlich besteht immer eine geringe Wahrscheinlichkeit, daß der Mörder ein Pferd war.

Gebrauch ist Verbrauch

Um Energie und Rohstoffe zu sparen, wird heutzutage alles mögliche recycelt. Doch kann man auch Energie selbst recyceln?

Selbstverständlich – vorausgesetzt, Sie verstehen unter »recyceln« einen Vorgang, bei dem ein Gegenstand in eine nützlichere Form umgewandelt wird. Das tun wir überall: Kraftwerke wandeln Wasser, Kohle oder Kernenergie in Elektrizität um. Der Toaster in unserer Küche wandelt elektrische Energie in Wärmeenergie um. Unser Automotor wandelt chemische Energie in kinetische Energie (Bewegung) um. Die verschiedenen Energieformen sind beliebig austauschbar; wir müssen nur eine geeignete Maschine erfinden, die das erledigt.

Und doch hat die Sache einen Haken – vielleicht den

dicksten Haken im gesamten Universum: Jedesmal,
wenn wir Energie umwandeln, verlieren wir einen Teil
ihres Wertes. Das liegt nicht allein daran, daß unsere Geräte nicht effizient genug wären oder daß wir nicht richtig aufpaßten. Das Phänomen hat einen tieferen Grund.
Es ist so, als wenn man sein Geld in eine andere Währung
umtauschen würde; bei jedem Umtausch zieht der kosmische Geldwechsler zwangsläufig eine bestimmte Ge-
bühr ab. Dieser kosmische Geldwechsler ist das Zweite
Gesetz der Thermodynamik. Das Ganze bedeutet eine
gute und eine schlechte Nachricht.

Zunächst die gute Nachricht: Da gibt es den sogenannten Energieerhaltungssatz, auch bekannt unter der
Bezeichnung »Erstes Gesetz der Thermodynamik«. Er
besagt, daß Energie weder neu geschaffen noch vernich-
tet werden kann. Zwar kann sie beliebig in eine ihrer vielen Formen umgewandelt werden – in Wärme, Licht,
Masse beziehungsweise in chemische oder elektrische
Energie etc. –, aber nach dem Ersten Gesetz muß die
Menge beziehungsweise das *Maß* an Energie immer
gleich bleiben; Energie verschwindet nicht einfach spur-
los. Die Menge an Massenenergie im Universum ist zum
Zeitpunkt seiner Erschaffung ein für allemal festgelegt
worden. (s. S. 316). Deshalb werden wir niemals ohne
Energie dastehen.

Großartig! Dann müssen wir unsere Energie doch nur
immer wieder umwandeln, je nach dem, welche Energieform wir gerade benötigen. Ob Lampenlicht, ob Strom
aus einer Batterie oder die Bewegungsenergie eines Mo-
tors – wir können die Energie, die wir haben, immer wieder benutzen. »Recyceln« wir sie also, wie wir auch
Blechdosen »recyceln«?

Das ist leider falsch. Das Zweite Gesetz der Thermody-

namik ist die schlechte Nachricht. Es besagt, daß wir jedesmal, wenn wir Energie in eine andere Form umwandeln, einen Teil ihrer Nutzungsmöglichkeit aufgeben.
Zwar geht die Energie selbst nicht verloren, das verbietet
schon das Erste Gesetz. Verloren geht allerdings ein Teil
der »Arbeitsfähigkeit« der Energie. Und wenn eine Energie nicht zur Arbeit zu gebrauchen ist, welchen Wert hat
sie dann schon?

Der Grund dafür, daß Energie bei ihrer Umwandlung
einen Teil ihrer Arbeitskraft einbüßt, liegt darin, daß ein
Teil von ihr zwangsläufig als Wärmeenergie aus diesem
Prozeß hervorgeht, ob es uns paßt oder nicht.

Ungefähr 60 Prozent der Energie der Kohle, die in Ihrem Heizwerk verbrannt wird, geht als Wärmeenergie
verloren; nur etwa 40 Prozent werden in Elektrizität umgewandelt, und selbst diese kommen aufgrund der Fern-
leitungen nicht vollständig bei Ihnen an. 98 Prozent der
elektrischen Energie, die in eine Glühbirne geht, gehen
als Wärme verloren. Und ein Großteil der chemischen
Energie im Benzin entweicht in Form von Wärme, sei es
durch den Auspuff oder den Kühler Ihres Autos.

Selbst *wenn* all diese komplexen Operationen zu 100
Prozent effizient wären, würde dennoch ein bestimmtes
Maß an Wärme unweigerlich verloren gehen. Auch wenn
Wasser ein Wasserrad antreibt, wandelt sich ein kleiner
Teil seiner Energie in Reibungswärme um, die sich im
Radlager nachweisen läßt.

Mit einem solchen Wärmeverlust nicht zu rechnen, bedeutet, daß man die Existenz von Reibung leugnet. Und
das wiederum würde bedeuten, daß eine Maschine end-
los weiterliefe, ohne jemals langsamer zu werden: Perpetuum mobile. Ohne Energie von irgendwo her. Und das
ist unmöglich. (Siehe das Erste Gesetz.) Darum wird

überall da, wo Energie genutzt wird, zwangsläufig auch
Wärme erzeugt.

Aber Wärme ist doch auch Energie, oder? Na klar.
Warum verwandelt man diese Wärme dann nicht einfach
wieder in nutzbare Energie?

Hier kommt nun die wirklich schlechte Nachricht des
Zweiten Gesetzes: Das können wir zwar tun, aber nicht
vollständig. Während andere Energieformen zu 100 Prozent in Wärme umgewandelt werden können, kann man
Wärme nicht vollständig in irgendeine andere Energieform umwandeln. Und warum nicht? Wärme bedeutet
ja, daß Moleküle sich ungeordnet und in alle Richtungen
bewegen (s. S. 316). Und wenn Energie sich erst einmal in
einem derart chaotischen Zustand befindet, kann man sie
kaum noch zu irgendeinem sinnvollen Zweck verwenden. Versuchen Sie nur mal, ein Feld mit einem »Team«
von Pferden zu pflügen, die kreuz und quer herumgalop-
pieren.

So werden alle Energieformen mit der Zeit nach und
nach unwiederbringlich in Wärme umgewandelt, und die
Energie der Welt verwandelt sich allmählich in ein nutzlo-
ses Chaos umhereilender Partikel. Je mehr Energie wir
nutzen, desto mehr verlieren wir.

Langsam entleert sich das Universum, wie eine billige
Batterie. Wir befinden uns auf einer Einbahnstraße, Richtung abwärts. Einen wunderschönen Tag wünsche ich Ihnen noch!

Papa, warum ist das so?

Dies mag eine dumme Frage sein, aber wer oder was bestimmt, was passiert und was nicht? Wasser fließt abwärts, jedoch nie bergauf. Ich kann Zucker in meinen Kaffee schütten, aber wenn ich zuviel genommen habe, kann ich ihn nicht wieder herausholen. Ich kann ein Streichholz anzünden, aber nicht »ent-anzünden«. Gibt es ein kosmisches Gesetz, das darüber bestimmt, was geschehen darf und was nicht?

Dumme Fragen gibt es nicht. Tatsächlich ist die Ihrige vielleicht die tiefgründigste Frage im Bereich der Naturwissenschaften überhaupt. Trotzdem ist die Antwort relativ einfach – seit ein genialer Mann namens Josiah Willard Gibbs das Rätsel Ende des 19. Jahrhunderts gelöst hat.

Die Antwort ist, daß es überall in der Natur ein Gleichgewicht gibt zwischen zwei Grundzuständen: der *Energie*, von der Sie nun vielleicht ein bißchen was wissen, und der *Entropie*, die Sie gleich näher kennenlernen. Nur dieses Gleichgewicht bestimmt, ob etwas geschieht oder nicht.

Manche Dinge geschehen von allein, finden aber nie in umgekehrter Richtung statt, es sei denn, sie erhalten Hilfestellung von außen. Wir könnten beispielsweise Wasser dazu veranlassen, bergauf zu fließen, indem wir es nach oben pumpen. Und wenn wir unbedingt wollen, können wir den Zucker wieder aus dem Kaffee kriegen, indem wir das Wasser verdunsten lassen und anschließend mittels bestimmter chemischer Verfahren den Zucker von den Kaffeefeststoffen trennen. Das Verbrennen eines Zündholzes rückgängig zu machen, ist allerdings ein wesentlich komplizierteres Unterfangen. Aber mit genügend Zeit und der richtigen Ausstattung könnte ein kleines Heer von

Chemikern das Streichholz aus Asche, Rauch und Gasen wahrscheinlich wieder rekonstruieren.

Was ich damit sagen will: In jedem dieser Fälle ist ein beträchtlicher Energie-Input von außen erforderlich. Wenn man Mutter Natur alleine machen läßt, läßt sie viele Dinge ganz spontan und von allein geschehen. Andere passieren *niemals*, wenn wir nicht selbst Hand anlegen. Sonst können wir bis zum Sankt Nimmerleinstag warten. Mutter Natur verfährt nach dem Prinzip, daß etwas nur dann stattfinden kann, wenn das Gleichgewicht zwischen Energie und Entropie gewährleistet ist. Ist dies nicht der Fall, passiert es einfach nicht.

Zunächst zum Thema Energie; Entropie werde ich später erklären.

Allgemein gilt: Alles ist stets bestrebt, seinen Energieinhalt zu senken, sofern es dazu in der Lage ist. Bei einem Wasserfall entledigt sich das Wasser der in ihm angestauten Gravitationsenergie, indem es in ein tiefer gelegenes Becken abfällt. (Wir können die dabei freiwerdende Energie dazu benutzen, auf ihrem Weg nach unten ein Wasserrad für uns anzutreiben.) Sobald das Wasser jedoch unten angelangt ist, ist es sozusagen »energieleer«, zumindest, was seine Gravitationsenergie angeht. Es kann nicht zu seinem höchsten Punkt zurück. Viele chemischen Reaktionen vollziehen sich auf ähnliche Weise. Das liegt daran, daß chemische Stoffe sich ihrer angestauten Energie entledigen wollen, indem sie sich spontan in andere chemische Stoffe verwandeln, die weniger Energie haben. Das brennende Zündholz ist nur ein Beispiel.

Fazit: Unter normalen Umständen liegt es in der Natur der Dinge, *daß alles stets bestrebt ist, einen möglichst niedrigen Energieinhalt* zu erlangen. Das ist Regel Nummer Eins.

Aber die *Senkung des Energieinhalts* erklärt nur zur Hälfte, warum Dinge passieren. Die andere Hälfte betrifft den *Anstieg der Entropie*. Entropie ist lediglich ein eleganteres Wort für *Unordnung*. Beim Football stellen sich die Spieler zu Beginn eines Spiels in einer Linie auf – das heißt, es herrscht keine Unordnung. Folglich haben sie eine relativ niedrige Entropie. Bei Spielende sind sie jedoch über das ganze Spielfeld verstreut in einer unordentlicheren Anordnung – mit höherer Entropie.

Das gleiche gilt für die einzelnen Partikel, aus denen alle Substanzen bestehen: sowohl für die Atome wie auch die Moleküle. Sie haben entweder eine ordentliche oder eine unordentliche Struktur, oder sie liegen irgendwo dazwischen. Mit anderen Worten: Sie erreichen unterschiedliche Entropiestufen.

Normalerweise strebt alles – auch das ist eine Neigung der Natur – nach einer möglichst großen Unordnung; das heißt, *alles wird seine Entropie, so weit es geht, steigern*. Das ist Regel Nummer Zwei. Es kann einen »unnatürlichen« Energieanstieg geben, solange gleichzeitig ein Entropieanstieg stattfindet, der mehr als nur ausgleichend wirkt. Oder: Es kann einen »unnatürlichen« Entropieabfall geben, solange gleichzeitig eine Energiesenkung stattfindet, die mehr als nur ausgleichend wirkt. Kapiert?

Die Frage, ob in der Natur etwas spontan – ohne Einwirkungen von außen – geschehen kann, ist letztlich also eine Frage des Gleichgewichts zwischen der Energie- und der Entropieregel.

Was ist mit dem Wasserfall? Es gibt ihn aufgrund eines starken Energieabfalls; zwischen seinem höchsten und seinem tiefsten Punkt weist der Zustand des Wassers keinen Entropieunterschied auf. Es ist ein energiegetriebener Prozeß.

Der Zucker in meinem Kaffee? Er löst sich aufgrund
eines starken Entropieanstiegs auf; Zuckermoleküle, die
im Wasser umherschwimmen, sind wesentlich unordentlicher als in ihrer wohlgeordneten Kristallform. Zwischen
dem gelösten Zucker und dem festen Zucker besteht jedoch kein Unterschied bezüglich des jeweiligen Energieinhalts. (Der Kaffee wird schließlich nicht wärmer oder
kälter, wenn sich der Zucker in ihm auflöst, oder?) Hier
handelt es sich also um einen entropiebedingten Prozeß.

Das brennende Zündholz? Offensichtlich findet hier
ein starker Energieabfall statt, die angestaute chemische
Energie wird in Form von Wärme und Licht freigesetzt.
Aber gleichzeitig findet auch ein starker Entropieanstieg
statt: Der Rauch und die sich auftürmenden Gase sind wesentlich unordentlicher, als der ursprüngliche kompakte
kleine Zündholzkopf es war. Diese Reaktion wird also
gleichzeitig von zwei Naturgesetzen begünstigt, und
schon beim ersten Kratzer an der Streichholzschachtel
vollzieht sie sich äußerst bereitwillig. Energie und Entropie treiben sie voran.

Was aber passiert, wenn eine der beiden Größen, Energie oder Entropie, in die »falsche Richtung« geht? Na ja –
ein solcher Prozeß kann trotzdem stattfinden, sofern die
jeweils andere Größe stark genug in die »richtige« Richtung geht, um dies auszugleichen. Das heißt, der Energieinhalt kann solange ansteigen, wie die Entropie hoch genug ist, um ausgleichend zu wirken.

J. Willard Gibbs hat sich für dieses Energie-Entropie-
Verhältnis eine Gleichung ausgedacht. Wenn das Ergebnis
dieser Gleichung negativ ist, handelt es sich um einen Vorgang, dem Mutter Natur es erlaubt, sich spontan zu vollziehen. Ist das Ergebnis positiv, kann dieser Prozeß über-

haupt nicht stattfinden, es sei denn, äußere Einflüsse sorgen dafür, daß Energie von außen dazukommt.

Die Entropieregel der Natur, nach der alles zur Unordnung tendiert, können wir ausschlagen, wenn wir nur genügend Energie zuführen. Wenn wir uns nur genug anstrengen, können wir sogar die zehn Millionen Tonnen gelöstes Gold bergen, die sich in den Meeren der Erde befinden und nur darauf warten, heraufgeholt zu werden. Über 1,35 Milliarden Kubikkilometer Ozean verstreut liegt oder es schwimmt jedoch völlig ungeordnet herum – ein Arrangement also, das eine unglaublich hohe Entropie aufweist. Das einzige Problem besteht darin, daß die Kosten für die Energie, die man zum Gewinnen und zum Reinigen des Goldes aufwenden müßte, viel höher wären als sein Wert.

Archimedes (287–212 vor Christus) soll einmal in seiner Begeisterung über die Gesetze der Mechanik gerufen haben: »Gebt mir einen ausreichend großen Hebel und einen Platz zum Stehen, und ich hebe die Welt aus den Angeln!«

Schlüsselbegriffe

Anorganische oder organische Verbindung: Chemiker haben alle chemischen Stoffe in zwei Kategorien aufgeteilt: In anorganische und organische Stoffe. Organische Verbindungen enthalten im Gegensatz zu anorganischen Verbindungen Kohlenstoffatome in ihren Molekülen. Fast alle chemischen Stoffe in Pflanzen und Tieren sind organische Verbindungen.

Atom: Ein sehr kleiner Partikel, das der Grundbaustein sämtlicher Substanzen ist. Es gibt 110 bekannte Atomarten. Atome sind stets in verschiedenen Kombinationen miteinander verknüpft und bilden so *Moleküle.*

Base, Säure, Salz: Säuren und Basen sind gegensätzliche Arten von chemischen Substanzen, die sich gegenseitig neutralisieren und dadurch Wasser und Salze hervorbringen. Tafelsalz ist die verbreitetste Salzform. Bekannte Säuren sind zum Beispiel Essig oder Kohlendioxid. Bekannte Basen sind Ammoniak oder Lauge.

Chemische Verbindung: Eine reine, definierbare Substanz, deren Moleküle sich aus einer bestimmten Anzahl feststehender Atomtypen zusammensetzen. Reinen Elementen begegnen wir in der Natur nur selten, da fast alles, was auf der Welt existiert, aus Kombinationen und Mischungen von verschiedenen Atomtypen besteht.

Cosinus: Was Sie erhalten, wenn Sie auf Ihrem Taschenrechner den *Cosinus*knopf drücken.

Dichte: Ein Maß für das Gewicht eines gegebenen Volumens einer Substanz. Die Dichte von Wasser beträgt beispielsweise ein Gramm pro Kubikzentimeter, die Dichte von Blei dagegen elf Gramm pro Kubikzentimeter.

Druck: Das Maß an Kraft, das auf jede Einheit einer Fläche ausgeübt wird.

Elektromagnetische Strahlung: Reine Energie in Wellenform, die mit Lichtgeschwindigkeit den Raum durchquert. Bekannte Formen elektromagnetischer Energie sind Radiowellen, Mikrowellen, (sichtbares und unsichtbares) Licht, Röntgen- und Gamma-Strahlen. Elektromagnetische Wellen zeichnen sich durch eine bestimmte *Wellenlänge* sowie eine *Schwingungsfrequenz* aus; je kürzer die Wellenlänge, desto höher die Frequenz und die Energie.

Elektron: Ein winzig kleiner, negativ geladener Partikel außerhalb des *Nukleus*, des extrem schweren Kerns eines Atoms. Elektronen lösen sich leicht von ihren Atomen ab und sind so in der Lage, sich frei und eigenständig zu bewegen.

Energiepotential: Energie, die in irgendeiner Form gespeichert wurde und nun darauf wartet, freigesetzt und für nützliche Zwecke eingesetzt zu werden. Beispiele: Gravitationsenergiepotential (ein schwerer Gesteinsbrocken, der sich am äußersten oberen Rand eines Flußtals im Gleichgewicht hält), chemisches Energiepotential (eine Dynamitstange), nukleares Energiepotential (ein Haufen von Uranatomen).

Enzym: Ein natürlicher Katalysator – eine Substanz, die einen chemischen Prozeß vorantreibt, ohne dabei selbst in irgendeiner Weise verändert oder aufgebraucht zu werden. Im Falle von Pflanzen und Tieren sorgen Enzyme dafür, daß lebenserhaltende Vorgänge, die andern-

falls zu langsam vonstatten gehen würden, in einem angemessenen Tempo verlaufen.

Ion: Ein Ion ist ein Atom oder eine Gruppe von Atomen mit elektrischer Ladung, die sie dadurch erworben
haben, daß sie einen Teil ihrer Elektronen verloren beziehungsweise sich neue Elektronen angeeignet haben. Die
meisten Mineralstoffe existieren als Ionen und nicht als
ungeladene Atome oder Moleküle.

Kalorie: Ein Maß für Wärmeenergie. Die Chemiker
verstehen unter einer **kalorie** das Maß an Wärme, das erforderlich ist, um die Temperatur von einem Gramm Wasser um ein Grad Celsius zu erhöhen. Die Ernährungswissenschaftler verwenden den Begriff **Kalorie** als Maß für
die in einem bestimmten Lebensmittel enthaltene Energie.
Um Verwirrung in diesem Buch zu vermeiden, unter-
scheide ich zwischen der **kalorie** (mit kleinen ›k‹) des Chemikers und der **Kalorie** (mit großem ›K‹) des Ernährungswissenschaftlers. Eine **Kalorie** entspricht eintausend **kalorien**.

Kapillare: Ein sehr dünnes Röhrchen beziehungsweise
ein sehr dünner Zwischenraum, durch den eine Flüssig-
keit hindurchfließen kann. Wasser und einige andere
Füssigkeiten kriechen automatisch in solche dünnen
Zwischenräume, da ihre Moleküle zu den Wänden des
Rohrs hingezogen werden.

Kinetische Energie: Kinetische Energie ist die Energie
der Bewegung. Ein hochgeschleuderter Baseball besitzt
eine offensichtliche kinetische Energie. Aber auch
Wärme ist eine Art von kinetischer Energie, da sie nichts
anderes ist als der Ausdruck sich bewegender Atome und
Moleküle innerhalb eines Gegenstandes, obwohl der Gegenstand selbst nicht unbedingt in Bewegung sein muß.

Kohlenhydrate: Eine Familie pflanzlicher chemischer

Substanzen, zu der unter anderem Stärken, Zucker und Zellulose gehören.

Kondensation: Wenn Dampf, nachdem er sich genügend abgekühlt hat, sich zu verflüssigen beginnt, spricht man von kondensierendem Dampf. *Kondensieren* ist das Gegenteil von *Kochen*, da beim Kochen eine erhitzte Flüssigkeit verdampft.

Kristall: Ein Feststoff, der sich aus regelmäßigen, geometrisch angeordneten Partikeln zusammensetzt. Der Feststoff spiegelt diese gleichmäßige innere Struktur durch seine gleichermaßen regelmäßige äußere Form wider.

Legierung: Ein Metall, das hergestellt wird, indem zwei oder mehrere reine Metalle miteinander verschmolzen werden.

Lösung: Wenn eine Substanz sich in Wasser auflöst, scheint sie von der Bildfläche zu verschwinden. Tatsächlich fällt sie aber nur auseinander; ihre Moleküle trennen sich voneinander ab und mischen sich unter die Wassermoleküle. Diese Mischung nennt man *Lösung*. Die »Stärke« einer Lösung bezeichnet die Menge einer in Wasser gelösten Substanz. Chemiker gebrauchen aus Gründen, die für den Laien kaum verständlich sein dürften, anstatt des Begriffs Stärke immer die Bezeichnung *Konzentration*.

Molekül: Ein winziges Partikelchen, aus dem fast alle Substanzen bestehen. Substanzen unterscheiden sich, weil ihre Moleküle sich unterschiedlich zusammensetzen, unterschiedlich arrangiert sind oder unterschiedliche Größen und Formen aufweisen. Moleküle bestehen ihrerseits aus noch kleineren Partikeln, den *Atomen*, Atome wiederum setzen sich aus *Elektronen* zusammen, die um einen *Nukleus* (= Kern) herum verteilt sind.

Nukleus (Mehrzahl: Nuklei): Der schwere Kern im Zentrum eines Atoms, der so gut wie die gesamte Masse des Atoms ausmacht. Er ist mehr als tausendmal so schwer wie die Elektronen des Atoms.

Polar: Eine polare Substanz besteht aus Molekülen, deren Elektronen an dem einen Ende des Moleküls konzentrierter auftreten als an dem anderen. Dadurch erhält das »elektronenärmere« Ende eine im Vergleich zu dem anderen negative Ladung. Ein solches Molekül reagiert sowohl auf elektrische wie auf magnetische Kräfte, wohingegen ein unpolares Molekül davon unberührt bleiben würde. Wassermoleküle weisen eine starke Polarität auf, was dem Wasser einige einzigartige Eigenschaften verleiht.

Polymer: Eine Substanz, deren große Moleküle sich aus vielen kleineren Molekülen zusammensetzen, die alle miteinander verbunden sind. Kunststoffe und Proteine sind solche Polymere.

Protein: Ein *Polymer*, das man in Pflanzen und Tieren finden kann und dessen große Moleküle sich dadurch gebildet haben, daß Aminosäuremoleküle sich durch Kondensation verknüpft haben. Aminosäuren sind stickstoffhaltige organische chemische Verbindungen, die für den menschlichen Stoffwechsel von großer Bedeutung sind.

Redoxreaktion: Eine chemische Reaktion, bei der Elektronen von einer Atom-, Molekül- oder Ionart zu einer anderen weitergereicht werden.

Schmelzwärme: Das Maß an Wärme, das nötig ist, um einen Feststoff zu schmelzen. Im allgemeinen versteht man darunter die Anzahl an **kalorien**, die erforderlich ist, um ein Gramm dieses Feststoffes zu schmelzen.

Spektrum: Die Bandbreite aller Wellenlängen der Strahlen, die von einer bestimmten Substanz ausgesendet beziehungsweise absorbiert werden. Die Sonne sendet ein breites Strahlenspektrum aus, zu dem das *sichtbare Spektrum* gehört – das sind die Regenbogenfarben, die das menschliche Auge wahrzunehmen in der Lage ist.

Temperatur: Eine Zahl, die die durchschnittliche *kinetische Energie* oder Bewegungsenergie sämtlicher, eine Substanz ausmachender Partikel repräsentiert.

Wärme: Eine Energieform, die sich in der Bewegung von Atomen und Molekülen in einer Substanz zeigt.

Wärmekapazität: Das Maß an Wärme, das einer Substanz zugeführt werden muß, um ihre Temperatur um eine bestimmte Gradzahl zu erhöhen. Wasser zum Beispiel nimmt eine große Menge an Wärme in sich auf, bevor es sich selbst merklich erwärmt; es hat eine hohe Wärmekapazität.

Zentrifugalkraft: Die Kraft, durch die im Kreis geschwungene Gegenstände tendenziell nach außen getrieben werden. Sollten Sie dem Begriff *Zentripetalkraft* einmal begegnet sein, so vergessen Sie ihn lieber wieder; er verwirrt nur.

Sachregister

PIPER

Leah Hager Cohen
Glas, Bohnen, Papier

Dinge des Alltags und was sie uns lehren. Aus dem
Amerikanischen von Christel Dormagen. 354 Seiten. Geb.

In einer raffinierten Mischung aus Reportage und Kulturgeschichte eröffnet diese Buch eine neue und überraschende
Sicht auf die gewöhnlichen Dinge des Alltags.
»Ich sitze im Someday-Café in Boston. Vor mir auf dem Tisch
sind eine Zeitung, ein Glas, gefüllt mit heißem Kaffe...« So
unwahrscheinlich es klingt: mit dieser Szene beginnt eine span-
nende Spurensuche, die Leah Hager Cohen in »Glas, Bohnen,
Papier« unternimmt. Sie stellt sich die Frage, woher diese drei
Dinge, die ihr so vertraut sind, eigentlich kommen. Also macht
sie sich auf und erforscht diese Rätsel des Alltags. Sie besucht
die Menschen, die »ihren« Kaffee anbauen und ihn den langen
Weg bis zu ihr transportieren. Nebenbei und mit leichter Hand
erzählt sie auch die Geschichte des Kaffees. Sie geht den Weg
nach, den das Glas genommen hat, bevor es zu ihr gekommen
ist. Sie verfolgt den Weg des Papiers zurück bis zu jenen Holz-
fällern Kanadas, bei denen die Geschichte ihren Anfang nahm.
Aus der Neugierde über die Wunder des Alltags entsteht so
eine wunderbare Kulturgeschichte.

PIPER

Ernst Peter Fischer
Aristoteles, Einstein & Co.

Eine kleine Geschichte der Wissenschaft in Porträts.
443 Seiten. Geb.

In seinem spannenden, leicht und vergnüglich zu lesenden
Buch stellt Fischer die Großen der Wissenschaft von der
Antike über Arabien, das mittelalterliche und moderne Europa
bis ins Amerika unseres Jahrhunderts vor – ihr Leben, ihr Werk,
ihre privaten Vorlieben und Vorzüge. Er erzählt von Bacon,
Galilei, Kepler und Descartes, den vier Wissenschaftlern,
die vor 400 Jahren die Wende zur Moderne möglich machten
und damit alles, was wir heute denken und tun, beeinflußten.
Oder von Newton, den die Alchemie umtrieb und der doch
zum Wegbereiter der modernen Physik wurde. Oder von Marie
Curie, die in einer von Männern beherrschten Wissenschaft
unendlich viel geleistet hat und dafür gleich zweimal den
Nobelpreis erhielt. Ob Albertus Magnus, Faraday, Einstein,
Pauling oder Feynman – dieses Buch macht neugierig auf
Wissenschaft, zeigt, wie spannend und intellektuell faszinie-
rend die Geschichte der Wissenschaft und ihrer Hauptpersonen
ist.

PIPER

Sven Ortoli/Nicolas Witkowski
Die Badewanne des Archimedes

Berühmte Legenden aus der Wissenschaft.
Aus dem Französischen von Juliane Gräbener-Müller.
192 Seiten mit 25 Abbildungen. Geb.

Die berühmtesten Legenden aus der Wissenschaft werden in
diesem vergnüglichen Buch zugleich entlarvt und ernst
genommen. Ob Archimedes, Leonardo, Newton, Maxwell,
Nobel, Einstein oder Schrödinger – über sie und ihre
Geschichten wird das Wissen von der großen Wissenschaft
zum Spaß, ein freches und temporeiches Buch.

»Die französischen Physiker und Journalisten Sven Ortoli
und Nicolas Witkowski haben ein Schatzkästlein solcher
Erzählungen zusammengetragen, ein Kompendium von
Legenden, von denen die meisten auch das Menschliche im
Rationalen dekuvrieren. In ihrer anekdotischen Form bewahren
diese Geschichten von Sternstunden der Wissenschaft den Sinn
für das Scheitern der Vernunft. Denn sie alle zeigen, daß der
Mythos sein vermeintliches Gegenteil durchkreuzt. Auch heute
gibt es kein Verstehen ohne Mythen.«
Frankfurter Allgemeine Zeitung

PIPER

Neil de Grasse Tyson
Merlins Reise durch das Universum

Alles über Kometen, Planeten, Quasare, blaue Monde und Werwölfe. Aus dem Amerikanischen von Anni Pott. 315 Seiten. Geb.

Ein amüsant und leicht zu lesender Führer durch die faszinierende Welt der Kosmologie.
Wenn Sie Fragen zum Universum haben – und natürlich haben Sie Fragen, sei es zum Kometen Hale-Bopp, zur Erde, dem Mond, den Planeten, der Sonne, den Schwarzen Löchern, dem außerirdischen Leben –, so fragen Sie doch einfach Herrn Merlin, den Außerirdischen, der vor fast fünf Milliarden Jahren auf dem Planeten Omniscia im Andromeda Nebel geboren wurde. Merlins Antworten, für Menschen durch den renommierten amerikanischen Astrophysiker Neil de Grasse Tyson formuliert, sind kurz, verständlich und witzig. Mit seiner Hilfe werden Sie zum Experten.

Robert Levine
Eine Landkarte der Zeit

Wie Kulturen mit Zeit umgehen. Aus dem Amerikanischen von
Christa Broermann und Karin Schuler. 320 Seiten. Geb.

Könnten Sie sich vorstellen, ohne Uhr zu leben? Könnten Sie
auf Pünktlichkeit bei sich und anderen verzichten? Könnten
Sie ruhig und gelassen im Stau stehen, auch wenn ein sehr
wichtiger Termin ansteht?
»Die Auffassung von Zeit ist relativ und flexibel«, sagt der
Wissenschaftler Robert Levine. In »Eine Landkarte der Zeit«
macht er uns bewußt, daß das Zeitgefühl eines Kulturkreises
tiefe Konsequenzen auf das psychologische, physische und
emotionale Wohl eines Individuums hat. Er beschreibt
»Uhr-Zeit« als Gegensatz zu »Natur-Zeit« (Rhythmus von
Sonne und Jahreszeiten) und »Ereignis-Zeit« (Strukturierung
der Zeit nach Ereignissen) und macht uns deutlich, daß wir,
wenn wir uns dieser drei Zeitauffassungen bedienen, ein
wesentlich flexibleres und ausgeglicheneres Leben genießen
könnten.
Hier präsentiert uns Robert Levine ein aufschlußreiches, er-
hellendes Portrait der »Zeit«: eines der wenigen Bücher, die
uns öffnen und uns lehren, das alltägliche Leben aus einer anderen Perspektive zu betrachten und ganz neu zu überdenken.

PIPER

Emilio Segrè
Die großen Physiker und ihre Entdeckungen

Von den fallenden Körpern zu den Quarks.
Aus dem Amerikanischen von Siglinde Summerer, Gerda Kurz
und Hainer Kober. 832 Seiten mit 256 Abbildungen. Geb.

Von Galilei bis Feynman und Gell-Mann, von den fallenden
Körpern zu den Quarks – der Physiknobelpreisträger Emilio
Segrè hat seine ganz persönliche Geschichte der Physik
geschrieben – mit großer Anschaulichkeit und Lebendigkeit.

»Ein treffendes Bild der klassischen Physiker, ihrer Persön-
lichkeit und ihrer wissenschaftlichen Leistungen.«
Armin Hermann, Spektrum der Wissenschaft

»Segrè kann aus eigener Anschauung berichten. Man merkt
ihm den prickelnden Genuß an, wenn er sich an einzelne
Persönlichkeiten erinnert.«
Bernd Kröger, Die Zeit

PIPER

Einstein sagt
Zitate, Einfälle, Gedanken

Herausgegeben von Alice Calaprice. Teilübersetzung aus dem
Amerikanischen und Betreuung der deutschen Ausgabe:
Anita Ehlers. 280 Seiten. Geb.

Mit Einstein ist es wie mit Goethe: Zitiert man ihn, liegt man
immer richtig. Dieses Buch bietet Einstein im Originalton –
und eine Fülle von Denkanstößen aus der Feder des Jahr-
hundertgenies.
Einstein formulierte nicht nur glänzend – was er schrieb, war
auch immer bedenkenswert. Er selbst würde über eine Sammlung seiner »Geflügelten Worte« vermutlich schallend lachen
und wiederholen, was er schon 1930 beklagte: «Bei mir wird
jeder Piepser zum Trompetensolo.«
Die hier versammelten über 500 Einstein-Zitate ordnen zum
ersten Mal seine Gedanken und Ideen nach Themen. Ohne lang
suchen zu müssen, finden die Leser Aussagen Einsteins über
sich selbst, über Deutschland und die Deutschen, Amerika und
die Amerikaner, Juden, Israel und den Zionismus, über den
Tod, die Erziehung, die Familie, über Freunde, über die
Menschheit, Krieg und Frieden, die Bombe und das Militär,
über Politik und Patriotismus, Religion, Gott und die Philoso-
phie, über die Wissenschaft und die Wissenschaftler.